河南省中等职业学校对口升学考试复习指导

建筑类专业（上册）

土木工程识图　建筑工程测量

河南省教育科学规划与评估院　编

电子工业出版社·
Publishing House of Electronics Industry
北京·BEIJING

内 容 简 介

本书为河南省中等职业学校对口升学考试复习指导丛书之一，主要内容有土木工程识图、建筑工程测量课程所包含知识点的复习要求、考点详解、例题解析和相关试题。

本书适合作为参加建筑类专业对口升学考试的学生的复习参考资料。

图书在版编目（CIP）数据

建筑类专业. 上册，土木工程识图　建筑工程测量 / 河南省教育科学规划与评估院编. —北京：电子工业出版社，2023.11

河南省中等职业学校对口升学考试复习指导

ISBN 978-7-121-46701-1

Ⅰ. ①建… Ⅱ. ①河… Ⅲ. ①土木工程－建筑制图－识图－中等专业学校－升学参考资料②建筑测量－中等专业学校－升学参考资料 Ⅳ. ①TU

中国国家版本馆 CIP 数据核字（2023）第 219065 号

责任编辑：蒲　玥
印　　刷：北京天宇星印刷厂
装　　订：北京天宇星印刷厂
出版发行：电子工业出版社
　　　　　北京市海淀区万寿路 173 信箱　邮编　100036
开　　本：787×1 092　1/16　印张：15.5　字数：397 千字
版　　次：2023 年 11 月第 1 版
印　　次：2024 年 10 月第 7 次印刷
定　　价：46.80 元

凡所购买电子工业出版社图书有缺损问题，请向购买书店调换。若书店售缺，请与本社发行部联系，联系及邮购电话：（010）88254888，88258888。

质量投诉请发邮件至 zlts@phei.com.cn，盗版侵权举报请发邮件至 dbqq@phei.com.cn。

本书咨询联系方式：（010）88254485，puyue@phei.com.cn。

普通高等学校对口招收中等职业学校应届毕业生，是拓宽中等职业学校毕业生继续学习的重要渠道，是构建现代职业教育体系、促进中等职业教育科学发展的重要举措。为了做好河南省中等职业学校毕业生对口升学考试指导工作，帮助学生有针对性地复习备考，我们组织专家编写了河南省中等职业学校对口升学考试复习指导系列图书。该系列图书结合教育部新一轮中等职业教育教学改革精神，以教育部新颁布的教学大纲、河南省中等职业学校教学指导方案为依据，以国家和河南省中等职业教育规划教材为参考，每本复习指导包括复习要求、考点详解、例题解析、单元练习题。

在编写过程中，我们认真贯彻新修订的《职业教育法》《国家职业教育改革实施方案》，落实《关于推动现代职业教育高质量发展的意见》《关于深化现代职业教育体系建设改革的意见》，坚持以立德树人为根本任务，以基础性、科学性、适应性、指导性为原则，以就业和升学并重为目标，着重反映了各专业的基础知识和基本技能，注重培养和考查学生分析问题及解决问题的能力。这套书对教学标准所涉及的知识点进行了进一步梳理，力求内容精练，重点突出，深入浅出。在题型设计上，既有系统性和综合性，又有典型性和实用性；在内容选择上，既适应了选拔性能力考试的需要，又注意了对中等职业学校教学工作的引导，充分体现了职业教育的类型特色。

河南省中等职业学校对口升学考试复习指导系列图书适用于参加中等职业学校对口升学考试的学生和辅导教师。在复习时，建议以教材为基础，以该系列图书为参考，二者配合使用，效果更好。

本书是这套书中的一种，其中《土木工程识图》部分，由白丽红、闫小春、王珊珊、祁振悦担任主编。《建筑工程测量》部分，由蒋刘永、王郑睿担任主编；陈星、史嘉伦、薛捷担任副主编。

由于经验不足，时间仓促，书中瑕疵在所难免，恳请广大师生及时提出修改意见和建议，使之不断完善和提高。

河南省教育科学规划与评估院

目 录
CONTENTS

第一部分　土木工程识图

第二部分　建筑工程测量

土木工程识图-练习题答案

建筑工程测量-练习题答案

第一部分

土木工程识图

单元 1 基本制图标准

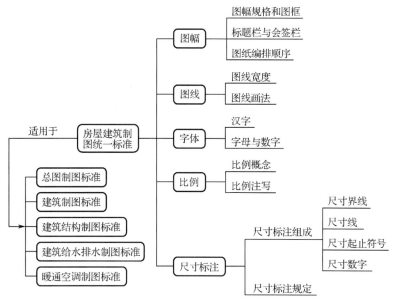

1. 了解建筑制图国家标准的主要内容。
2. 理解图纸幅面，了解标题栏的规定。

3．掌握图线的线型要求和主要用途，能画出各种线型。

4．会按规范要求书写长仿宋体字、数字和常用字母。

5．了解比例的概念和规定，会应用比例。

6．掌握尺寸标注的组成、规则和方法。

1.1　建筑制图国家标准简介

房屋建筑工程图样现行制图国家标准

房屋建筑工程图样现行制图国家标准为《房屋建筑制图统一标准》，编号为 GB/T 50001—2017，2017 年 9 月 27 日发布，自 2018 年 5 月 1 日起实行。房屋建筑制图除应遵守此标准外，还应符合我国现行的建筑制图国家标准，分别是《总图制图标准》《建筑制图标准》《建筑结构制图标准》《建筑给水排水制图标准》《暖通空调制图标准》5 个标准。

《房屋建筑制图统一标准》（GB/T 50001—2017）是房屋建筑制图的基本规定，适用于总图、建筑、结构、给水排水、暖通空调、电气等各专业制图。

1.2　图幅

1.2.1　图纸幅面和图框

（1）图纸的尺寸、幅面及图框尺寸应符合教材中的规定。熟记 A0 图纸幅面的尺寸为841mm×1189mm，按照规律 A1=A0/2，A2=A1/2，A3=A2/2，A4=A3/2，依此可推得各图纸幅面的大小。目前使用较多的是 A2 图纸幅面，其尺寸为 420mm×594mm。在实际工程应用中，图纸也可用开本的概念来表示，如 A0 为全开，A1 为对开（2 开），A2 为 4 开，A3 为8 开，A4 为 16 开。

（2）图纸幅面中要有幅面线、图框线、图标、会签栏，熟记 *a*、*c* 值。

（3）图纸幅面是指图纸宽度与长度组成的图面，图框是指绘制的图形主体边界线。

（4）图纸幅面布置方式有两种：以短边为垂直边，称为横式；以短边为水平边，称为立式。一般 A1～A3 图纸宜采用横式，必要时也可采用立式。单项工程中同一专业所用的图纸，不宜多于两种图纸幅面，不含目录及表格采用的 A4 幅面。

（5）图框线用粗实线绘制。

1.2.2　标题栏、会签栏的用途

（1）标题栏的用途：表示与工程图有关的信息。

（2）会签栏的用途：供土木、水、电等工种负责人签字用。

1.2.3　图样的编排顺序

工程图纸应按专业顺序编排，为图纸目录、设计说明、总图、建筑图、结构图、给水排水图、暖通空调图、电气图等。

各专业图样应按图样内容的主次关系、逻辑关系有序排列。

1.3　图线

1.3.1　建筑制图采用的图线

在工程图中，采用的图线分为实线、虚线、单点长画线、双点长画线、波浪线、折断线；按线的宽度不同，又分为粗线、中粗线、中线、细线 4 种，线宽分别为 b、$0.7b$、$0.5b$、$0.25b$。

线宽 b 值的系列值为 0.5mm、0.7mm、1.0mm、1.4mm。

1.3.2　图线的用途

表 1-1 所示为建筑工程图常用图线的线宽和用途。

表 1-1　建筑工程图常用图线的线宽和用途

名　称		线　宽	用　途	备　注
实线	粗	b	可见轮廓线、钢筋等	粗线、中粗线、中线、细线的线宽比为 1：0.7：0.5：0.25
	中粗	$0.7b$	可见轮廓线、变更云线	
	中	$0.5b$	可见轮廓线	
	细	$0.25b$	图例填充线、家具线等	
虚线	中粗	$0.7b$	不可见轮廓线	
	细	$0.25b$	图例填充线、家具线等	
单点长画线	细	$0.25b$	中心线、对称线、轴线等	
双点长画线	细	$0.25b$	假想轮廓线、成型前原始轮廓线	
波浪线	细	$0.25b$	断开界线	
折断线	细	$0.25b$	断开界线	

1.3.3　图线的画法

（1）在同一张图纸内，相同比例的图样应选用相同的线宽组，同类图线应粗细一致。

（2）图纸的图框和标题栏线采用的线宽是：A0 和 A1 图框线为 b 线宽，标题栏外框线和对中标志为 $0.5b$ 线宽，标题栏分格线和幅面线为 $0.25b$ 线宽；A2、A3、A4 图框线为 b 线宽，标题栏外框线和对中标志为 $0.7b$ 线宽，标题栏分格线和幅面线为 $0.35b$ 线宽。

（3）相互平行的图例线的净间隙或线中间间隙不宜小于 0.2mm。

（4）虚线、单点长画线或双点长画线的线段长度和间隔宜各自相等。

（5）单点长画线或双点长画线在较小图形中绘制有困难时，可用实线代替。

（6）单点长画线或双点长画线的两端不应采用点，如图 1-1（a）所示。单点长画线、双点长画线、点画线与其他图线应采用线段交接，如图 1-1（b）所示。

（7）虚线与虚线或虚线与其他图线应采用线段交接。当虚线为实线的延长线时，不得与实线交接，如图 1-1（c）所示。

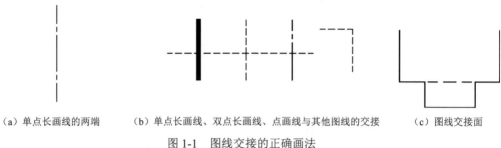

（a）单点长画线的两端　　（b）单点长画线、双点长画线、点画线与其他图线的交接　　（c）图线交接面

图 1-1　图线交接的正确画法

（8）图线不得与文字、数字或符号等重叠、混淆，不可避免时，应首先保证文字等的清晰，如图 1-2 所示。

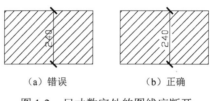

（a）错误　　　　　（b）正确

图 1-2　尺寸数字处的图线应断开

1.4　字体

1.4.1　工程图纸对字体的要求

图样上书写的文字、数字或符号等必须做到：笔画清晰、字体端正、排列整齐；标点符号清楚正确。

1.4.2　汉字

图样及说明中的汉字宜优先采用 True type 字体中的宋体字型，在采用矢量字体时应为长仿宋体字型，矢量字体的宽高比宜为 0.7，汉字的简化字书写应符合国家有关汉字简化方案的规定。字体大小用字号表示，字号即字体的高度，汉字的高度应不小于 3.5mm。

1.4.3　数字和字母

图样及说明中的数字和字母宜优先采用 True type 字体中的 Roman 字型。当需写成斜体字时，其斜度应是从字的底线逆时针向上倾斜 75°。字母及数字的字高不应小于 2.5mm。数量的数值注写，应采用正体阿拉伯数字，各种计量单位凡前面有量值的，均采用国家颁布的单位符号注写。单位符号应采用正体字母。

分数、百分数和比例数的注写，应采用阿拉伯数字和数字符号；当注写的数字小于 1 时，应写出个位的"0"，小数点应采用圆点，齐基准线书写。

1.5 比例

1.5.1 什么叫比例

图样的比例是图形与实物相对应的线性尺寸之比。

比例=图线画出的长度/实物相应部位的长度。

比例的注写：比例宜注写在图名的右侧，字高的基准线应取平，比例的字高宜比图名的字高小一号或二号，如图1-3所示。

平面图 1:00   ⑥ 1:20

图1-3 比例的注写

使用详图符号作图名时，符号下不再画线，如图1-3所示。

当一张图纸上的各图只有一种比例时，可以把比例写在图纸的标题栏内。

1.5.2 比例的应用

用1:50的比例画实际长度为10m的线段，在图样上应画出长度为200mm的线段。

采用不同比例绘制窗的立面图，图样上的尺寸标注必须为实际尺寸，如图1-4所示。

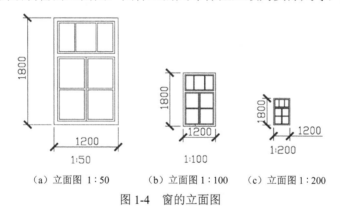

(a) 立面图 1:50　　(b) 立面图 1:100　　(c) 立面图 1:200

图1-4 窗的立面图

一般情况下，一个图样应选用一种比例。根据专业制图需要，同一图样可选用两种比例。在建筑工程图中，几乎全部选用缩小比例。

1.6 尺寸标注

1.6.1 尺寸标注的要求

尺寸标注的要求是准确、完整、清晰。任何模糊和错误的尺寸都会对施工造成困难和损失。

1.6.2 尺寸标注的组成

一个完整的尺寸标注应包括尺寸界线、尺寸线、尺寸起止符号和尺寸数字。

（1）尺寸界线：表示所量度尺寸范围的边界，用细实线绘出，应与被注长度垂直，必要时可利用定位轴线、中心线或图样轮廓线来代替。

（2）尺寸线：表示所量度尺寸方向的线，用细实线绘出，应与被注长度平行，图样本身的任何图线均不得用作尺寸线。

（3）尺寸起止符号：用中粗 45°斜短线或箭头表示，其倾斜方向应与尺寸界线成顺时针 45°角，长度宜为 2～3mm。轴测图中用小圆点表示起止符号，小圆点的直径为 1mm。

（4）尺寸数字。

图样上的尺寸：应以尺寸数字为准，不应从图上直接量取。

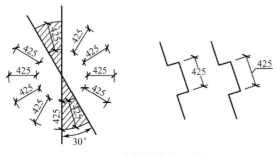
图 1-5　尺寸数字的注写方向

图样上的尺寸单位：除标高及总平面图上的数字以米为单位外，其他必须以毫米为单位。图中尺寸后面可以不写单位。

注写方向和阅读方向的规定为：当尺寸线垂直时，尺寸数字注写在尺寸线的左侧，字头朝左；在其他任何方向，尺寸数字也应保持向上，且注写在尺寸线的上方，如果在 30°斜线区内注写时容易引起误解，可以采用水平注写方式，如图 1-5 所示。

1.6.3　尺寸标注的基本规定

（1）直线段尺寸标注的规定。

① 尺寸界线：应垂直于被标注的直线段，不应与轮廓线相连，其一端应离开轮廓线不小于 2mm，另一端宜超出尺寸线 2mm～3mm。

② 尺寸线：必须与被标注的线段平行。当有几条相互平行的尺寸线时，大尺寸要标注在小尺寸的外面。平行排列的尺寸线间距为 7～10mm。

③ 尺寸起止符号：应采用中粗 45°斜短线绘制，长度宜为 2～3mm。

④ 尺寸数字：标注在尺寸线的上方，当尺寸界线较密时，可标注在尺寸界线外侧相邻处，或相互错开，必要时也可用线引出标注。

当尺寸线不处于水平位置时，尺寸数字应按规定的方向注写，尽量避免在网线内注写尺寸数字。图样上的尺寸应以尺寸数字为准，不得从图上直接量取。

（2）圆、圆弧及球尺寸标注的规定。

① 尺寸界线：用圆及圆弧的轮廓线代替。

② 尺寸线和尺寸起止符号：尺寸线应通过圆心，尺寸起止符号宜用箭头表示。

③ 尺寸数字：根据国标规定，圆及圆弧的尺寸数字是用直径和半径表示的，在尺寸数字前面均应加注"Φ"和"R"代号。在标注球的直径或半径时，应在尺寸数字前面均加注"$S\Phi$"和"SR"代号。

（3）角度尺寸标注的规定。

① 尺寸界线：一般用角的两边来代替。

② 尺寸线和尺寸起止符号：尺寸线用以该角的顶点为圆心的圆弧线来代替；尺寸起止符号应用箭头表示。

③ 角度数字：用角度来计量，其单位为度、分、秒，应按水平方向注写。

（4）弧长、弦长标注的规定。在标注圆弧的弧长时，尺寸界线应垂直于该圆弧的弦，尺寸线应用与该圆弧同心的圆弧线表示，尺寸起止符号应用箭头表示，尺寸数字的上方或前方应加注圆弧符号"⌒"，如图 1-6（a）所示。在标注圆弧的弦长时，尺寸线应垂直于该弦，尺寸线应用平行于该弦的直线表示，尺寸起止符号应用中粗 45°斜短线表示，如图 1-6（b）所示。

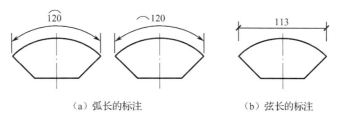

（a）弧长的标注　　　　（b）弦长的标注

图 1-6　弧长、弦长的标注

（5）坡度标注的规定。在标注时，应在尺寸数字下方加注坡度符号"→"或"↙"，坡度符号的箭头一般应指向下坡方向，也可用直角三角形形式标注，如图 1-7 所示。

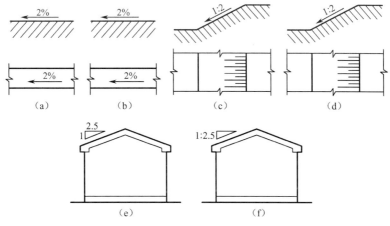

图 1-7　坡度的标注

 例题解析

一、选择题（每小题中只有一个选项是正确的）

1.《房屋建筑制图统一标准》（GB/T 50001—2017）中规定，主要可见轮廓线采用（　　）。

　　A．粗实线　　　　B．细虚线　　　　C．波浪线　　　　D．细实线

答案：A

解析：高考题，分值 3 分。考点是《房屋建筑制图统一标准》（GB/T 50001—2017）中图线的用途。图样上主要可见部分的轮廓线用粗实线绘制，B 选项用于绘制图例填充线和家具线；D 选项用于绘制图例填充线和家具线；C 选项用于绘制断开界线。

2．在建筑工程图中，绘图比例几乎全部选用（　　）。

　　A．等值比例　　　B．放大比例　　　C．缩小比例　　　D．原值比例

答案：C

解析：高考题，分值 3 分。考点是比例在建筑工程图中的应用。绘图用的图纸最大的是 A0 号，它的图幅是 841mm×1189mm，而一间房屋有几米长、几米宽，所以在建筑工程图中，几乎全部用缩小比例绘制图样，应选择 C 选项。A 选项是指比率相等；D 选项是指比值等于 1，也就是图样实际多大就画多大。

3．图框尺寸为 420mm×594mm 的图幅幅面为（　　　）。

  A．A0　　　　　B．A1　　　　　C．A2　　　　　D．A3

答案：C

解析：高考题，分值 3 分。考点是《房屋建筑制图统一标准》（GB/T 50001—2017）中图幅的规定。图幅共有 5 种，建筑工程图中常用的是 A2，图幅是 420mm×594mm。

4．图纸中若粗线线宽为 b，则波浪线的线宽为（　　　）。

  A．$2b$　　　　　B．b　　　　　C．$0.5b$　　　　　D．$0.25b$

答案：D

解析：高考题，分值 3 分。考点是《房屋建筑制图统一标准》（GB/T 50001—2017）中图线的规定，波浪线的线宽为 $0.25b$，选择 D 选项。

5．A3 图幅的幅面尺寸是（　　　）。

  A．841mm×1189mm　　　　　　　　B．594mm×841mm

  C．420mm×594mm　　　　　　　　　D．297mm×420mm

答案：D

解析：高考题，分值 3 分。考点是《房屋建筑制图统一标准》（GB/T 50001—2017）中图幅的规定，A3 图幅的幅面尺寸是 297mm×420mm，选择 D 选项。

6．图纸中若粗线线宽为 b，则折断线的线宽应为（　　　）。

  A．$2b$　　　　　B．b　　　　　C．$0.5b$　　　　　D．$0.25b$

答案：D

解析：高考题，分值 3 分。考点是《房屋建筑制图统一标准》（GB/T 50001—2017）中图线的规定，折断线的线宽为 $0.25b$，选择 D 选项。

7．同一线宽组上，如粗线线宽为 1.4mm，则细实线线宽应为（　　　）。

  A．1.4mm　　　　B．0.7mm　　　　C．0.5mm　　　　D．0.35mm

答案：D

解析：高考题，分值 3 分。考点是《房屋建筑制图统一标准》（GB/T 50001—2017）图线中线宽组的规定及图线的名称，线宽组为 b、$0.7b$、$0.5b$、$0.25b$，细实线的线宽为 $0.25b$。当 b=1.4mm 时，细实线线宽 $0.25b$=0.35mm。

8．图框内用于说明设计单位、图名、设计负责人等内容的表格为（　　　）。

  A．会签栏　　　B．标题栏　　　C．图框　　　D．图纸目录

答案：B

解析：高考题，分值 3 分。考点是《房屋建筑制图统一标准》（GB/T 50001—2017）中标题栏的规定，主要表示与工程有关的信息。A 选项会签栏供土木、水、电等工种负责人签名用，C 选项图框是图纸中限定绘图区域的边界线，D 选项图纸目录表述了每页图纸名称和图号等。

9．可用于表达断开界线的是（　　　）。

  A．细单点长画线　　　　　　　　　　B．细双点长画线

  C．波浪线　　　　　　　　　　　　　D．细虚线

答案：C

解析：高考题，分值 3 分。考点是《房屋建筑制图统一标准》（GB/T 50001—2017）图线规定中关于图线的用途，用于断开界线的图线有折断线和波浪线，题干中只有 C 选项波浪线。

10．在图样上书写的阿拉伯数字的高度应（　　　）。

A．不小于 2.5mm　　　　　　　B．不大于 2.5mm

C．不小于 3.5mm　　　　　　　D．不大于 3.5mm

答案：A

解析：高考题，分值 3 分。考点是《房屋建筑制图统一标准》（GB/T 50001—2017）中字体的规定，字母及数字的字高不应小于 2.5mm。

11．建筑工程图中汉字采用的字体为（　　　）。

A．楷体　　　　B．行体　　　　C．长仿宋体　　　　D．仿宋体

答案：C

解析：高考题，分值 3 分。考点是《房屋建筑制图统一标准》（GB/T 50001—2017）中字体的规定，图样及说明中的汉字，宜优先采用 True type 字体中的宋体字型，采用矢量字体时应为长仿宋体字型。

12．填充线不得穿越尺寸数字，不可避免时，应（　　　）。

A．图线断开　　　B．二者重合　　　C．省略标注　　　D．前述均可

答案：A

解析：高考题，分值 3 分。考点是《房屋建筑制图统一标准》（GB/T 50001—2017）中图线的画法规定，图线不得与文字、数字或符号等重叠、混淆，不可避免时，应首先保证文字等的清晰，因此选择 A 选项图线断开。

13．用于表达对称线的是（　　　）。

A．中单点长画线　　　　　　　B．细单点长画线

C．中双点长画线　　　　　　　D．细双点长画线

答案：B

解析：高考题，分值 3 分。本题考点是图线的用途。《房屋建筑制图统一标准》（GB/T 50001—2017）中 4.0.2 规定，中心线、对称线、轴线等用细单点长画线表示。

二、判断题（每小题 A 选项代表正确，B 选项代表错误）

1．如果图纸幅面不够，可将图纸长边加长。　　　　　　　　　　　　（　　　）

答案：A

解析：高考题，分值 1 分。考点是《房屋建筑制图统一标准》（GB/T 50001—2017）中图幅的规定，A0～A3 幅面长边可加长，关键词是"长边"。

2．尺寸标注时，图线不得穿过尺寸数字，不可避免时，应将尺寸数字省略不标。（　　　）

答案：B

解析：高考题，分值 1 分。考点是《房屋建筑制图统一标准》（GB/T 50001—2017）中图线的画法规定，图线不得与文字、数字或符号等重叠、混淆，不可避免时，应首先保证文字等的清晰，不能将尺寸数字省略不标。

3．建筑工程图样以短边作为垂直边称为横式，以短边作为水平边称为立式。（　　　）

答案：A

解析：高考题，分值 1 分。考点是《房屋建筑制图统一标准》（GB/T 50001—2017）中图幅布置的规定，图纸以短边为垂直边，称为横式；以短边为水平边，称为立式。

4．建筑工程同一专业所用的图纸，一般不宜多于两种幅面（不含目录及表格所采用的 A4 幅面）。

（　　　）

答案：A

解析：高考题，分值1分。考点是《房屋建筑制图统一标准》（GB/T 50001—2017）中图幅的规定，建筑工程同一专业所用的图纸，一般不宜多于两种幅面，不含目录及表格所采用的A4幅面。

5. 建筑工程图样中，汉字的高度应不大于3.5mm。　　　　　　　　　　（　　）

答案：B

解析：高考题，分值1分。考点是《房屋建筑制图统一标准》（GB/T 50001—2017）中汉字的规定，汉字的高度应不小于3.5mm，关键词是"不小于"。

6. 建筑工程图样上的尺寸线应用细实线绘制，并与被注长度垂直。　　　（　　）

答案：B

解析：高考题，分值1分。考点是《房屋建筑制图统一标准》（GB/T 50001—2017）中尺寸标注的规定，尺寸线用细实线绘出，应与被注长度平行，关键词是与被注长度"平行"，而不是"垂直"。

7. 在建筑工程图样中，汉字一般采用楷体字体。　　　　　　　　　　（　　）

答案：B

解析：高考题，分值1分。考点是《房屋建筑制图统一标准》（GB/T 50001—2017）中字体的规定，图样及说明中的汉字，宜优先采用True type字体中的宋体字型，采用矢量字体时应为长仿宋体字型。

8. 标注角度的尺寸线应以圆弧表示，尺寸起止符号用细实线绘制。　　（　　）

答案：B

解析：高考题，分值1分。考点是《房屋建筑制图统一标准》（GB/T 50001—2017）中角度标注的规定，尺寸线用以该角的顶点为圆心的圆弧表示，尺寸起止符号应以箭头表示。

9. 中心线、轴线可用粗点画线绘制。　　　　　　　　　　　　　　　（　　）

答案：B

解析：高考题，分值1分。考点是《房屋建筑制图统一标准》（GB/T 50001—2017）图线中用途的规定，中心线、对称线、轴线可用细单点长画线绘制。

10. 当虚线为实线的延长线时，要与实线连接。　　　　　　　　　　（　　）

答案：B

解析：高考题，分值1分。考点是《房屋建筑制图统一标准》（GB/T 50001—2017）中图线中画法的规定，当虚线为实线的延长线时，不得与实线连接。

11. 在标注坡度时，应加注坡度符号，该符号为双面箭头，箭头应指向下坡方向。（　　）

答案：B

解析：高考题，分值1分。考点是《房屋建筑制图统一标准》（GB/T 50001—2017）中坡度标注的规定，坡度标注时，应在尺寸数字下方加注坡度符号"→"或"◢"，坡度符号的箭头一般应指向下坡方向。坡度符号不仅有双面箭头，还有单面箭头。

12. 图样上的尺寸，应以尺寸数字为准，也可以从图上直接量取。　　（　　）

答案：B

解析：高考题，分值1分。本题考点是建筑工程图的尺寸标注。《房屋建筑制图统一标准》（GB/T 50001—2017）11.2.1规定：图样上的尺寸，应以尺寸数字为准，不得从图上直接量取，关键词是"不得"从图上直接量取。

13. 在图样上书写的阿拉伯数字的高度应不小于3.5mm。　　　　　　（　　）

答案：B

解析：高考题，分值1分。本题考点是建筑工程图上书写字体的规定，《房屋建筑制图统一标准》（GB/T 50001—2017）5.0.7规定，字母及数字的字高不应小于2.5mm。

三、简答题

1．图纸幅面的规格有哪几种？它们的边长之间有何关系？

答案：图纸幅面的规格有5种，A0=841mm×1189mm，A1=594mm×841mm，A2=420mm×594mm，A3=297mm×420mm，A4=210mm×297mm。

边长之间的关系为A1=A0/2，A2=A1/2，A3=A2/2，A4=A3/2。

解析：高考题，分值5分。考点是《房屋建筑制图统一标准》（GB/T 50001—2017）图幅的规定，图纸幅面及图框应符合表3.1.1的规定，A0图纸幅面的尺寸为短边×长边，按照规律A1=A0/2，A2=A1/2，A3=A2/2，A4=A3/2，依此可推得各图纸幅面的大小。

2．图样上标注的尺寸由几部分组成？尺寸数字的实际意义是什么？如果画图的比例不同，那么尺寸数字是否需要变化？

答案：图样上的尺寸由尺寸界线、尺寸线、尺寸起止符号和尺寸数字四部分组成，尺寸数字是表示实际真实长度尺寸值，应以尺寸数字为准，不得从图上直接量取；用不同比例绘图但尺寸数字仍是真值注写。

解析：高考题，分值6分。考点1是《房屋建筑制图统一标准》（GB/T 50001—2017）尺寸标注的规定，考点2是《房屋建筑制图统一标准》（GB/T 50001—2017）比例的规定。不论图样按什么比例绘制，标注的尺寸数字是实际尺寸，不得从图上直接量取。

3．简述坡度标注方法。

答案：标注坡度时，在尺寸数字下方加注坡度符号"→"或"◢"，坡度符号的箭头一般应指向下坡方向，坡度也可用直角三角形形式标注。

解析：高考题，分值5分。考点是《房屋建筑制图统一标准》（GB/T 50001—2017）坡度标注的规定。

4．简述在尺寸标注时，图线与尺寸界线、尺寸线的关系。

答案：所标注尺寸的图线与尺寸界线垂直、与尺寸线平行。

解析：高考题，分值4分。本题考点是《房屋建筑制图统一标准》（GB/T 50001—2017）尺寸标注的规定。

 **基 础 过 关**

一、选择题（每小题中只有一个选项是正确的）

1．《房屋建筑制图统一标准》（GB/T 50001—2017）中规定A2图纸的幅面尺寸$b×l$是（　　）。

  A．210mm×297mm   B．420mm×594mm

  C．841mm×1189mm   D．297mm×420mm

2．相互平行图例线的净间隙或线中间隙不宜小于（　　）。

  A．0.5mm   B．0.6mm   C．0.2mm   D．0.8mm

3．《房屋建筑制图统一标准》（GB/T 50001—2017）中规定，图纸幅面的规格有（　　）种。

　　　A．4　　　　　　　B．5　　　　　　　C．6　　　　　　　D．8

4．半径、直径、角度与弧长的尺寸起止符号宜采用（　　　）。

　　　A．箭头　　　　　B．中粗斜短线　　C．小黑圆点　　　D．小黑矩形

5．在标注坡度时，应在尺寸数字下方加注坡度符号，坡度符号的箭头一般应指向（　　　）。

　　　A．下坡方向　　　B．上坡方向　　　C．前方　　　　　D．后方

6．有一栋房屋在图上量得的长度为50cm，用的是1∶100的比例，其实际长度是（　　　）m。

　　　A．5　　　　　　　B．50　　　　　　　C．500　　　　　　D．5000

7．不是国家标准规定的文字高度是（　　　）mm。

　　　A．3　　　　　　　B．5　　　　　　　C．7　　　　　　　D．10

8．角度的尺寸线应用（　　　）表示。

　　　A．直线　　　　　B．圆弧　　　　　C．角的两条边　　D．箭头

9．国家标准规定的线型有（　　　）种。

　　　A．6　　　　　　　B．12　　　　　　C．14　　　　　　D．16

10．图样上的尺寸数字代表（　　　）。

　　　A．图样上线段的长度　　　　　　　B．物体的实际尺寸

　　　C．随比例变化的尺寸　　　　　　　D．图样乘以比例的长度

11．在图纸右下角用于说明设计单位、图名、设计负责人等内容的表格为（　　　）。

　　　A．会签栏　　　B．标题栏　　　　C．图框　　　　　D．图纸目录

12．建筑工程图中的汉字采用（　　　）字体。

　　　A．楷体　　　　B．行体　　　　　C．长仿宋体　　　D．仿宋体

13．标题栏的位置可以在图框内的（　　　）。

　　　A．左上角　　　B．左下角　　　　C．右上角　　　　D．右下角

14．定位轴线采用（　　　）。

　　　A．细单点长画线　B．虚线　　　　　C．实线　　　　　D．波浪线

15．填充线不得穿越尺寸数字，不可避免时，应该（　　　）。

　　　A．图线断开　　　B．二者重合　　　C．省略标注　　　D．前述均可

16．A0图纸幅面是A4图纸幅面的（　　　）倍。

　　　A．8　　　　　　　B．4　　　　　　　C．16　　　　　　D．2

17．图纸幅面分（　　　）种。

　　　A．2　　　　　　　B．4　　　　　　　C．6　　　　　　　D．5

18．在建筑工程图中，几乎全部选用（　　　）。

　　　A．放大比例　　　B．原值比例　　　C．缩小比例　　　D．相同比例

19．在同一图样上，相同比例的图样应选用（　　　）的线宽组。

　　　A．相同　　　　　B．不同　　　　　C．缩小比例　　　D．放大比例

20．同一专业所用的图纸，一般不宜多于（　　　）幅面，不含目录及表格采用的 A4 幅面。

　　　A．三种　　　　　B．两种　　　　　C．四种　　　　　D．五种

21．尺寸起止符号：应用中粗斜短线绘制，其倾斜方向应与尺寸界线成顺时针（　　　）角，长度宜为2～3mm。

　　　A．45°　　　　　　B．30°　　　　　　C．90°　　　　　　D．120°

22．在图 1-8 所示建筑工程图中，画法错误的是（　　）。

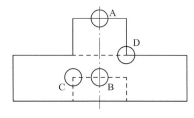

图 1-8　题 22 图

23．基本线宽 $b=1.0$mm 的线宽组，细线的宽度为（　　）mm。

　　A．0.13　　　　B．0.25　　　　C．0.18　　　　D．0.35

24．图 1-9 所示建筑工程图的填充线的线宽是（　　）。

　　A．$0.7b$　　　　B．$0.5b$　　　　C．$0.25b$　　　　D．$0.35b$

25．图 1-10 所示建筑工程图中的 H 为（　　）。

　　A．7～10mm　　B．7～12mm　　C．7～15mm　　D．10～15mm

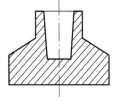

图 1-9　题 24 图

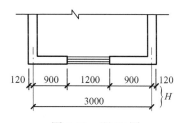

图 1-10　题 25 图

26．图纸的幅面简称（　　）。

　　A．图幅　　　　B．标题栏　　　　C．会签栏　　　　D．图框

27．标注圆弧的弧长时，表示尺寸线应用（　　）。

　　A．箭头　　　　　　　　　　　B．该圆弧同心的圆弧线

　　C．标注该圆弧的弦长　　　　　D．平行于圆弧的直线

28．图样上的尺寸数字代表的是（　　）。

　　A．实际尺寸　　　　　　　　　B．随比例变化的尺寸

　　C．图线的长度尺寸　　　　　　D．其他

29．一般情况下，一个图样应选择的比例为（　　）。

　　A．1 种　　　　B．2 种　　　　C．3 种　　　　D．4 种

30．《房屋建筑制图统一标准》（GB/T 50001—2017）中规定 A2 图纸的幅面尺寸 a、c 是（　　）。

　　A．25mm、10mm　　　　　　　B．25mm、5mm

　　C．10mm、10mm　　　　　　　D．10mm、25mm

31．在图样上量取的线段长度为 30mm，用的是 1∶100 的比例，其实际长度是（　　）m。

　　A．3　　　　　B．30　　　　　C．300　　　　D．3000

32．半径的尺寸线应一端从圆心开始，另一端画箭头指向圆弧。半径数字前应加注半径符号（　　）。

　　A．DR　　　　B．R　　　　C．SR　　　　D．Φ

33. 角度的标注，角度数字的字头始终（　　）。

    A．倾斜　　　　　　B．向下　　　　　　C．向上　　　　　D．向左

34. A2 幅面的图框尺寸（长和宽）是（　　）。

    A．400mm×559mm　　　　　　　　　B．420mm×594mm

    C．410mm×554mm　　　　　　　　　D．297mm×420mm

35. 下列圆弧尺寸标注方法正确的是（　　）。

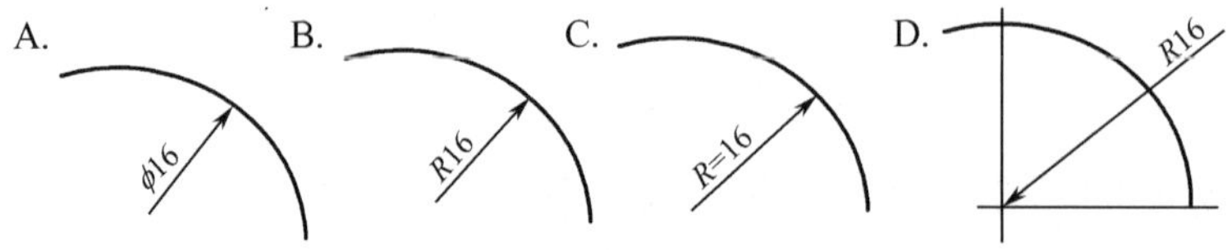

二、判断题（每小题 A 选项代表正确，B 选项代表错误）

1. 图纸幅面以短边为竖直边的称为横式幅面。　　　　　　　　　　　　（　　）

2. 中心线、轴线可用粗点画线绘制 。　　　　　　　　　　　　　　　　（　　）

3. 当虚线为实线的延长线时，要与实线连接。　　　　　　　　　　　　（　　）

4. 数字及字母的字高不应小于 3.5mm。　　　　　　　　　　　　　　　（　　）

5. 图样比例是指图形与其实物相应要素的线性尺寸之比，1∶50 表示图上尺寸为 1 而实物尺寸为 50。　　　　　　　　　　　　　　　　　　　　　　　　　　（　　）

6. 图样轮廓线可用作尺寸界线，图样本身的任何图线都可用作尺寸线。（　　）

7. 坡度符号的箭头一般应指向上坡方向。　　　　　　　　　　　　　　（　　）

8. 角度标注的尺寸界线一般是以角的两边来代替的。　　　　　　　　　（　　）

9. 图样上的尺寸应以尺寸数字为准，不得从图上直接量取。　　　　　　（　　）

10. 较小圆的直径尺寸可标注在圆外。　　　　　　　　　　　　　　　　（　　）

11. 工程制图中最小的图纸幅面是 A4。　　　　　　　　　　　　　　　（　　）

12. 虚线和单点长画线的线段长度和间隔应各自相等。　　　　　　　　（　　）

13. 单点长画线或双点长画线的两端应是点。　　　　　　　　　　　　（　　）

14. 字高即字号，汉字的高度应不小于 3.5mm。　　　　　　　　　　　（　　）

15. 角度的尺寸线应用直线表示。　　　　　　　　　　　　　　　　　（　　）

16. 数量的数值注写，应采用正体阿拉伯数字。　　　　　　　　　　　（　　）

17. 中线的线宽为 0.5b。　　　　　　　　　　　　　　　　　　　　　（　　）

18. 图 1-11 所示为圆的直径标注。　　　　　　　　　　　　　　　　（　　）

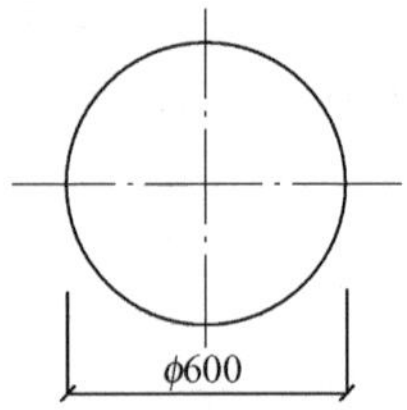

图 1-11　题 18 图

19. 圆半径的标注为"$R=20$"。　　　　　　　　　　　　　　　　　　（　　）

20．图 1-12 所示为角度的标注。　　　　　　　　　　（　　）

21．图 1-13 所示为弧长的标注。　　　　　　　　　　（　　）

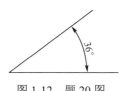 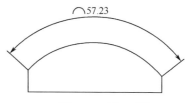

图 1-12　题 20 图　　　　　　　　　图 1-13　题 21 图

22．图 1-14 所示为坡度的标注。　　　　　　　　　　（　　）

23．图 1-15 所示为线段的标注。　　　　　　　　　　（　　）

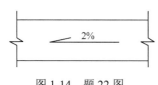 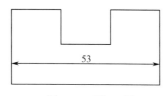

图 1-14　题 22 图　　　　　　　　　图 1-15　题 23 图

24．当有几条相互平行的尺寸线时，大尺寸要标注在小尺寸的外面。　（　　）

25．采用不同的比例绘制图样时，标注尺寸数字相同。　（　　）

26．标注圆弧的弧长时，尺寸线应以与该圆弧同心的圆弧线表示，尺寸界线应垂直于该圆弧的弦。　（　　）

三、简答题

1．为了统一规范建筑工程图，国家制定了哪些标准？

2．图样的尺寸标注由哪几部分组成？

3．图纸幅面与图框有什么区别？

4．何谓比例？同一物体，分别用 1∶5 和 1∶20 的比例画图，哪个图形大？为什么？

5．标注半径、直径、球直径及坡度时，应加注什么符号？

6．在图样上书写的文字、数字或符号等的要求是什么？

单元测试

一、选择题（每小题中只有一个选项是正确的，每小题 4 分，共 40 分）

1．（　　）是图纸中限定绘图区域的边界线，画图时必须在图纸上画出。

　　A．图幅　　　　B．图框　　　　C．标题栏　　　　D．会签栏

2．图纸允许加长，图纸的短边一般（　　）加长，长边可加长。

　　A．可　　　　　B．不宜　　　　C．不应　　　　　D．不适合

3．《房屋建筑制图统一标准》（GB/T 50001—2017）是房屋建筑制图的（　　），适合总图、建筑、结构、给水排水、暖通空调、电气等各专业制图。

　　A．基本规定　　B．规定　　　　C．基本标准　　　D．标准

4. 中实线用于（　　　）。

    A．图例线　　　　　B．可见轮廓线　　C．断开线　　　　D．对称线

5. 尺寸起止符号用以表示尺寸的起止，一般用中粗短斜线绘制，其长度是（　　　）。

    A．1～2mm　　　　B．2～3mm　　　C．3～4mm　　　D．4～5mm

6. 下列弦长的尺寸标注中，正确的是（　　　）。

    A　　　　　　　　　　B　　　　　　　　　　C　　　　　　　　　　D

7. 虚线与虚线交接或虚线与其他图线交接时，应采用（　　　）交接。

    A．线段　　　　　　B．间隔与线段　　C．任意　　　　　　D．实线与间隔

8. 字高即字号，汉字的高度应不小于（　　　）。

    A．2mm　　　　　　B．3.5mm　　　　C．5mm　　　　　D．3mm

9. 图样中的线采用粗、中粗、中、细四种线宽，它们的线宽比例为（　　　）。

    A．1：2：3：4　　　B．2：3：4：1　　C．4：2.8：2：1　D．4：3：2：1

10. 图样上尺寸数字应依据其方向注写在靠近（　　　）的上方中部。

    A．尺寸线　　　　　　　　　　　　B．尺寸界线

    C．尺寸起止符号　　　　　　　　　D．图线

二、判断题（每小题 A 选项代表正确，B 选项代表错误，每小题 4 分，共 40 分）

1. 国家标准（GB/T 50001—2017）规定图幅共有 4 种规格。　　　　　　　　（　　）

2. A0 图幅的面积为 1m^2，其长边约为短边的 $\sqrt{2}$ 倍。　　　　　　　　（　　）

3. 单点长画线或双点长画线在较小图形中绘制有困难时，可用实线代替。　　（　　）

4. 图样上的尺寸，应包括尺寸界线、尺寸线、尺寸起止符号和尺寸数字。　　（　　）

5. 图线不得与文字、数字或符号等重叠、混淆，不可避免时，应首先保证图线等的清晰。　　　　　　　　　　　　　　　　　　　　　　　　　　　　　　　　（　　）

6. 汉字的简化字书写应符合国家有关汉字简化方案的规定 。　　　　　　　（　　）

7. 直线段尺寸标注时，尺寸界线应垂直于被标注的直线段，应与轮廓线相连。（　　）

8. 图样本身的任何图线均不得用作尺寸线。　　　　　　　　　　　　　　　（　　）

9. 坡度标注时，应在尺寸数字下方加注坡度符号。坡度符号的箭头一般应指向上坡方向。　　　　　　　　　　　　　　　　　　　　　　　　　　　　　　　　（　　）

10. 图样上的尺寸，应以尺寸数字为准，不应从图上直接量取。　　　　　　（　　）

三、简答题（每小题 5 分，共 20 分）

1. 对工程图纸编排顺序是如何规定的？

2. 什么是图样比例？国家标准（GB/T 50001—2017）对比例注写是如何规定的？

3. 简述图线与尺寸界线、尺寸线的关系。

4. 简述尺寸标注的要求。

单元 2　绘图工具和用品

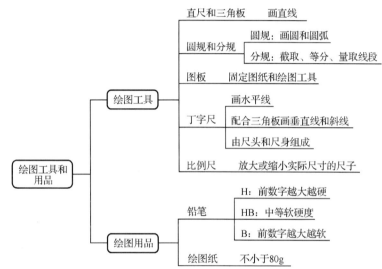

绘图工具和用品
├ 绘图工具
│　├ 直尺和三角板　　画直线
│　├ 圆规和分规　├ 圆规：画圆和圆弧
│　│　　　　　　　└ 分规：截取、等分、量取线段
│　├ 图板　　　固定图纸和绘图工具
│　├ 丁字尺　├ 画水平线
│　│　　　　　├ 配合三角板画垂直线和斜线
│　│　　　　　└ 由尺头和尺身组成
│　└ 比例尺　　放大或缩小实际尺寸的尺子
└ 绘图用品
　├ 铅笔　├ H：前数字越大越硬
　│　　　　├ HB：中等软硬度
　│　　　　└ B：前数字越大越软
　└ 绘图纸　　不小于80g

1．了解常用的绘图工具和用品，掌握绘图工具的用途。
2．会使用常用的绘图工具。

2.1　铅笔

绘图铅笔用于画底稿、描深图线。绘图铅笔的铅芯有软、硬之分，分别用 B、H 来表示。"B"表示软铅芯，"B"前面的数字越大表示铅芯越软；"H"表示硬铅芯，"H"前面的数字越大表示铅芯越硬；"HB"表示中等软硬度的铅芯。H～3H 铅笔常用于打底稿，HB、B 铅笔用于加深图线，写字常用 H、HB 铅笔。

画线时铅笔从侧面看要垂直，从正面看向画线方向倾斜约 60°，绘图铅笔应从没有标志的一端开始使用，以便保留标记，供以后使用时辨认。

2.2　直尺和三角板

三角板与直尺可以画直线、斜线或 30°、45°、60°的特殊角，也可以两块三角板配合使用，画出任意倾斜直线的平行线或垂直线。

2.3　圆规和分规

圆规是画圆和圆弧的专用工具。分规用来截取线段、等分线段和量取线段的长度。

2.4　绘图纸和图板

图纸有绘图纸和描图纸两种。绘图纸要求质地坚硬，纸面洁白，质量不小于 80g。抄绘建筑工程图要用绘图纸。

图板主要用来固定图纸和绘图工具，作为绘图的垫板。图板要求板面平整，工作边要平直。

2.5　丁字尺

丁字尺是画水平线及配合三角板画垂直线和斜线的工具。丁字尺一般用有机玻璃等制成，由互相垂直的尺头和尺身组成，尺头与尺身相互垂直构成丁字形。

2.6　比例尺

比例尺是用于按一定比例放大或缩小实际尺寸的绘图专用尺，其形式常为三棱柱，故又称三棱尺。比例尺不能替代三角板或丁字尺来画线。

 例题解析

一、选择题（每小题中只有一个选项是正确的）

1. 丁字尺的用途是（　　）。
   A. 画曲线　　　　　　　　　　B. 放大或缩小线段长度
   C. 画圆　　　　　　　　　　　D. 画水平线

答案：D

解析：高考题，分值 3 分。本题考查丁字尺的用途。丁字尺是画水平线及配合三角板画垂直线和斜线的工具。

2. 绘图铅笔的铅芯有软硬之分，下列铅芯最软的是（　　）。
   A. H　　　　　　B. B　　　　　　C. 2H　　　　　　D. 2B

答案：D

解析：高考题，分值 3 分。本题考查铅笔的分类。"B"表示软铅芯，"B"前面的数字越大表示铅芯越软；"H"表示硬铅芯，"H"前面的数字越大表示铅芯越硬；"HB"表示中等软硬度的铅芯。

3．绘图时不能作为画图工具的是（　　）。

　　A．丁字尺　　　　　B．三角板　　　　　C．比例尺　　　　　D．圆规

答案：C

解析：高考题，分值 3 分。本题考查绘图工具的使用。A 选项丁字尺是画水平线及配合三角板画垂直线和斜线的工具，B 选项三角板可以画直线和配合丁字尺画垂直线及 30°、45°、60°等各种特殊角，C 选项比例尺是用于放大或缩小绘图尺寸的一种尺子，不能代替三角板或丁字尺来画线，D 选项圆规用来画圆和圆弧。

4．绘图铅笔有软硬之分，B 表示（　　）。

　　A．硬　　　　　　　B．软　　　　　　　C．中等硬度　　　　D．中等软度

答案：B

解析：高考题，分值 3 分。本题考查铅笔的分类。"B"表示软铅芯，"B"前面的数字越大表示铅芯越软；"H"表示硬铅芯，"H"前面的数字越大表示铅芯越硬；"HB"表示中等软硬度的铅芯。

二、判断题（每小题 A 选项代表正确，B 选项代表错误）

1．图板是用来固定图纸和绘图工具的。　　　　　　　　　　　　　　　（　　）

答案：A

解析：高考题，分值 1 分。考点是图板的用途，图板主要用来固定图纸和绘图工具，板面要平整，工作边要平直。

2．丁字尺是画垂直线及配合三角板画水平线和斜线的工具。　　　　　（　　）

答案：B

解析：高考题，分值 1 分。考点是丁字尺的用途，丁字尺是画水平线及配合三角板画垂直线和斜线的工具。

3．HB 铅笔用于加深图线、写字。　　　　　　　　　　　　　　　　　（　　）

答案：A

解析：高考题，分值 1 分。本题考查铅笔的分类。HB、B 铅笔用于加深图线，写字常用 H、HB 铅笔。

4．用制图工具直尺和三角板能够绘制 60°角。　　　　　　　　　　　（　　）

答案：A

解析：高考题，分值 1 分。本题考查绘图工具的用途，绘图时常用直尺和三角板画直线、斜线或画 30°、45°、60°的特殊角。

基础过关

一、选择题（每小题中只有一个选项是正确的）

1．丁字尺的用途是（　　）。

A．画曲线 　　　　　　　　B．放大或缩小线段长度

C．画圆 　　　　　　　　　D．画水平线

2．绘图铅笔的铅芯有软硬之分，下列铅芯最软的是（　　　）。

A．H 　　　　　B．B 　　　　　C．2H 　　　　　D．2B

3．绘图时不能作为画图工具的是（　　　）。

A．丁字尺 　　　　B．三角板 　　　　C．比例尺 　　　　D．圆规

4．比例尺的作用是（　　　）。

A．画水平线 　　　　　　　　B．放大或缩小实际尺寸

C．画垂直线 　　　　　　　　D．量取线段

5．下列制图工具不能用来画直线的是（　　　）。

A．丁字尺 　　　　B．三角板 　　　　C．直尺 　　　　D．曲线板

6．绘图铅笔有软硬之分，HB 表示（　　　）。

A．硬 　　　　　B．软 　　　　　C．中等硬度 　　　　D．中等软硬度

7．关于分规的用途，下面选项错误的是（　　　）。

A．截取线段 　　　　B．等分线段 　　　　C．量取线段 　　　　D．画圆弧

二、判断题（每小题 A 选项代表正确，B 选项代表错误）

1．图板是用来固定图纸和绘图工具的。　　　　　　　　　　　　（　　）

2．丁字尺是画垂直线及配合三角板画水平线和倾斜直线的工具。　（　　）

3．圆规用来等分线段、量取线段。　　　　　　　　　　　　　　（　　）

4．HB 铅笔常用于打底稿。　　　　　　　　　　　　　　　　　（　　）

5．绘图纸不小于 65g。　　　　　　　　　　　　　　　　　　　（　　）

6．削绘图铅笔应从没有标志的一端开始，以便保留标记辨认软硬。（　　）

7．比例尺可以代替三角板或丁字尺画线。　　　　　　　　　　　（　　）

8．图纸可以用图钉固定。　　　　　　　　　　　　　　　　　　（　　）

9．可以在图板上裁切图纸。　　　　　　　　　　　　　　　　　（　　）

10．圆规可以代替分规使用。　　　　　　　　　　　　　　　　　（　　）

11．绘图铅笔的铅芯有软硬之分，"H"前面的数字越大表示铅芯越软。（　　）

12．丁字尺的作用是放大或缩小实际尺寸。　　　　　　　　　　　（　　）

13．三角板可以推画任意方向的平行线，也可直接用来画已知线段的平行线或垂直线。

（　　）

14．比例尺使用时无须计算，可直接从比例尺上量取尺寸。　　　　（　　）

15．两块三角板配合使用可画出 15°、75°斜线。　　　　　　　　　（　　）

16．比例尺的形式常为三棱柱，故又称三棱尺。　　　　　　　　　（　　）

17．抄绘建筑工程图要用描图纸。　　　　　　　　　　　　　　　（　　）

18．丁字尺的尺头与尺身相互垂直。　　　　　　　　　　　　　　（　　）

19．两块三角板配合使用，可画出任意倾斜直线的平行线或垂直线。（　　）

单元测试

一、选择题（每小题中只有一个选项是正确的，每小题 10 分，共 50 分）

1. 绘图铅笔的铅芯有软硬之分，下列铅芯最硬的是（　　）。
　　A. H　　　　　　B. B　　　　　　C. 2H　　　　　　D. 2B

2. 用来截取线段、等分线段和量取线段长度的工具是（　　）。
　　A. 丁字尺　　　　B. 圆规　　　　　C. 比例尺　　　　D. 分规

3. 绘图时不能作为画图工具的是（　　）。
　　A. 丁字尺　　　　B. 三角板　　　　C. 比例尺　　　　D. 圆规

4. （　　）是用来放大和缩小实际尺寸的一种尺子。
　　A. 三角板　　　　B. 丁字尺　　　　C. 比例尺　　　　D. 直尺

5. 绘图铅笔的铅芯有软硬之分，表示中等软硬度的铅芯是（　　）。
　　A. H　　　　　　B. HB　　　　　　C. 2H　　　　　　D. 2B

二、判断题（每小题 A 选项代表正确，B 选项代表错误，每小题 10 分，共 50 分）

1. 丁字尺是画垂直线及配合三角板画水平线和斜线的工具。　　　　　　　　（　　）

2. 圆规是用来画圆和圆弧的工具。　　　　　　　　　　　　　　　　　　　（　　）

3. 丁字尺是用来放大和缩小实际尺寸的一种尺子。　　　　　　　　　　　　（　　）

4. 铅笔"H"前的数字越大表示铅芯越硬。　　　　　　　　　　　　　　　　（　　）

5. 绘图铅笔的铅芯有软硬之分，"B"前面的数字越大表示铅芯越软。　　　　（　　）

单元3　几何作图

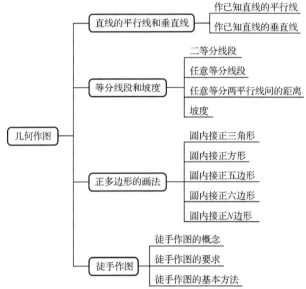

1．会使用制图工具绘制直线。

2．会使用制图工具任意等分线段。

3．掌握正多边形的画法。

4．会徒手绘制几何图形。

建筑工程图基本上都是由直线、圆弧、曲线等组成的几何图形。几何作图就是按照已知条件，使用各种绘图工具和用品，运用几何学的原理和作图方法画出所需的图形。

3.1　直线的平行线和垂直线

1. 作图方法

过已知点作一直线平行于已知直线的作图方法如图 3-1（a）所示；过已知点作一直线

垂直于已知直线的作图方法如图 3-1（b）所示。

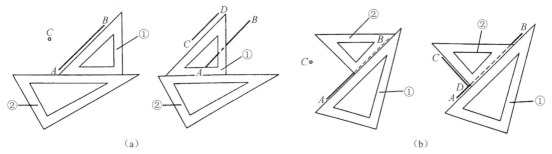

图 3-1　作直线的平行线和垂直线

2．绘图工具

三角板。

3.2　等分线段和坡度

1．作图方法

（1）二等分线段的作图方法与步骤。

（2）任意等分线段（以五等分为例）作图方法如图 3-2 所示。

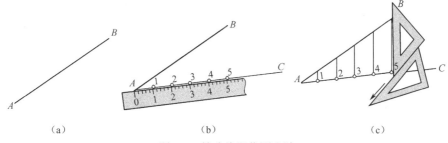

图 3-2　等分线段作图方法

（3）任意等分两平行线间的距离（以五等分为例）的作图方法与步骤。

（4）坡度作图方法如图 3-3 所示（以 1∶5 为例）。

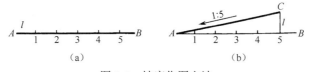

图 3-3　坡度作图方法

2．应用

等分线段的方法在楼梯详图等图样中经常用到，坡度在建筑工程图中也经常用到。

3.3　正多边形的画法

圆内接正五边形的作图方法如图 3-4 所示，圆内接正六边形的作图方法如图 3-5、图 3-6 所示。

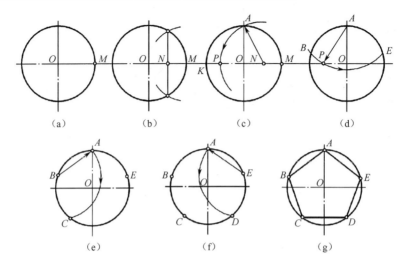

图 3-4　圆内接正五边形的作图方法

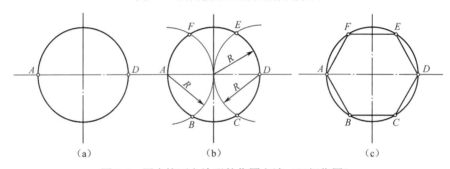

图 3-5　圆内接正六边形的作图方法（尺规作图）

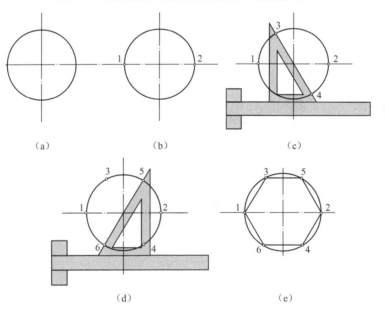

图 3-6　圆内接正六边形的作图方法（丁字尺、三角板作图）

3.4　徒手作图

1．概念

徒手作图是指不借助绘图工具，以目测估计比例，用铅笔徒手绘制图样。如图 3-7 所示为徒手画平行线，如图 3-8 所示为徒手画垂直线，如图 3-9 所示为徒手画圆。

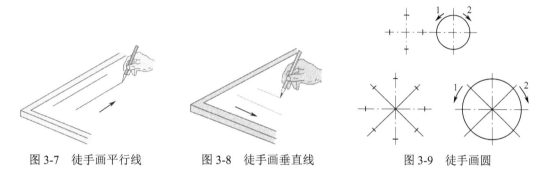

图 3-7　徒手画平行线　　　　图 3-8　徒手画垂直线　　　　图 3-9　徒手画圆

2．要求

徒手画出的图也称草图，但不能理解成潦草的图。草图也要基本上达到图样表达较准确、图形大致符合比例、线型符合规定、线条光滑平直、字体端正和图形整洁等要求。

徒手作图所用的铅笔一般不要过尖，应圆滑些，持笔的手指离笔尖远些，以便灵活画出不同方向的图线。常用 H（或 2H）铅笔画底稿，HB（或 H）铅笔加深细实线，B（或 HB）铅笔加深中、粗线。常用浅色方格纸或坐标纸来画草图。图纸不必固定，可根据需要转动。

3．基本方法

熟悉徒手作直线、等分线段、特殊角或斜线、圆和椭圆的画法。

例 题 解 析

一、选择题（每小题中只有一个选项是正确的）

1．过已知点作已知直线的平行线，可用的绘图工具是（　　　）。
　　A．三角板　　　　　B．直尺　　　　　C．比例尺　　　　　D．丁字尺
答案：A
解析：高考题，分值 3 分。考点是几何作图中作已知直线的平行线的作图方法。两个三角板配合可绘制直线的平行线和垂直线；B 选项直尺和三角板常用来画直线、斜线或画特殊角；C 选项比例尺是用于放大或缩小实际尺寸的一种尺子；D 选项丁字尺是画水平线及配合三角板画垂线和斜线的工具。

2．等分线段的方法在（　　　）等图样中经常用到。
　　A．建筑立面图　　　B．墙身详图　　　C．楼梯详图　　　D．门窗详图
答案：C
解析：高考题，分值 3 分。考点是几何作图中等分线段作图方法的应用。等分线段的

方法在楼梯详图等图样中经常用到。

二、判断题（每小题 A 选项代表正确，B 选项代表错误）

1. 任意等分线段的步骤是：过一端点作一辅助线；等分这一线段。　　（　　）

答案：B

解析：高考题，分值 1 分。考点是几何作图中任意等分线段的作图方法。任意等分线段（以五等分为例）的步骤是：过端点 A 任作一直线 AC；用分规在直线 AC 上量得 1、2、3、4、5 各等分点；连接 $5B$，分别过 1、2、3、4 等分点作直线 $5B$ 的平行线，即得等分点 1′、2′、3′、4′。

2. 圆内接正六边形可以用 60° 三角板和丁字尺完成。　　　　（　　）

答案：A

解析：高考题，分值 1 分。考点是几何作图中正多边形的画法。圆内接正六边形可应用尺规作图，亦可应用丁字尺、三角板作图。

三、简答题

对草图的要求是什么？

答案：徒手画出的图也称草图，但不能理解成潦草的图。草图也要基本上达到图样表达较准确、图形大致符合比例、线型符合规定、线条光滑平直、字体端正和图形整洁等要求。

解析：高考题，分值 5 分。考点是几何作图中草图的概念及对草图的要求。徒手画出的图也称草图，但不能理解成潦草的图，要熟练掌握有关草图的相关内容。

一、选择题（每小题中只有一个选项是正确的）

1. 作已知直线的垂直线，可用的绘图工具是（　　）。
   A．三角板　　　　　　　　　　B．丁字尺
   C．比例尺、丁字尺　　　　　　D．三角板、比例尺

2. 作 1:5 坡度线，用的几何作图法有（　　）。
   A．五等分线段、作已知直线的平行线
   B．五等分线段、作已知直线的垂直线
   C．六等分线段、作已知直线的垂直线
   D．六等分线段、作已知直线的平行线

3. 在徒手作图中，常用（　　）铅笔加深细实线。
   A．H 或 2H　　　B．HB 或 H　　　C．B　　　D．B 或 HB

二、判断题（每小题 A 选项代表正确，B 选项代表错误）

1. 圆内接正四边形可以用 45° 三角板和丁字尺完成。　　　　　（　　）
2. 徒手绘制的图就是潦草的图。　　　　　　　　　　　　　　（　　）
3. 圆内接正六边形可以用 60° 三角板和丁字尺完成。　　　　　（　　）
4. 任意等分线段的步骤是：过一端点作一辅助线；等分这一线段。（　　）

三、简答题

1. 什么是徒手作图？
2. 简述二等分线段的作图步骤。

四、综合题

1. 五等分如图 3-10 所示的两平行线 AB、CD 间的距离。
2. 在图 3-11 中，作圆内接正三角形（顶点在上方）。

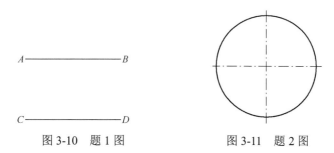

图 3-10　题 1 图　　　　　　　　图 3-11　题 2 图

3. 在图 3-12 中，作圆内接正方形。
4. 在图 3-13 中，作圆内接正六边形。
5. 在图 3-14 中，作圆内接正七边形。

图 3-12　题 3 图　　　　　　图 3-13　题 4 图　　　　　　图 3-14　题 5 图

单 元 测 试

一、选择题（每小题中只有一个选项是正确的，每小题 6 分，共 30 分）

1. 五等分两平行线间距离的方法是（　　）。
①五等分已知线段；②过等分点作已知直线的平行线；③过等分点作已知直线的垂直线；④五等分两平行线间距离
　　A．①② 　　　　　　　B．③④ 　　　　　　C．④② 　　　　　　D．①③
2. 作圆的内接正三角形，运用的绘图工具是（　　）。
　　A．30°三角板、丁字尺 　　　　　　B．45°三角板、丁字尺
　　C．分规、丁字尺 　　　　　　　　D．丁字尺、比例尺
3. 在徒手作图时，下列说法正确的是（　　）。
　　A．只是不需要固定图纸，其他与仪器图一样
　　B．可以潦草随意一些
　　C．所有图线一样，没有粗中细线型要求

D．目测估计比例，用铅笔徒手绘制图样

4．过点作已知直线的垂直线，下列作法错误的是（　　）。

　　A．300 三角板的斜边与已知直线重合

　　B．450 三角板直角边放置斜边上，移动此三角板到已知点，然后画线

　　C．作图工具为一副三角板

　　D．作图工具为丁字尺和比例尺

5．作已知线段的垂直平分线，所用的工具是（　　）。

　　A．三角板、丁字尺　　　　　　　　　B．三角板、圆规

　　C．分规、丁字尺　　　　　　　　　　D．丁字尺、比例尺

二、判断题（每小题 A 选项代表正确，B 选项代表错误，每小题 2 分，共 20 分）

1．徒手作图就是用铅笔随意画出潦草的图。　　　　　　　　　　　　　　（　　）

2．徒手画出的图也应该符合大致的比例。　　　　　　　　　　　　　　　（　　）

3．徒手作图所用的铅笔一般要尖一点，持笔的手指离笔尖近一点，以便画出不同方向的图线。　　　　　　　　　　　　　　　　　　　　　　　　　　　　　　　（　　）

4．为了作图方便，徒手作图的图纸应该固定。　　　　　　　　　　　　　（　　）

5．任意等分线段的作图方法在建筑工程图中可应用于楼梯详图。　　　　　（　　）

6．长为 100mm 的线段 AB，作 1∶5 的坡度，用几何作图方法起坡最高点高度是 20mm。　　　　　　　　　　　　　　　　　　　　　　　　　　　　　　　　（　　）

7．圆的内接五边形作图方法有六个步骤。　　　　　　　　　　　　　　　（　　）

8．徒手作图时，图纸不必固定，可根据需要转动。　　　　　　　　　　　（　　）

9．用一副三角板可画出角度为 750 的坡度线。　　　　　　　　　　　　　（　　）

10．圆内接正六边形可以用丁字尺绘制完成。　　　　　　　　　　　　　（　　）

三、简答题（每小题 5 分，共 20 分）

1．简述五等分线段的作图步骤。

2．何谓草图？对草图的要求是什么？

3．徒手作图对铅笔有什么要求？

4．简述徒手作椭圆的画法。

四、综合题（每小题 10 分，共 30 分）

1．二等分如图 3-15 所示的线段 AB。

2．在图 3-16 中，过点 A 作坡度为 1∶5 的直线 AB。

3．在图 3-17 中，作圆内接正五边形。

A————————B　　　　A————————

　图 3-15　题 1 图 　　　　　　　图 3-16　题 2 图 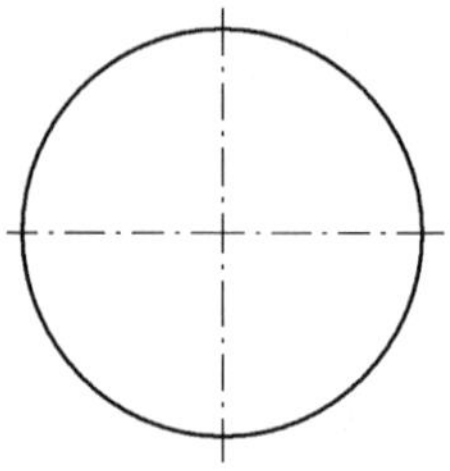　　　　　　图 3-17　题 3 图

单元 4　投影的基本知识

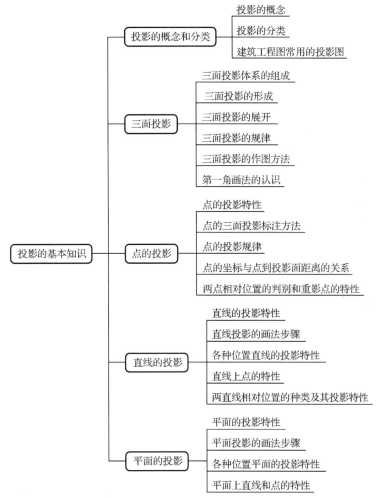

复习要求

1. 理解投影的概念，掌握投影的分类及特性。
2. 掌握工程图样常用的投影图、投影特征和工程应用范围。
3. 掌握三面投影的形成原理及规律。
4. 掌握三面投影的作图方法。

5．掌握点的三面投影特性，会识读点对投影面的相对位置。

6．掌握用坐标表示点到投影面距离的方法。

7．掌握直线的三面投影特性，会识读直线对投影面的相对位置。

8．掌握平面的三面投影特性，会识读平面对投影面的相对位置。

 **考点详解**

4.1　投影的概念和分类

4.1.1　投影的概念

投影：能反映形体形状的内外轮廓线的影子。

投影法：用投影表示形体的形状和大小的方法。

投影图：用投影法画出形体的图形。

产生投影必须具备投射线、投影面和形体三个条件，三者缺一不可，称为投影的三要素。

4.1.2　投影法的分类

投影的分类实际属于投影法的分类。

投影法的分类及应用如图 4-1 所示。

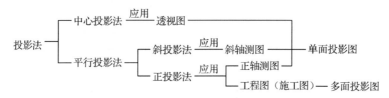

图 4-1　投影法的分类及应用

中心投影法：投射线交于一点的投影方法。其投影特点为画出的投影不能准确地表示形体的形状和大小，且不能度量。

平行投影法：投射线相互平行的投影方法。

（1）正投影法：投射线相互平行且垂直于投影面的投影方法。其投影特点为投影图能反映形体的真实形状和大小，且度量性好，作图方便，但直观性较差。

（2）斜投影法：投射线相互平行，但倾斜于投影面的投影方法。其投影特点为画出的投影不能反映形体的真实形状和大小。

4.1.3　建筑工程图常用的投影图

建筑工程图常用的投影图有正投影图、透视图、轴测图、标高投影图 4 种，如表 4-1所示。

表 4-1 建筑工程图常用的投影图

名 称		投 影 方 法	投 影 特 征	工 程 应 用
正投影图		正投影法	能真实反映形体的实际形状和大小，便于度量和尺寸标注，作图简便，但缺乏立体感	工程中广泛应用
透视图		中心投影	形象逼真，具备立体感，不能反映形体的真实形状和大小，绘图复杂，尺寸不能在图中直接度量	建筑整体效果图、室内装饰设计效果图
轴测图	斜轴测图	斜投影法	直观性强，作图较简便，但表面形状变形、失真，不能反映形体的真实形状和大小	工程中辅助图样
	正轴测图	正投影法		
标高投影图		正投影法	用来表示地面形状	表达地形、道路

4.2 三面投影

4.2.1 三面投影体系

三面投影体系构成的关系如图 4-2 所示。

$$\begin{cases}\text{水平投影面}(H)\\\text{正立投影面}(V)\\\text{侧立投影面}(W)\end{cases}\begin{cases}H\perp V\perp W\\H\cap V\to OX\text{轴}\\H\cap W\to OY\text{轴}\\V\cap W\to OZ\text{轴}\end{cases}\begin{cases}OX\perp OY\perp OZ\\OX\cap OY\cap OZ\end{cases}\to\text{原点}$$

图 4-2 三面投影体系构成的关系

三维空间中三个投影面的命名如表 4-2 所示。

表 4-2 三个投影面的命名

名 称	位 置	简 称
水平投影面	水平位置	水平面或 H 面
正立投影面	正立位置	正立面或 V 面
侧立投影面	侧立位置	侧立面或 W 面

投影轴：三个投影面两两相交，交线 OX、OY、OZ 称为投影轴。

三个投影面与投影轴的关系如图 4-3 所示。

$$\left.\begin{array}{l}\text{水平面}(H)\\\text{正立面}(V)\end{array}\right\}\text{交线}OX\to\text{长度}$$
$$\left.\begin{array}{l}\text{水平面}(H)\\\text{侧立面}(W)\end{array}\right\}\text{交线}OY\to\text{宽度}\left.\begin{array}{l}\\\\\\\end{array}\right\}\text{三维空间中形体的三个度}$$
$$\left.\begin{array}{l}\text{正立面}(V)\\\text{侧立面}(W)\end{array}\right\}\text{交线}OZ\to\text{高度}$$

图 4-3 三个投影面与投影轴的关系

4.2.2 三面投影的形成

形体放置：放置在 H 面的上方，V 面的前方，W 面的左方，并尽量让形体的表面和投影面平行或垂直。

从前向后投影 ——→ 在正立面上投影 ——→ 正立面图；

从上向下投影 ——→ 在水平面上投影 ——→ 平面图；

从左向右投影 ——→ 在侧立面上投影 ——→ 侧立面图。

4.2.3　三面投影的展开

三面投影的展开规律如表 4-3 所示。

表 4-3　三面投影的展开规律

投　影　面	展　开　轨　迹			展开后的结果
H	绕 OX 轴	向下	转 90°	三个面变成一个面，且该面和 V 面处于同一平面内
V	永远不动			
W	绕 OZ 轴	向右	转 90°	

三面投影的位置关系：正立面图在上方，平面图在正立面图的正下方，侧立面图在正立面图的正右方。

4.2.4　三面投影的规律

展开后三面投影的投影规律如表 4-4 所示。

表 4-4　展开后三面投影的投影规律

投　影　面	投　影　图	反映形体的形状	反映形体的尺度	反映形体的方位
H	平面图	水平面形状	长度和宽度	前后、左右
V	正立面图	正立面形状	高度和长度	上下、左右
W	侧立面图	侧立面形状	高度和宽度	上下、前后
正立面图与平面图长对正（等长）；正立面图与侧立面图高平齐（等高）；平面图与侧立面图宽相等（等宽），即九字令：长对正、高平齐、宽相等				

4.2.5　三面投影的作图方法

作图顺序：先绘制 V 面投影或 H 面投影，然后绘制 W 面投影。

作图方法：45°线画法和圆弧画法。

注意事项：在三面投影图中能够去掉框线和投影轴。因投影面是无限大的，故可以去掉投影面的框线。因投影图像与形体到投影面的距离无关，故可以去掉投影轴。

4.2.6　第一角画法

国家标准规定，为了表达各种形体的形状和结构，房屋建筑的视图采用第一角画法。

房屋的视图由正立面图、背立面图、平面图、底面图、左侧立面图、右侧立面图共 6 个面组成。

多面正投影投射方向及视图名称如表 4-5 所示。

表 4-5 多面正投影投射方向及视图名称

视图名称	正立面图	背立面图	平面图	底面图	左侧立面图	右侧立面图
投射方向	自前方	自后方	自上方	自下方	自左方	自右方

4.3 点的投影

4.3.1 点的投影特性

点的投影仍是点。

4.3.2 点的三面投影及投影标注

点的标注如表 4-6 所示。

表 4-6 点的标注

点 的 位 置	标 注 方 法	示 例	点的表示方式
在空间	大写字母	A	涂黑的小圆圈;
在 H 面上	同一个字母的小写形式	a	空心的小圆圈;
在 V 面上	同一个字母的小写形式加一撇	a'	直线相交
在 W 面上	同一个字母的小写形式加两撇	a''	

4.3.3 点的投影规律

（1）正面投影和水平投影的连线垂直于 OX 轴；
（2）正面投影和侧面投影的连线垂直于 OZ 轴；
（3）水平投影到 OX 轴的距离等于侧面投影到 OZ 轴的距离。
已知点的两面投影求第三面投影。
（1）作图依据：点的任何两面投影都可确定点的空间位置；点的投影规律。
（2）作图方法：根据"长对正、高平齐、宽相等"的投影规律可求出第三面投影。
点的各种位置与其投影特性如表 4-7 所示。

表 4-7 点的各种位置与其投影特性

点的相对位置		投 影 特 性	识读投影图
点在空间		点的三个投影分别在 H、V、W 投影面上	三个投影都在投影面上
点在投影面上	H 面	水平投影在 H 面上，正面、侧面投影分别在 OX 轴、OY_W 轴上	点的一面投影在投影面上（与点的空间位置重合），另两面投影分别在两个不同的相应投影轴上
	V 面	正面投影在 V 面上，水平面、侧面投影分别在 OX 轴、OZ 轴上	
	W 面	侧面投影在 W 面上，水平面、正面投影分别在 OY_H 轴、OZ 轴上	

点的相对位置		投影特性	识读投影图
点在投影轴上	OX轴上	水平面、正面投影都在OX轴上，侧面投影在原点O上	点的两面投影在同一投影轴的同一点上，另一面投影在投影原点
	OY轴上	水平面投影在OY_H轴上，侧面投影在OY_W轴上，正面投影在原点O上	
	OZ轴上	正面、侧面投影分别都在OZ轴上，水平面投影在原点O上	
点在原点上		点的三个投影都在原点O上	三个投影都在原点O上

4.3.4　点的坐标与点到投影面的距离

引入直角坐标系：如果把三个投影面视为三个坐标面，那么投影原点即坐标原点，投影轴即坐标轴，所以点的空间位置即可用(x, y, z)的坐标形式表示。

点到投影面的距离可以用坐标表示。

（1）点到W面的距离为x。

（2）点到V面的距离为y。

（3）点到H面的距离为z。

点的相对位置与坐标的关系如表4-8所示。

表4-8　点的相对位置与坐标的关系

点的相对位置		对应坐标	识读点的位置
点在空间		(x,y,z)	坐标中没有零
点在投影面上	H面	$(x,y,0)$	坐标中含有一个零
	V面	$(x,0,z)$	
	W面	$(0,y,z)$	
点在投影轴上	OX轴	$(x,0,0)$	坐标中含有两个零
	OY轴	$(0,y,0)$	
	OZ轴	$(0,0,z)$	
点在原点上		$(0,0,0)$	三个坐标都是零

（1）点A的水平投影a可由x、y两个坐标确定。

（2）点A的正面投影a'可由x、z两个坐标确定。

（3）点A的侧面投影a''可由y、z两个坐标确定。

综上所述，若已知点的坐标(x, y, z)，则可求出点的三面投影；反之，若已知点的三面投影，则可求出点的空间位置。

4.3.5　两点的相对位置和重影点

空间点的6个方位：前、后、上、下、左、右。

空间两点的相对位置与其三面投影的关系如下。

（1）在V面上的投影，能反映左、右和上、下的位置关系。

（2）在H面上的投影，能反映左、右和前、后的位置关系。

（3）在W面上的投影，能反映前、后和上、下的位置关系。

重影点：如果两个点位于同一投射线上，则这两个点在该投影面上的投影必然重叠，称为重影，对该投影面来说这两个点为重影点。

重影点可见性的判断：离投影面较远的那个点是可见的，而另一个点则不可见。当点不可见时，应在该点的投影上加括号表示。

判断两点相对位置的依据如下。

（1）由点的投影图判定两点的空间位置。

（2）投影图反映的 6 个方位。

4.4　直线的投影

4.4.1　直线的投影特性

直线的投影特性如表 4-9 所示。

表 4-9　直线的投影特性

直线与投影的位置关系	投 影 特 性	
平行	反映直线的实长	真实性
垂直	投影积聚为一点	积聚性
倾斜	投影仍是直线，但长度缩短	收缩性

4.4.2　直线投影的画法

（1）画出直线上两点在三个投影面上的投影。

（2）分别连接两点的同名投影。

4.4.3　各种位置直线的投影

（1）直线的分类如图 4-4 所示。

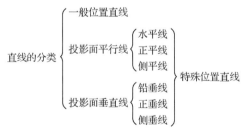

图 4-4　直线的分类

（2）各种直线的概念及其投影特性如表 4-10 所示。

表 4-10　各种直线的概念及其投影特性

直 线 种 类	直线的概念	投 影 特 性	判 别 口 诀
一般位置直线	指倾斜于三个投影面的直线	直线在三个投影面上的投影都为倾斜于投影轴的缩短线段	一个直线三个斜，定是一般位置线

续表

直 线 种 类		直线的概念	投 影 特 性	判 别 口 诀
特殊位置直线	投影面平行线	指仅平行于一个投影面，而倾斜于另两个投影面的直线	1. 直线在它平行的投影面上的投影倾斜于投影轴，反映实长，其倾斜的投影与投影轴的夹角反映直线对另两个投影面的倾角； 2. 直线在另两个投影面上的投影平行于相应的投影轴，长度缩短	一斜两直线，定是平行线，斜线在哪面，平行哪个面
	投影面垂直线	指垂直于一个投影面，而平行于另两个投影面的直线	1. 直线在它垂直的投影面上的投影积聚为一点； 2. 直线在另两个投影面上的投影平行于同一投影轴，且反映实长	一点两直线，定是垂直线，点在哪个面，垂直哪个面

投影面平行线的分类如下。

① H 面平行线（水平线）：平行于 H 面，倾斜于 V、W 面的直线。

② V 面平行线（正平线）：平行于 V 面，倾斜于 H、W 面的直线。

③ W 面平行线（侧平线）：平行于 W 面，倾斜于 H、V 面的直线。

投影面垂直线的分类如下。

① H 面垂直线（铅垂线）：垂直于 H 面，平行于 V、W 面的直线。

② V 面垂直线（正垂线）：垂直于 V 面，平行于 H、W 面的直线。

③ W 面垂直线（侧垂线）：垂直于 W 面，平行于 H、V 面的直线。

（3）直线的空间位置识读。

① 如果直线的投影积聚为一点，该直线就是投影面垂直线。

② 如果直线只有一面投影倾斜于投影轴，该直线就是投影面平行线。

③ 如果直线有两面投影倾斜于投影轴，该直线就是一般位置直线。

4.4.4　直线上的点

（1）直线上的点的投影，必定在该直线的同名投影上。

（2）一个点的各面投影都在直线的同名投影上，则此点必在该直线上。

（3）如果点有一面投影不在该直线的同名投影上，则此点一定不在该直线上。

（4）若直线上的点分线段成比例，则此点的各投影相应地分该线段的同名投影成相同的比例（定比性）。

4.4.5　空间两直线的相对位置

空间两直线的相对位置如图 4-5 所示。

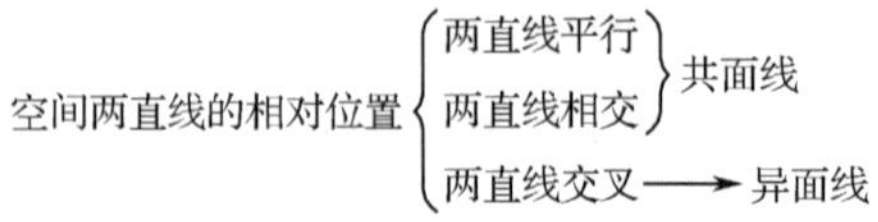

$$空间两直线的相对位置\begin{cases} 两直线平行 \\ 两直线相交 \end{cases}共面线 \\ 两直线交叉 \longrightarrow 异面线$$

图 4-5　空间两直线的相对位置

交叉直线：既不平行也不相交的空间两直线。

两直线在空间如果不平行，也不相交，那么它们的位置关系一定是交叉。

4.5 平面的投影

4.5.1 平面的投影特性

平面的正投影特性如表 4-11 所示。

表 4-11 平面的正投影特性

平面与投影的位置关系	投 影 特 性	
平行	投影反映平面的实形	真实性
垂直	投影积聚为一条线	积聚性
倾斜	投影仍然是平面，但不反映实形，是缩小的类似形	收缩性

4.5.2 平面投影的画法

（1）画出平面各顶点的投影。

（2）分别将同名投影依次连接起来。

4.5.3 各种位置平面的投影

（1）平面的分类如图 4-6 所示。

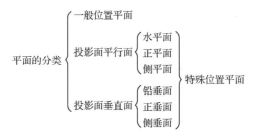

图 4-6 平面的分类

（2）各种平面的概念及其投影特性如表 4-12 所示。

表 4-12 各种平面的概念及其投影特性

平 面 种 类		平面的概念	投 影 特 性	判 别 口 诀
一般位置平面		倾斜于三个投影面的平面	平面在三个投影面上的投影均为缩小的类似形	一个平面三个框，定是一般位置面
特殊位置平面	投影面平行面	平行于一个投影面，而垂直于另两个投影面的平面	1. 平面在它所平行的投影面上的投影反映实形； 2. 平面在另两个投影面的投影积聚为直线，并分别平行于相应的投影轴	一框两直线，定是平行面，框在哪个面，平行哪个面
	投影面垂直面	垂直于一个投影面，同时倾斜于另两个投影面的平面	1. 平面在它所垂直的投影面上的投影积聚为一条与投影轴倾斜的直线； 2. 平面在另两个投影面上的投影都不反映实形，是缩小的类似形	两框一斜线，定是垂直面，斜线在哪面，垂直哪个面

投影面平行面的分类如下。

① H 面平行面（水平面）：平行于 H 面的平面。

② V 面平行面（正平面）：平行于 V 面的平面。

③ W 面平行面（侧平面）：平行于 W 面的平面。

投影面垂直面的分类如下。

① H 面垂直面（铅垂面）：垂直于 H 面，倾斜于 V、W 面的平面。

② V 面垂直面（正垂面）：垂直于 V 面，倾斜于 H、W 面的平面。

③ W 面垂直面（侧垂面）：垂直于 W 面，倾斜于 H、V 面的平面。

（3）平面的空间位置识读。

① 如果平面的一面投影为平面图形，而另两面投影积聚为平行于投影轴的直线，那么该平面就是投影面平行面。

② 如果平面只有一面投影积聚为直线且倾斜于投影轴，那么该平面为投影面垂直面。

③ 如果平面的三面投影均为缩小的类似形，那么该平面为一般位置平面。

4.5.4　平面上的直线和点

（1）如果一直线通过平面上的两个点，则此直线必定在该平面上。

（2）如果一直线通过平面上的一个点又与该平面上的另一条直线平行，则此直线必定在该平面上。

（3）如果一个点在平面内的某一条直线上，则此点必定在该平面上。

（4）在平面上取点，先要在平面上取线，而在平面上取线，又离不开在平面上取点。

例题解析

一、选择题（每小题中只有一个选项是正确的）

1. 室内装饰设计效果图采用的工程图样是（　　）。

　　A．正投影图　　　B．透视图　　　C．轴测图　　　D．标高投影图

答案：B

解析：高考题，分值 3 分。本题考查了透视图的工程应用。由于透视图的投影特点是形象逼真、具备立体感，所以一般应用在建筑整体效果图和室内装饰设计效果图。和本题并列的考点还有正投影图的工程应用是建筑工程图中主要的图示方法；轴测图是工程中的辅助图样；标高投影图是在工程中表达地形和道路的。每种投影图的工程应用都需要掌握。

2. （　　）的投射线相互平行，且垂直于投影面。

　　A．中心投影　　　B．平行投影　　　C．正投影　　　D．斜投影

答案：C

解析：高考题，分值 3 分。本题考查的是正投影的概念，也就是它的形成，其实本题只要把正投影的概念和斜投影的概念区别记牢就可以选对，主要是这两个概念太相似，就两个字不一样，正投影是垂直于投影面的，而斜投影是倾斜于投影面的。只要记住只有中心投影的投射线是从一点射出的就可以选出正确答案。

3. 从左往右对侧立投影面进行投射，可得到（　　）。

　　A．平面图　　　B．正立面图　　　C．侧立面图　　　D．水平投影图

答案：C

解析：高考题，分值 3 分。本题考查了侧立面图的形成。在三面投影体系中，三面投影图分别是平面图、正立面图和侧立面图三种。其中平面图是从上往下投影得到的；正立面图是从前往后投影得到的；侧立面图是从左往右投影得到的。三面投影图的形成过程一定要掌握。

4．当直线倾斜于投影面时，其投影（　　　）。

　　A．仍是直线，反映直线的实长　　　B．积聚为一点

　　C．仍是直线，但长度缩短　　　　　D．仍是直线，但长度增长

答案：C

解析：高考题，分值 3 分。本题考查的是直线的正投影特性，A 选项是当直线平行于投影面时的特点，B 选项是当直线垂直于投影面时的特点，直线的正投影中根本就没有长度增加的，只有缩短。

5．如果平面在三个投影面上的投影均为缩小的类似形，则该平面为（　　　）。

　　A．水平面　　　　　　　　　　　　B．投影面垂直面

　　C．一般位置平面　　　　　　　　　D．投影面平行面

答案：C

解析：高考题，分值 3 分。本题考查了平面的空间位置的识读。平面的空间位置的识读就是根据各种位置平面的投影特征来判断的，三个投影面上的投影都是缩小的类似形为一般位置平面的投影特点。并列考点还有如果平面的一面投影为平面图形，而另两面投影积聚为平行于投影轴的直线的平面是投影面平行面；平面只有一面投影积聚为直线且倾斜于投影轴的平面是投影面垂直面。

二、判断题（每小题 A 选项代表正确，B 选项代表错误）

1．斜投影画出的投影图可以反映形体的真实形状和大小。　　　　　　　　（　　　）

答案：B

解析：高考题，分值 1 分。本题同时考查了正投影和斜投影的投影特点，由于正投影的投射线是垂直于投影面的，用正投影画出的投影图能反映形体的真实形状和大小；而斜投影的投射线是倾斜于投影面的，所以斜投影画出的投影图是不能反映形体的真实形状和大小的。

2．点的投影仍然是点。　　　　　　　　　　　　　　　　　　　　　　　（　　　）

答案：A

解析：高考题，分值 1 分。这道题考查的就是点的正投影特征，点不管向哪个投影面投影，它只能还是一个点。

3．平行两直线和交叉两直线都是在同一平面上的两条直线。　　　　　　　（　　　）

答案：B

解析：高考题，分值 1 分。本题考查了共面线的概念，重点不在概念上，在两直线的三种位置关系中哪两种属于共面线，本题的错误是交叉两直线属于异面线，是不在同一平面上的，相交两直线才属于共面线。

4．当平面倾斜于投影面时，其投影积聚为一条线。　　　　　　　　　　　（　　　）

答案：B

解析：高考题，分值 1 分。本题考查了平面的正投影特性。当平面倾斜于投影面时，

其投影仍为平面，但不反映实形，是缩小的类似形；投影积聚为一条线是当平面垂直于投影面时的正投影特征。

5．如果一直线通过平面上的一个点又与该平面上的另一条直线平行，则此直线必定在该平面上。 （　　）

答案：A

解析：高考题，分值 1 分。本题考查了直线在不在平面上的问题，题目中的"又与"两个字相当于"且"的意思，意思就是说这两个条件同时具备后，才能判断直线一定在该平面上，这两个条件缺一不可。

三、简答题

1．简述三面正投影图的规律。

答案：（1）正立面图能反映形体正立面的形状，形体的高度和长度，上下、左右的位置关系；平面图能反映形体水平面的形状，形体的长度和宽度，前后、左右的位置关系；侧立面图能反映形体侧立面的形状，形体的宽度和高度，前后、上下的位置关系。（2）正立面图与平面图长对正，正立面图与侧立面图高平齐，平面图与侧立面图宽相等。

解析：高考题，分值 6 分。本题考查的是当形体在三面投影体系中投影后得到的结果，包括两个方面：其一是分析每面投影图反映的空间方位和两个度；其二是"九字方针"。三面投影图的展开规律和三面投影图的投影规律这两个规律是完全不一样的，三面投影图的展开规律其实是怎样把投影体系展开，而三面投影图的投影规律指的是投影体系展开后上面的三个投影图形之间会是什么样的位置关系。两种规律一定要分清楚。

2．简述平面的正投影特性。

答案：（1）当平面平行于投影面时，其投影反映平面的实形；（2）当平面垂直于投影面时，其投影积聚为一条线；（3）当平面倾斜于投影面时，其投影仍然是平面，但不反映实形，是缩小的类似形。

解析：高考题，分值 5 分。本题考查平面的正投影特性。平面与投影面的位置关系不同，投影特点就不同，平面的正投影特性和直线的正投影特性是并列知识点，有很多相似之处，它是非常重要的常考点。要想掌握平面的三种正投影特性，首先要知道平面与投影面有哪三种位置关系，可以拿一本书当作空间平面，把课桌当作投影面，摆放三种位置关系，观察它们的投影特点，这样就会容易理解平面的三种正投影特性。

3．简述侧垂面的投影特性。

答案：（1）侧垂面在侧立投影面上的投影积聚为一条与投影轴倾斜的直线；（2）侧垂面在正立投影面和水平投影面上的投影仍然是平面，但不反映实形，是缩小的类似形。

解析：高考题，分值 5 分。本题考查各种位置平面的投影特性。

4．简述平面与投影面的三种位置关系。

答案：（1）一般位置平面，与三个投影面都倾斜的平面；（2）投影面平行面，平行于一个投影面，而垂直于另两个投影面的平面；（3）投影面垂直面，垂直于一个投影面，同时倾斜于另两个投影面的平面。

解析：高考题，分值 5 分。本题考查平面在投影体系中的相对位置。

四、综合题

1．如图 4-7 所示，根据两面投影图，分析其是何种位置直线。

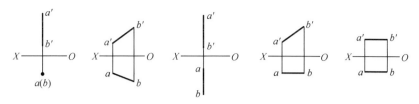

图 4-7　题 1 图

（1）　_____　（2）_____　（3）_____　（4）_____　（5）_____

答案：（1）铅垂线　（2）一般位置直线　（3）侧平线　（4）正平线　（5）侧垂线

解析：高考题，分值 10 分。本题考点是直线投影图特性和识读直线投影图的能力。

2. 如图 4-8 所示，B 点在 A 点上方 10mm 处、左方 15mm 处、前方 10mm 处，求作 A 点的第三面投影和 B 点的三面投影。

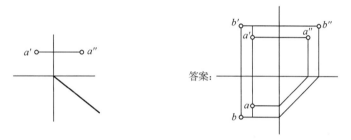

图 4-8　题 2 图

解析：高考题，分值 10 分。本题考点是点的投影规律和两点的相对位置。依据点的投影规律求出 A 的水平投影 a；V 反映上下和左右方位，B 点在 A 点上方 10mm 处、左方 15mm 处可以求出 b'，H 反映前后和左右方位，B 点在 A 点前方 10mm 处、左方 15mm 处求出 b，再根据点的投影规律（正面投影与侧面投影的连线垂直于 Z 轴；水平投影到 X 轴的距离等于侧面投影到 Z 轴的距离）求出 b''。

3. 如图 4-9 所示，请对应写出 A、B、C、D、E、F 这 6 个视图的名称，并画出 B 面视图的投影图（尺寸直接在图上量取）。

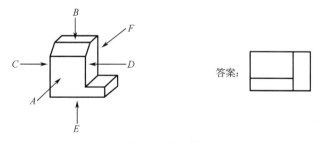

图 4-9　题 3 图

答案：A 正立面图，B 平面图，C 左侧立面图，D 右侧立面图，E 底面图，F 背立面图，B 面视图见图 4-9 所示。

解析：高考题，分值 10 分。本题考点 1 是形体的 6 个投影，即 6 个视图；考点 2 是会绘制形体的投影图。

基础过关

一、选择题（每小题中只有一个选项是正确的）

1．使用中心投影法得到的投影图称为（　　）。
　　A．正轴测图　　　B．多面正投影图　C．透视图　　　　D．斜轴测图

2．（　　）能反映形体的真实形状和大小，在工程制图中得到广泛应用。
　　A．透视图　　　　B．垂直投影图　　C．中心投影图　　D．正投影图

3．在三面投影图中，能反映形体长和宽的投影图是（　　）。
　　A．水平投影图　　B．正面投影图　　C．侧面投影图　　D．正投影图

4．三个投影图中的每个投影图都表示形体的两个方向长度和一个面的形状，下列有误的一项是（　　）。
　　A．立面投影反映形体的长度和高度　　B．水平面投影反映形体的长度和宽度
　　C．侧面投影反映形体的高度和宽度　　D．立面投影反映形体的宽度和高度

5．在形体正立面图中，可以查到形体的（　　）尺寸。
　　A．高和宽　　　　B．长和宽　　　　C．长和高　　　　D．宽和高

6．若直线的三面投影图中，H 面投影为一点，V、W 面两投影为平行投影轴直线，则此直线为（　　）。
　　A．投影面平行线　　　　　　　　B．投影面垂直线
　　C．一般位置直线　　　　　　　　D．铅垂线

7．若直线的三面投影图中，H、W 面的投影平行于投影轴，V 面的投影倾斜于投影轴，则该直线是（　　）。
　　A．正平线　　　　B．侧平线　　　　C．水平线　　　　D．正垂线

8．平面的 H 面投影为一倾斜于投影轴的直线，V、W 面投影为平面的类似形，则此平面为（　　）。
　　A．铅垂面　　　　B．正垂面　　　　C．侧垂面　　　　D．水平面

9．形体的左右方位在六面投影图中方位与空间方位相反的图为（　　）。
　　A．正立面图　　　B．平面图　　　　C．背立面图　　　D．左侧立面

10．已知 A 点的坐标为（10,5,30），可知 A 点到 H 面的距离为（　　）。
　　A．30　　　　　B．10　　　　　C．5　　　　　D．15

11．已知 A 点的坐标为（10,5,30）、B 点坐标为（20,5,30），则重影为（　　）。
　　A．$a''(b'')$　　　B．$b''(a'')$　　　C．$a'(b')$　　　D．$a(b)$

12．房屋的斜脊线是一条（　　）。
　　A．投影面平行线　　　　　　　　B．投影面垂直线
　　C．一般位置直线　　　　　　　　D．不确定

13．房屋的楼面是（　　）。
　　A．水平面　　　　B．正平面　　　　C．铅垂面　　　　D．侧平面

14．楼梯的踢面一般是（　　）。
　　A．侧垂面　　　　B．水平面　　　　C．正垂面　　　　D．投影面平行面

15．房屋单面坡道的坡面是（　　）。
　　A．投影面垂直面　　　　　　　　B．投影面平行面

  C. 一般位置平面   D. 不确定

16. 正垂面的 W 面投影（   ）。

  A. 呈类似形   B. 积聚为一条直线

  C. 反映实形   D. 反映与 H 面的倾角

17. 水平面的 V 面投影（   ）。

  A. 呈类似形   B. 积聚为一条平行于投影轴的直线

  C. 反映实形   D. 积聚为一条倾斜于投影轴的直线

18. 在 W 面投影图上可以反映的方位是（   ）。

  A. 上下前后   B. 上下左右   C. 前后左右   D. 不确定

19. 从左往右对侧立面进行投射，在侧立投影面上得到的投影图是（   ）。

  A. 正立面图   B. 侧立面图   C. 平面图   D. 水平投影图

20. 三个投影面两两相交，交线 OX、OY、OZ 为投影轴，OZ 轴可表示（   ）。

  A. 高度方向   B. 长度方向   C. 宽度方向   D. 前后方向

21. 点的两面投影的连线，必垂直于相应的（   ）。

  A. 投影面   B. 投影轴   C. 投影   D. 连线

22. 投影中心在有限的距离内，形成锥状的投射线，所画出的空间形体的投影为（   ）。

  A. 中心投影   B. 正投影   C. 平行投影   D. 斜投影

23. A 的投影 $a(10,5)$，$a'(10,0)$，则 A 在（   ）。

  A. H 面   B. V 面   C. W 面   D. 不确定

24. 左侧立面图的投射方向是（   ）。

  A. 自右方   B. 自左方   C. 自左下方   D. 自左上方

25. 正面投影图和侧面投影图之间的关系是（   ）。

  A. 长对正   B. 高平齐   C. 宽相等   D. 长相等

26. 在三面投影图中，能反映形体水平面形状的是（   ）。

  A. 侧立面图   B. 平面图   C. 正立面图   D. 轴测图

27. 在三面投影体系中，垂直于 H 面，倾斜于 V 面、W 面的平面称为（   ）。

  A. 铅垂面   B. 正垂面   C. 正平面   D. 一般位置平面

28. 已知 A 点的 y 坐标为 15，B 点的 y 坐标为 20，则 A 点与 B 点的位置关系是（   ）。

  A. A 点在 B 点的前方   B. A 点在 B 点的右方

  C. A 点在 B 点的左方   D. A 点在 B 点的后方

29. 如果空间 A 点在 V 面上，则（   ）。

  A. A 点的 x 坐标为 0   B. A 点的 y 坐标为 0

  C. A 点的 z 坐标为 0   D. A 点的 x、y、z 坐标都不为 0

30. 关于三面投影的形成，以下说法正确的是（   ）。

  A. 正立面投影是对形体由后向前在 H 面上所得到的投影

  B. 水平面投影是对形体由下向上在 V 面上所得到的投影

  C. 侧立面投影是对形体由左向右在 W 面上所得到的投影

  D. 侧立面投影是对形体由右向左在 V 面上所得到的投影

31. 直观性强，作图较简便，但不能反映形体的真实形状和大小的工程图为（   ）。

  A. 正投影图   B. 透视图   C. 轴测图   D. 标高投影图

32. 在三面投影体系中，侧立面是（　　）。

  A. H 面   B. V 面   C. W 面   D. P 面

33. 在三面投影图中，从左往右对侧立面进行投射，可得到（　　）。

  A. 正立面图   B. 平面图   C. 侧立面图   D. 边立面图

34. 投影面垂直线的投影特点为（　　）。

  A. 直线在其垂直的投影面上投影为直线

  B. 直线在其垂直的投影面上投影积聚为一点

  C. 直线在另两个投影面上的投影为一点

  D. 直线在另两个投影面上的投影为直线，但不反映实长

35. 投影面垂直面的投影特点为（　　）。

  A. 平面在其所垂直的投影面上的投影积聚为一条与投影轴倾斜的直线

  B. 平面在另两个投影面上的投影为直线

  C. 平面在另两个投影面上的投影反映实形

  D. 平面在其所垂直的投影面上的投影反映实形

36. 在三面投影体系中，垂直于 V 面，倾斜于 H 面、W 面的平面称为（　　）。

  A. 铅垂面   B. 正垂面   C. 侧垂面   D. 水平面

37. 在三面投影体系中，垂直于 W 面，倾斜于 H 面、V 面的平面称为（　　）。

  A. 铅垂面   B. 正垂面   C. 侧垂面   D. 水平面

38. 对于直线的平行投影说法正确的是（　　）。

  A. 投影是直线，但长度可能缩短   B. 投影是直线，但长度增长

  C. 投影是直线，但不能反映实长   D. 投影不可能为一点

39. 在三面投影体系中，水平面为（　　）。

  A. 平行于 H 面的平面   B. 平行于 V 面的平面

  C. 平行于 W 面的平面   D. 以上都是

40. 在三面投影中，某点在某投影面上不在一条直线上，则（　　）。

  A. 该点一定不在该直线上

  B. 该点可能在该直线上

  C. 该点一定在该直线上

  D. 必须通过三面投影才能确定该点是否在该直线上

41. 直线倾斜于三个投影面的直线称为（　　）。

  A. 一般位置直线   B. 投影面平行线

  C. 投影面垂直线   D. 一般位置平面

42. 已知点 C（10,20,15），点 D（15,20,20），则（　　）产生重影点。

  A. 在 H 面   B. 在 V 面   C. 在 W 面   D. 不会

43. 已知点 C 在 AB 上，且 $AC:CB=2:3$，则下列说法不正确的是（　　）。

  A. $ac:cb=2:3$ B. $a''c'':c''b''=2:3$

  C. $a'c':c'b'=2:3$ D. $ac:cb=3:2$

44. 当点在投影面上时，点的三个投影（　　）。

  A. 分别在投影面上   B. 有两个位于不同投影轴上

  C. 有两个在同一投影轴的同一点上   D. 都在原点上

45. 如果一个点的三面投影图的三个投影都在原点上，那么这个点在（　　）。

  A．空间   B．投影面上   C．投影轴上   D．投影原点上

46．如果一个点的三面投影图的三个投影有两个位于同一投影轴的同一点上，那么这个点在（   ）。

  A．空间   B．投影面上   C．投影轴上   D．投影原点上

47．如果一个点的三面投影图的三个投影有两个位于两个不同的投影轴上，那么这个点在（   ）。

  A．空间   B．投影面上   C．投影轴上   D．投影原点上

48．空间点 A 的坐标为（20,15,10），则其在侧立面上的投影 a'' 的坐标为（   ）。

  A．（20,15,0）   B．（20,0,10）   C．（0,15,10）   D．（0,15,0）

49．如果空间点位于投影面上，即点的三个坐标中有（   ）个坐标为零。

  A．1 个   B．2 个   C．3 个   D．无法判断

50．在三面投影体系中，空间点到（   ）面的距离为 X 坐标。

  A．H 面   B．W 面   C．V 面   D．不确定

51．点 B 的正面投影 b' 可由（   ）两个坐标确定。

  A．x,y B．x,z C．y,z D．不确定

52．已知 A 点距 H、V、W 面的距离分别为 10、20、30，B 点在 A 点的下方 3mm、右方 5mm、前方 10mm 处，则 B 点的坐标为（   ）。

  A．（7,25,30）   B．（30,25,7）   C．（25,30,7）   D．（13,25,30）

53．某平面的 W 面投影反映实形，H 面和 V 面投影积聚为分别平行于相应投影轴的直线，则该平面是（   ）。

  A．正垂面   B．侧平面   C．水平面   D．正平面

54．水平线在（   ）上的投影反映实长。

  A．H 面   B．V 面   C．W 面   D．轴测投影面

55．一平面的正立面投影图是一条斜线，另两个投影是封闭的图形，则此平面是（   ）。

  A．水平面   B．铅垂面   C．侧垂面   D．正垂面

56．某直线的 V 面投影反映实长，该直线可能为（   ）。

  A．水平线   B．侧平线   C．正平线   D．正垂线

57．同名投影都相交且交点唯一的两直线（   ）。

  A．平行   B．相交   C．交叉   D．垂直交叉

58．如果一个平面的一个投影为平面图形，另两个投影积聚为平行于投影轴的直线，则该平面是（   ）。

  A．投影面平行面   B．投影面垂直面

  C．投影面斜面   D．一般位置面

59．下列展开三面投影图的说法正确的是（   ）。

  A．H 面保持不动   B．W 面保持不动

  C．H 面绕 OX 轴向下旋转 90°   D．W 面绕 OZ 轴向左旋转 90°

60．正平线在（   ）上的投影反映实长和真实倾角。

  A．H 面   B．V 面   C．W 面   D．轴测投影面

二、判断题（每小题 A 选项代表正确，B 选项代表错误）

1. 投影法是绘制工程图的基础。 （　　）
2. 用互相平行的投射线对形体作投影图的方法称为平行投影法。 （　　）
3. 投射线相互平行但与投影面斜交时称为斜投影法。 （　　）
4. 平面垂直于投影面必为投影面的垂直面。 （　　）
5. 在三面投影图中，水平投影图与侧面投影图的长相等。 （　　）
6. 在三面投影图中，正面投影图反映形体的上下和前后情况。 （　　）
7. 在三面投影图中，水平投影图的宽与侧面投影图的宽相等。 （　　）
8. 三面投影图的展平规则是：H 面永不动，V 面绕 OX 轴向下转 $90°$ 与 H 面重合，W 面绕 OZ 轴向右转 $90°$ 与 V 面重合。 （　　）
9. "长对正、高平齐、宽相等"只适用于三面正投影图。 （　　）
10. 点 B 的水平投影 b 可由 x、y 两个坐标确定。 （　　）
11. V 面上的投影能反映左右和上下的位置关系。 （　　）
12. H 面上的投影能反映点至 W 面的距离和点至 V 面的距离。 （　　）
13. 若 A 和 B 两点的投影为 $a''(b'')$，则 A 点在 B 点的左方。 （　　）
14. 若直线 AC 的投影为 $a''(c'')$，则 AC 为正垂线。 （　　）
15. 直线平行于一个投影面称为投影面平行线。 （　　）
16. 房屋的山墙一般为侧平面。 （　　）
17. 空间点到水平投影面的距离，就是正面投影到 X 投影轴的距离。 （　　）
18. 计算正平面的面积时，需要查阅正投影图。 （　　）
19. 房屋高度的线段是铅垂线。 （　　）
20. 绘图板固定图纸面是水平面。 （　　）
21. 正投影图是用斜投影的方法绘制的单面投影图。 （　　）
22. 形体有上下、左右、前后 6 个方位，每个投影图都可反映形体的 4 个方向。（　　）
23. 若空间两点位于同一条垂直于某投影面的投射线上，则此两点在该投影面上的投影重合为一点，称为该投影面的重影点。 （　　）
24. 房屋的散水表面是投影面垂直面。 （　　）
25. 计算房间的面积时，需要查阅水平投影图。 （　　）
26. 正平面的 H 面投影积聚成一条直线，且垂直于 OX 轴。 （　　）
27. 三个投影面展开后，三条投影轴成两条垂直相交的直线。 （　　）
28. 垂直于一个投影面的直线，必然平行于另两个投影面。 （　　）
29. 直线的投影一定是直线。 （　　）
30. 交叉两直线的同名投影可能有时为相互平行。 （　　）

三、简答题

1. 简述投影法的概念及其分类。
2. 简述什么是中心投影法及其特点。
3. 简述什么是正投影法及其特点。
4. 简述什么是斜投影法及其特点。
5. 简述建筑工程图常用的投影图及其工程应用。
6. 简述组成三面投影体系三个投影面的概念。

7．简述三面投影的形成。

8．简述三面投影的展开规律。

9．简述三面投影的规律。

10．简述房屋建筑的视图。

11．简述点的投影规律。

12．简述直线的投影特性。

13．简述什么是一般位置直线及其投影特性。

14．简述什么是投影面平行线及其投影特性。

15．简述什么是投影面垂直线及其投影特性。

16．简述平面的投影特性。

17．简述什么是一般位置平面及其投影特性。

18．简述什么是投影面平行面及其投影特性。

19．简述什么是投影面垂直面及其投影特性。

四、综合题

1．如图 4-10 所示，根据两面投影图，分析其是何种位置平面。

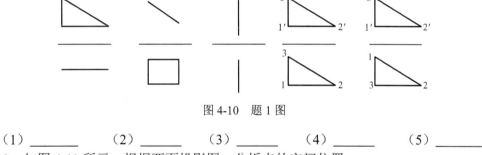

图 4-10　题 1 图

（1）_____　　（2）_____　　（3）_____　　（4）_____　　（5）_____

2．如图 4-11 所示，根据两面投影图，分析点的空间位置。

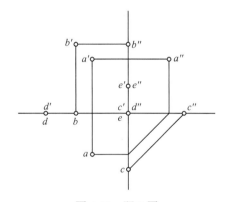

图 4-11　题 2 图

A 位于_____，B 位于_____，C 位于_____，D 位于_____，E 位于_____。

3．如图 4-12 所示，根据三面投影图，分析其是何种位置直线和平面。

直线 AB_____，直线 BC_____，直线 AC_____，平面 ABC_____，

4．如图 4-13 所示，根据三面投影图，分析其是何种位置平面。

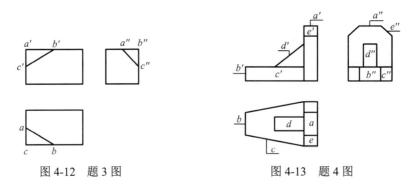

图 4-12 题 3 图　　　　　　　图 4-13 题 4 图

平面 A＿＿＿＿，平面 B＿＿＿＿，平面 C＿＿＿＿，平面 D＿＿＿＿，平面 E＿＿＿＿

单元测试

一、选择题（每小题中只有一个选项是正确的，每小题 2 分，共 40 分）

1. 投射线互相平行，且倾斜于投影面的是（　　　）。

　　A．正投影　　　　B．斜投影　　　　C．中心投影　　　D．以上都不是

2. 平行投影法是投射线（　　　）的投影法。

　　A．相互平行　　　B．互相垂直　　　C．相互倾斜　　　D．相交一点

3. 如果一个点的三面投影图的三个投影有两个位于同一投影轴的同一点上，那么这个点在（　　　）。

　　A．空间　　　　　B．投影面上　　　C．投影轴上　　　D．投影原点上

4. 形象逼真、具备立体感、绘图复杂、尺寸不能在图中直接度量和标注的是（　　　）。

　　A．正投影图　　　B．透视图　　　　C．轴测图　　　　D．标高投影图

5. 处于侧立位置的投影面称为（　　　）。

　　A．M 面　　　　　B．H 面　　　　　C．W 面　　　　　D．V 面

6. 绘制正轴测图的投影方法是（　　　）。

　　A．中心投影法　　B．平行投影法　　C．正投影法　　　D．斜投影法

7. 如果空间点 A 在 H 面上，则（　　　）。

　　A．A 点的 z 坐标为 0　　　　　　　B．A 点的 x 坐标为 0

　　C．A 点的 y 坐标为 0　　　　　　　D．A 点的 x、y、z 坐标都不为 0

8. 在工程中用来表达地形、道路的是（　　　）。

　　A．正投影图　　　B．透视图　　　　C．轴测图　　　　D．标高投影图

9. 三面正投影图使用（　　　）绘制。

　　A．正投影法　　　B．斜投影法　　　C．中心投影法　　D．轴测投影法

10. 直线的投影规定用（　　　）绘制。

　　A．虚线　　　　　B．单点长画线　　C．细实线　　　　D．粗实线

11. 根据直线的正投影特性可知，当直线倾斜于投影面时，其投影（　　　）。

　　A．反映实长　　　　　　　　　　　　B．积聚一点

　　C．长度缩短的直线　　　　　　　　　D．长度变长的直线

12. 空间点 A 到（　　　）的距离等于空间点 A 的 Y 坐标。

A．H面　　　　　B．V面　　　　　C．W面　　　　　D．轴测投影面

13．下列展开三面正投影图说法中正确的是（　　）。

　　A．H面保持不动　　　　　　　　B．W面保持不动

　　C．H面绕OX轴向下旋转90°　　　D．W面绕OZ轴向左旋转90°

14．三面投影规律中"高平齐"是指（　　）的投影关系。

　　A．水平投影与正投影　　　　　　B．水平投影与侧投影

　　C．正投影与侧投影　　　　　　　D．无法确定

15．三面投影图中，能反映形体水平面形状的是（　　）。

　　A．侧立面图　　B．平面图　　C．正立面图　　D．轴测图

16．下面为投影面平行面的判别口诀的是（　　）。

　　A．一斜线两直线　B．一点两直线　C．一框两直线　D．两框一斜线

17．已知A点的z坐标为15，B点的z坐标为20，则A点与B点的位置关系是（　　）。

　　A．A点在B点的上方　　　　　　B．A点在B点的右方

　　C．A点在B点的左方　　　　　　D．A点在B点的下方

18．自后方的投影称为（　　）。

　　A．左侧立面图　　B．正立面图　　C．右侧立面图　　D．背立面图

19．平面在V面的投影为倾斜于投影轴的直线，在H面、W面的投影是两个缩小的类似形，则该平面是（　　）。

　　A．铅垂面　　　　B．正垂面　　　C．侧垂面　　　D．水平面

20．已知点A（13,15,30），点B（30,15,30），则（　　）产生重影点。

　　A．在H面　　　　B．在V面　　　C．在W面　　　D．不会

二、判断题（每小题 1 分，共 20 分，A 选项代表正确，B 选项代表错误）

1．主要研究物体的材料和重量而不考虑物体形状、大小等，这时的物体称为形体。

　　　　　　　　　　　　　　　　　　　　　　　　　　　　　　　（　　）

2．平行投影法一般用来绘制透视图、效果图。　　　　　　　　　　　（　　）

3．在三面投影图中，平行于投影面的直线必为投影面平行线。　　　　（　　）

4．建筑工程图中所用的投影图有正投影图、透视图、标高投影图等三种。（　　）

5．中心投影常用于轴测图。　　　　　　　　　　　　　　　　　　　（　　）

6．在三面投影图中，平行于投影面的平面必为投影面平行面。　　　　（　　）

7．点的水平投影和正面投影的连线垂直于OX轴。　　　　　　　　　（　　）

8．正面投影反映实长的线段，一定是正平线　　　　　　　　　　　　（　　）

9．空间两直线相互平行，则它们的同面投影一定互相平行。　　　　　（　　）

10．一个点的各面投影都在直线的同名投影上，则此点必在该直线上。　（　　）

11．水平投影到OX轴的距离等于侧面投影到OZ轴的距离。　　　　　（　　）

12．如果一个点的两个投影分别在投影面上，则该点一定在投影面上。　（　　）

13．正立面图与平面图高平齐（等高）。　　　　　　　　　　　　　　（　　）

14．如果一个点的三面投影图有两个在投影原点上，则该点一定在原点上。（　　）

15．空间点A（0,5,10），则a′在Z轴上。　　　　　　　　　　　　　（　　）

16．一斜线两直线指的是投影面平行面的投影特性。　　　　　　　　　（　　）

17．两直线在空间如果不平行，也不相交，那么它们的位置关系一定是交叉。（　　）

18．交叉两直线的同名投影有时可能相交，且符合点的投影规律。　　　　（　　）

19．交叉两直线的同名投影可能有时为相互平行。　　　　　　　　　　（　　）

20．如果一直线与一平面上的另一直线平行，则此直线必定在该平面上。　（　　）

三、简答题（每小题 5 分，共 20 分）

1．简述正投影的特点。

2．简述平面的正投影特性。

3．简述三面投影图的展开规律。

4．简述投影面垂直面的投影特性。

四、综合题（每小题 10 分，共 20 分）

1．如图 4-14 所示，在 △ABC 平面上过点 A 作水平线 AD。

2．如图 4-15 所示，根据三面投影图，分析其是何种位置的直线和平面。

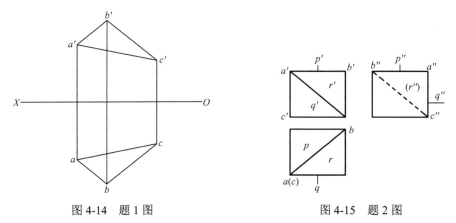

图 4-14　题 1 图　　　　　　　　　　图 4-15　题 2 图

（1）直线 AB_____　（2）直线 AC_____　（3）平面 P_____　（4）平面 Q_____　（5）平面 R_____

单元5 形体的投影

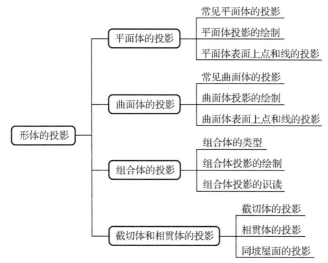

1．理解平面体的投影特性，能绘制平面体的投影。
2．理解常见曲面体的投影特性，能绘制曲面体的投影。
3．了解组合体的组合形式，掌握绘制组合体投影的方法。
4．了解常见截切体和相贯体的投影特性。

建筑物的形状复杂多样，但分析起来它们都是由一些基本形体组成的。基本形体可以分为平面体和曲面体两种。由两个或两个以上的基本形体按一定形式组合而成的形体称为组合体。

5.1 平面体的投影

由平面图形围成的形体称为平面体。常见的平面体有棱柱、棱锥、棱台等。

5.1.1 常见平面体的投影

常见平面体的表面组成、形体特性和投影特性如表 5-1 所示。

表 5-1 常见平面体的投影

平 面 体	表 面 组 成	形 体 特 性	投 影 特 性
棱柱	上底面、下底面和棱柱侧表面	两底面为全等且相互平行的多边形，各侧棱垂直底面且相互平行，各侧表面均为矩形	两底面投影为反映实形的多边形，且重合，另两面投影为矩形
棱锥	底面、棱锥侧表面	底面为多边形，各侧表面均为有公共顶点的（等腰）三角形	底面投影为反映实形的多边形，内有若干侧棱交于顶点的三角形，另两面投影为等高的三角形
棱台	上底面、下底面和棱台侧表面	两底面为相互平行的相似多边形，各侧表面均为梯形	底面投影为两个相似多边形，对应顶点有侧棱，另两面投影为梯形

5.1.2 平面体投影的绘制

绘制平面体的三面投影，首先要按正确位置将形体放入三面投影体系，让形体的表面和棱线尽量平行或垂直于投影面。绘制平面体的投影实际上就是绘制平面体底面和侧表面的投影，一般先画出反映底面实形的正投影，然后再根据投影规律画出其他两面的投影。

5.1.3 平面体表面上点和线的投影

平面体表面上点和直线的投影存在可见性的问题，其投影特性如下。

（1）平面体表面上点和直线的投影应符合平面上点和直线的投影特性。

（2）凡是可见侧表面、底面上的点和直线，以及可见侧棱上的点都是可见的，反之是不可见的。

5.2 曲面体的投影

由曲面或曲面与平面所围成的形体称为曲面体。常见的曲面体有圆柱、圆锥、圆台、球等。

5.2.1 常见曲面体的投影

常见曲面体的表面组成、形体特性和投影特性如表 5-2 所示。

表 5-2 常见曲面体的投影

曲 面 体	表 面 组 成	形 体 特 性	投 影 特 性
圆柱	上底面、下底面和圆柱面	两底面为全等且相互平行的圆，圆柱面可看作是直母线绕与它平行的轴线旋转而成的，所有素线相互平行	两底面的投影为重合的圆，另两面投影为矩形（矩形由处在不同位置的两条素线的投影与两底面积聚投影的直线围成）
圆锥	底面、圆锥面	底面为圆，圆锥面可看作是直母线绕与它相交的轴线旋转而成的，所有素线交汇于圆锥顶	底面为圆，另两面投影为三角形（三角形由处在不同位置的两条素线的投影与底面积聚投影的直线围成）

续表

曲 面 体	表 面 组 成	形 体 特 性	投 影 特 性
圆台	上底面、下底面和圆台面	两底面为相互平行的圆,圆台面可看作是直母线绕与它倾斜的轴线旋转而成的,所有素线延长后交于一点	上、下底面的投影为两个同心圆,另两面投影为梯形
球	球面	球面可看作是母线圆绕直径为轴线旋转而成的,所有素线均为大圆	三个投影均为圆,且为直径相等并等于球径的圆

5.2.2 曲面体投影的绘制

绘制曲面体的投影时,不仅要做出曲面边界线的投影,还要做出轮廓素线的投影。轮廓素线就是曲面体向某一方向投射时,其可见部分与不可见部分的分界线。对于不同方向的投影,曲面上的轮廓素线是不同的。

5.2.3 曲面体表面上点和线的投影

曲面体表面上点的投影的确定,可通过该点在曲面上做辅助线,然后利用线上点的投影原理,做出该点的投影。具体做法如下。

(1)处于特殊位置上的点,如圆柱和圆锥的最前、最后、最左、最右轮廓素线,底边圆周及球平行于三个投影面的最大圆周等位置的点,可直接利用轮廓线上求点的投影方法求得。

(2)处于其他位置的点,可利用曲面体投影的积聚性,用素线法或纬圆法求得。

作曲面体表面上线的投影时,可先做出线段首尾点及中间若干点的三面投影,再用光滑的曲线连接起来即可。

曲面体表面上点和线的可见性与曲面的可见性有关,可见曲面上的点和线是可见的,反之是不可见的。

5.3 组合体的投影

5.3.1 组合体的类型

常见的组合体有以下三种类型。
(1)叠加型。由若干基本形体堆砌或拼合而成,是组合体最基本的形式。
(2)切割型。由一个基本形体切除了某些部分而成。
(3)混合型。由上述叠加型和切割型混合而成。

5.3.2 组合体投影的绘制

本部分内容旨在培养学生利用投影原理,将空间形体正确、无遗漏地表示在平面上的能力,简而言之,培养学生由空间到平面的图示能力。

组合体投影的绘制步骤:形体分析→选择视图→画底稿→清理图面→加深图线。

1．形体分析

形体分析就是把复杂的形体分解成简单形体。分析形体是由哪些基本形体组合而成的，它们与投影面之间的关系如何，它们之间的相对位置如何。

2．放置原则

绘制组合体投影时要注意组合体在三面投影体系中所放的位置。

（1）一般应使形体中复杂而且反映形体特征的面平行于 V 面。

（2）使做出的投影图虚线少，图形清楚。

绘制组合体投影时要做到使形体尽可能多的面为投影面平行面；使 V 面平行于形体上最能反映外貌特征的一个侧面；使各投影图中的虚线尽量少；在一般情况下，长向平行于 OX 轴，宽向平行于 OY 轴，高向平行于 OZ 轴。

3．投影规律

组合体形成三面投影图用的是正投影法，V、H、W 面分别在形体的后方、下方和右方。投影规律：长对正、高平齐、宽相等。

5.3.3　组合体投影的识读

识读组合体的投影就是根据投影去想象形体的空间形状。

1．基本方法

识读组合体投影的基本方法有形体分析法和线面分析法两种，以形体分析法为主，当图形比较复杂时，也常用线面分析法。

（1）形体分析法。

形体分析法是绘图、识图的基本方法。这种方法以基本形体的投影特性为基础，把一个复杂的形体分解成若干个基本形体，并分清它们的相对位置和组合方式，将几个投影联系起来，综合想象出形体的完整形状。

（2）线面分析法。

线面分析法以线和面的投影特性为基础，对投影中的每条线和由线围成的各个线框进行分析，根据它们的投影特性，明确它们的形状和位置，综合想象出整个组合体的形状。

2．基本思路

（1）形体分析法。将形体的三面投影图分解成若干符合"三等"关系的基本形体的投影图，根据这些投影图推想出它们各自代表的基本形体，再按原来的位置进行组合，得出三面投影图对应组合体的形状。

形体分析法用于确定组合体的整体。

（2）线面分析法。将形体的三面投影图分解成若干符合"三等"关系的线、面的投影图，根据这些投影图推想出它们各自代表的线或面，再按原来的空间位置进行组合，得出三面投影图对应组合体的形状。

线面分析法用于确定组合体的细部。

投影图中的一条线可以代表特殊位置一个平面或曲面的积聚投影，或者棱线及轮廓素线的投影。投影图中的一个线框可以代表一个平面或曲面、相切组合面、孔洞的投影。

3．具体应用

（1）识读组合体的投影。

根据组合体的三面投影，运用识读组合体投影的基本方法，综合想象出形体的空间形状。

（2）由组合体的两面投影图求第三面投影。

由组合体的两面投影图求第三面投影的思维过程如下。

$$平面 \xrightarrow{\text{想象、推敲}} 空间 \xrightarrow{\text{返回}} 平面$$

（投影图）确定形体形状（组合体）　（投影图）

（2）补线。

根据所给组合体未完成的三面投影图，推想出组合体的空间形状，然后按照投影规律补全投影图中所缺的图线。

5.4　截切体和相贯体的投影

5.4.1　截切体的投影

1．截切体和截交线

被平面截割后的形体，称为截切体。截割形体的平面，称为截平面。截平面与形体表面的交线，称为截交线。截交线所围成的平面图形，称为截面。作截切体的投影，实际上就是作截交线的投影。

2．平面体的截交线

平面体的表面是由平面围成的。平面体被一截平面截割后形成的截交线，为截平面上的一条封闭折线，折线的每一线段为平面体的表面与截平面的交线，转折点为平面体的棱线与截平面的交点。

3．曲面体的截交线

曲面体被平面截割时，其截交线一般为平面曲线，特殊情况下是直线，曲面体截交线上的每一点，都是截平面与曲面体表面的共有点，因此求出它们的一些共有点，并依次光滑连接，即可得到截交线的投影。

平面截割曲面体时，截交线的形状取决于曲面体表面的形状和截平面与曲面体的相对位置。常用的曲面体截交线的形状和性质如下。

（1）截平面与圆柱轴线平行，截交线为矩形。

（2）截平面与圆柱轴线倾斜，截交线为椭圆或椭圆弧加直线。

（3）截平面与圆锥轴线倾斜，当倾斜角度 $\alpha <$ 圆锥面倾角 θ 时，截交线为椭圆或椭圆弧加直线。

（4）截平面与圆锥轴线倾斜，当倾斜角度 $\alpha =$ 圆锥面倾角 θ 时，截交线为抛物线加直线。

（5）截平面与圆锥轴线平行或倾斜，当倾斜角度 α>圆锥面倾角 θ 时，截交线为双曲线加直线。

（6）截平面与球相交，截交线总是一个圆。

5.4.2　相贯体的投影

1．相贯体和相贯线

两形体相交称为相贯，这样的形体称为相贯体，两形体表面的交线称为相贯线。按相贯体表面性质不同，相贯体可分为三种情况：两平面体相贯，平面体和曲面体相贯，两曲面体相贯。

相贯线是两形体表面的共有线，相贯线上的点是两形体表面的共有点，相贯线一般情况下是封闭的空间折线或曲线。求相贯线，实际上是求两形体表面的共有点或线。

在建筑工程中常遇到相贯体和相贯线，同坡屋面的交线是两平面体相贯的实例。同坡屋面是房屋建筑屋顶设计中常用的一种屋面形式。

2．同坡屋面的概念

当屋面由若干个与水平面倾角相等的平面组成时，称为同坡屋面。其中，檐口高度相同的同坡屋面是最常见的一种形式。一般情况下，同坡屋面的交线有屋脊线、斜脊线、天沟线、檐口线，如图 5-1 所示。

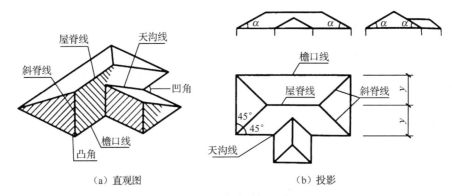

（a）直观图　　　　　　　　　（b）投影

图 5-1　同坡屋面的交线

3．同坡屋面的投影特性

（1）两相邻檐口线相交的 H 面投影必为 90°，檐口高度相等。

（2）屋脊线是两屋面相交时的交线，其 H 面投影必与两屋面的檐口线等距离且平行。

（3）斜脊线是两屋面斜交时的交线，其 H 面投影必为屋面水平投影的分角线。当屋面夹角为凸角时，交线为斜脊线，当屋面夹角为凹角时，交线为天沟线。

（4）在 H 面投影中，如果有两条脊线相交于一点，必有第三条脊线（或天沟线）与之交。当跨度相等时，有几个屋面相交，就有几条脊线相交于一点。

（5）在同坡屋面的 V 面投影和 W 面投影中，垂直于投影面的屋面的投影积聚成直线，能反映屋面坡度的大小。空间互相平行的屋面，其投影线也互相平行。

例题解析

一、选择题（每小题中只有一个选项是正确的）

1. 底面为多边形，各侧表面均为有公共顶点的等腰三角形的几何体是（　　）。

　　A．棱台　　　　　　B．棱锥　　　　　　C．棱柱　　　　　　D．圆锥

答案：B

解析：高考题，分值 3 分。考点是形体的投影中平面体的形体特性。底面为多边形，各侧表面均为有公共顶点的等腰三角形的几何体是棱锥，熟练掌握常见平面体和曲面体的形体特性，便能正确区分 A、C、D 选项。

2. 下列几何体中，（　　）不是常见的组合体。

　　A．叠加型　　　　　B．切割型　　　　　C．插入型　　　　　D．混合型

答案：C

解析：高考题，分值 3 分。考点是组合体的投影中组合体的类型。常见的组合体有三种类型：叠加型、切割型、混合型。因此插入型不是常见的组合体。A、B、D 选项是常见的组合体。

3. 两底面投影为反映实形的多边形，且重合，另两个投影为矩形的几何体是（　　）。

　　A．棱锥　　　　　　B．棱柱　　　　　　C．棱台　　　　　　D．圆柱

答案：B

解析：高考题，分值 3 分。考点是形体的投影中平面体的投影特性。两底面投影为反映实形的多边形，且重合，另两个投影为矩形是棱柱的投影特性，熟练掌握常见平面体和曲面体的投影特性，便能正确区分 A、C、D 选项。

4. 底面投影为两个类似多边形，对应顶点有侧棱，另两个投影为梯形的几何体是（　　）。

　　A．棱柱　　　　　　B．棱锥　　　　　　C．棱台　　　　　　D．圆锥

答案：C

解析：高考题，分值 3 分。考点是形体的投影中平面体的投影特性。底面投影为两个类似多边形，对应顶点有侧棱，另两个投影为梯形是棱台的投影特性，熟练掌握常见平面体和曲面体的投影特性，便能正确区分 A、B、D 选项。

5. 圆锥的投影特性为（　　）。

　　A．两底面的投影为重合的圆　　　　　B．底面为圆，另两个投影为梯形

　　C．底面为圆，另两个投影为矩形　　　　D．底面为圆，另两个投影为三角形

答案：D

解析：高考题，分值 3 分。考点是形体的投影中曲面体的投影特性。圆锥的投影特性是底面为圆，另两面投影为三角形，熟练掌握常见平面体和曲面体的投影特性，便能正确区分 A、B、C 选项。

6. 画组合体投影时，一般应使形体复杂且反映形体特征的面平行于（　　）。

　　A．*H* 面　　　　　　B．*V* 面　　　　　　C．*W* 面　　　　　　D．任意面

答案：B

解析：高考题，分值 3 分。考点是形体的投影中组合体投影的绘制。绘制组合体投影

时要注意组合体在三投影面体系中所放的位置，一般应使形体中复杂而且反映形体特征的面平行于 V 面，使做出的投影图虚线少，图形清楚。因此正确的选项是 V 面。

7. 常见的曲面体不包括（　　　）。

　　A．圆柱体　　　　　B．圆锥体　　　　C．球体　　　　D．正方体

答案：D

解析：高考题，分值 3 分。考点是形体的投影中曲面体的概念。由曲面或曲面与平面所围成的形体称为曲面体。常见的曲面体有圆柱、圆锥、圆台、球等。正确理解平面体和曲面体的概念，可知正方体不是曲面体，而是平面体。

8. 识读组合体投影图的基本方法是（　　　）。

　　A．形体分析法　　　　　　　　　　B．个体分析法

　　C．三面投影分析法　　　　　　　　D．投影点分析法

答案：A

解析：高考题，分值 3 分。考点是形体的投影中组合体投影的识读。识读组合体投影的基本方法有形体分析法和线面分析法两种，因此本题选项为 A。

二、判断题（每小题 A 选项代表正确，B 选项代表错误）

1. 球的三个投影均为圆，直径相等但不一定等于球径的圆。　　　　　　　　（　　）

答案：B

解析：高考题，分值 1 分。考点是形体的投影中曲面体的投影特性。球的投影特性是三个投影均为圆，且为直径相等并等于球径的圆。

2. 组合体投影图识读以形体分析法为主，当图形比较复杂时也常用线面分析法。（　　）

答案：A

解析：高考题，分值 1 分。考点是形体的投影中组合体投影的识读。识读组合体投影的基本方法有形体分析法和线面分析法两种，以形体分析法为主，当图形比较复杂时，也常用线面分析法。

3. 由平面图形围成的形体称为平面体。　　　　　　　　　　　　　　　　　（　　）

答案：A

解析：高考题，分值 1 分。考点是形体的投影中基本形体的概念。基本形体可以分为平面体和曲面体两种。由平面图形围成的形体称为平面体，由曲面或曲面与平面所围成的形体称为曲面体。

4. 平面截割曲面体时，截交线的形状取决于曲面体表面的形状和截平面与曲面体的相对位置。　　　　　　　　　　　　　　　　　　　　　　　　　　　　　　（　　）

答案：A

解析：高考题，分值 1 分。考点是形体的投影中曲面体的截交线。平面截割曲面体时，截交线的形状取决于曲面体表面的形状和截平面与曲面体的相对位置。

5. 轮廓素线就是曲面向某一方向投射时，其可见部分与不可见部分的分界线。（　　）

答案：A

解析：高考题，分值 1 分。考点是形体的投影中曲面体投影的绘制。绘制曲面体的投影时，不仅要做出曲面边界线的投影，还要做出轮廓素线的投影。轮廓素线就是曲面向某一方向投射时，其可见部分与不可见部分的分界线。

6. 识读组合体投影图的基本方法有形体分析法和线面分析法两种,以线面分析法为主。 （ ）

答案：B

解析：高考题,分值 1 分。考点是形体的投影中组合体投影的识读。识读组合体投影的基本方法有形体分析法和线面分析法两种,以形体分析法为主,当图形比较复杂时,也常用线面分析法。

7. 圆锥的投影底面为圆,另两面投影为三角形。 （ ）

答案：A

解析：高考题,分值 1 分。考点是形体的投影中常见平面体和曲面体的投影特性。圆锥的投影特性是底面为圆,另两面投影为三角形（三角形由处在不同位置的两条素线的投影与底面积聚投影的直线围成）。

8. 由平面图形围成的形体称为平面体,由曲面围成的形体称为曲面体。 （ ）

答案：B

解析：高考题,分值 1 分。考点是形体的投影中基本形体的概念。基本形体可以分为平面体和曲面体两种。由平面图形围成的形体称为平面体,由曲面或曲面与平面所围成的形体称为曲面体。

9. 在建筑工程中占绝大部分的形体是平面体。 （ ）

答案：A

解析：高考题,分值 1 分。考点是形体的投影中平面体的概念及应用。由平面图形围成的形体称为平面体,建筑工程中绝大部分形体都属于平面体。

三、简答题

1. 请描述圆台的投影特性。

答案：上、下底面的投影为两个同心圆,另两面投影为梯形。

解析：高考题,分值 5 分。考点是形体的投影中曲面体的投影特性。熟练掌握平面体和曲面体的形体特性和投影特性。

2. 什么是叠加型组合体？

答案：由若干基本形体堆砌或拼合而成,是组合体最基本的形式。

解析：高考题,分值 5 分。考点是形体的投影中组合体的类型。熟练掌握组合体的类型及叠加型、切割型、混合型组合体的概念。

3. 请描述棱台的投影特性。

答案：底面投影为两个类似多边形,对应顶点有侧棱,另两个投影为梯形。

解析：高考题,分值 5 分。考点是形体的投影中平面体的投影特性。熟练掌握并正确区分各种平面体和曲面体的形体特性和投影特性。

4. 请描述四棱锥的三面投影特性。

答案：底面投影为反映实形的四边形,内有四条侧棱交于顶点的三角形,另两面投影为等高的三角形。

解析：高考题,分值 5 分。考点是形体的投影中常见平面体的投影特性。熟练掌握并正确区分各种平面体和曲面体的形体特性和投影特性。

四、综合题

1. 已知形体的轴测图如图 5-2（a）所示，请绘制其三面正投影图（尺寸直接在图上量取）。

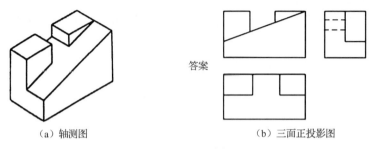

（a）轴测图　　　　　　　　　　（b）三面正投影图

答案

图 5-2　题 1 图

答案：如图 5-2（b）所示。

解析：高考题，分值 10 分。考点是形体的投影中组合体投影的绘制。本题为已知形体的直观图（轴测图），绘制其三面正投影图。作图步骤：（1）进行形体分析。由轴测图看出，该形体为切割型组合体，可以看作是一个长方体被切去两块形体而形成的。其中一块为形体前面上部的三棱柱，另一块为形体后面中部的四棱台。（2）选择视图。将形体放置到三面投影体系中，使形体的正面即反映形体特征的面平行于 V 面。（3）画底稿。先根据长方体的长、宽、高做出其三面正投影；然后做出切割三棱柱后的三面正投影；再做出切割四棱台后的三面正投影。（4）清理图面，加深图线。得到形体的三面正投影。

2. 已知形体的轴测图如图 5-3（a）所示，请绘制其三面正投影图（尺寸直接在图上量取）。

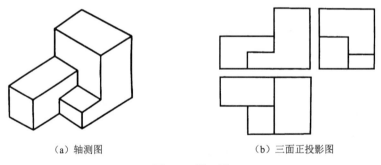

（a）轴测图　　　　　　　　　　（b）三面正投影图

图 5-3　题 2 图

答案：如图 5-3（b）所示。

解析：高考题，分值 10 分。考点是形体的投影中组合体投影的绘制。本题为已知形体的直观图（轴测图），绘制其三面正投影图。作图步骤：（1）进行形体分析。由轴测图看出，该形体为叠加型组合体，可以看作是三个四棱柱叠加而形成的。其中一块为形体右侧的四棱柱，在其左侧后面和前面各叠加一个四棱柱。（2）选择视图。将形体放置到三面投影体系中，使形体的正面即反映形体特征的面平行于 V 面。（3）画底稿。先根据图示长、宽、高尺寸做出形体右侧四棱柱的三面正投影；然后分别做出左侧后面和前面两个四棱柱的三面正投影。注意叠加后形体如在同一平面内（共面）则没有交线。（4）清理图面，加深图线。得到形体的三面正投影。

3．已知形体的轴测图如图 5-4（a）所示，请绘制其三面正投影图（尺寸直接在图上量取）。

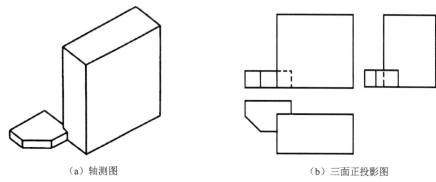

（a）轴测图　　　　　　　　　　　　　　（b）三面正投影图

图 5-4　题 3 图

答案：如图 5-4（b）所示。

解析：高考题，分值 10 分。考点是形体的投影中组合体投影的绘制。本题为已知形体的直观图（轴测图），绘制其三面正投影图。作图步骤：（1）进行形体分析。由轴测图看出，该形体为混合型组合体，可以看作是两个四棱柱叠加后，左侧四棱柱又切割掉一个三棱柱而形成的。（2）选择视图。将形体放置到三面投影体系中，使形体的正面即反映形体特征的面平行于 V 面。（3）画底稿。先根据图示长、宽、高尺寸做出形体右侧四棱柱的三面正投影；然后做出左侧四棱柱的三面正投影，再做出切割三棱柱后形体的三面正投影。注意两基本形体组合时，若相邻表面相交，其交线投影的绘制。（4）清理图面，加深图线。得到形体的三面正投影。

基础过关

一、选择题（每小题中只有一个选项是正确的）

1．三个投影图为矩形，其空间体是（　　　）。
　　A．圆柱　　　　　　B．正四棱柱　　　　C．正棱柱　　　　D．棱柱

2．下列不属于曲面体的是（　　　）。
　　A．圆柱　　　　　　B．圆锥　　　　　　C．棱柱　　　　　D．球

3．常见的曲面体有（　　　）。
　　A．长方体　　　　　B．棱台　　　　　　C 棱锥　　　　　D．圆台

4．棱台的两底面为相互平行的相似多边形，各侧表面均为（　　　）。
　　A．圆　　　　　　　B．三角形　　　　　C．矩形　　　　　D．梯形

5．在曲面体中，母线是曲线的形体是（　　　）。
　　A．圆锥　　　　　　B．球　　　　　　　C．圆柱　　　　　D．圆台

6．底面投影为反映实形的多边形，另外两个投影为等高的三角形的形体是（　　　）。
　　A．棱锥　　　　　　B．棱柱　　　　　　C．棱台　　　　　D．圆柱

7．下列属于正棱锥投影特性的是（　　　）。
　　A．有两个投影为矩形　　　　　　　　　B．有两个投影为等高的三角形
　　C．有两个投影为梯形　　　　　　　　　D．三面投影均为圆

8. 三个投影均为圆且圆的直径相等的形体是（ ）。

    A．圆锥体   B．球   C．圆台   D．圆柱

9. 识读组合体投影图的基本方法有（ ）。

    A．形体分析法和线面分析法   B．形体分析法和投影分析法

    C．线面分析法和投影分析法   D．投影分析法和几何法

10. 球面上某一点的三个投影图皆为不可见，该点在球面的方位是（ ）。

    A．下前右方   B．下后右方   C．上后左方   D．下后左方

11. 体表面数最少的形体是（ ）。

    A．圆锥   B．球   C．三棱   D．三棱锥

12. 形体的一个投影圆，可以推想出的空间形体有（ ）。

    A．圆锥、球、圆台   B．圆锥、球、圆柱

    C．圆柱、圆台   D．圆台、球、圆柱

13. 圆柱的四条素线在投影为圆的投影图中的投影位置（ ）。

    A．在圆心   B．在中心线上

    C．在圆上   D．分别积聚在圆与中心线相交的四个交点上

14. 圆锥的四条轮廓素线在投影为圆的投影图中的投影位置（ ）。

    A．在圆心   B．在中心线上

    C．在圆上   D．分别积聚在圆与中心线相交的四个交点上

15. 若圆锥面上某个点的 W 面、V 面投影均不可见，则该点在圆锥面上的位置正确的是（ ）。

    A．左前方   B．右前方   C．左后方   D．右后方

16. 在形体表面上取点，首先应（ ）。

    A．判断点所在的面   B．做出辅助直线

    C．做出辅助圆线   D．直接求

17. 若球面上某个点的 H 面、V 面投影均可见，W 面投影不可见，则该点在球面上的位置正确的是（ ）。

    A．左后上方   B．左前下方   C．右后下方   D．右前上方

18. 识读组合体投影图的基本方法是（ ）。

    A．点线分析法   B．线面分析法

    C．三面投影分析法   D．投影点分析法

19. 与 H 面成 $45°$ 的正垂面，截切轴线为铅垂线的圆柱面，截交线的侧面投影是（ ）。

    A．圆   B．椭圆或椭圆弧加直线

    C．$\frac{1}{2}$ 圆   D．抛物线

20. 一个圆柱与一个球共轴相交，相贯线为（ ）。

    A．椭圆   B．圆   C．空间曲线   D．直线

21. 已知同坡屋顶正立面和侧立面图如图5-5所示，请选择其平面图正确的一项（ ）。

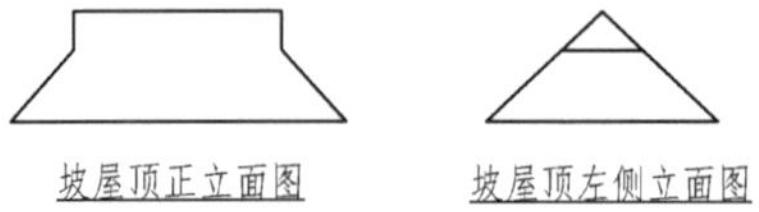

坡屋顶正立面图   坡屋顶左侧立面图

图5-5 题21图

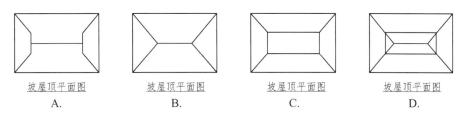

坡屋顶平面图	坡屋顶平面图	坡屋顶平面图	坡屋顶平面图
A.	B.	C.	D.

22．用形体分析法，对照如图 5-6 所示某构件的轴测图，选出其正确的三面投影图（　　）。

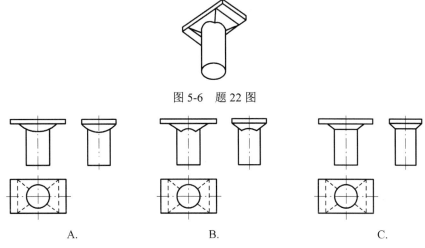

图 5-6　题 22 图

A.　　　　　　　B.　　　　　　　C.

23．已知某构件的平面图与左侧立面图如图 5-7 所示，请选择其正立面图正确的一项（　　）。

构件左侧立面图　　　　构件平面图

图 5-7　题 23 图

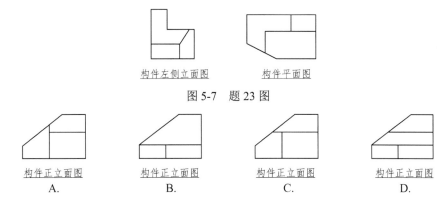

构件正立面图	构件正立面图	构件正立面图	构件正立面图
A.	B.	C.	D.

24．已知某构件平面图与正立面图如图 5-8 所示，请选择其左侧立面图正确的一项（　　）。

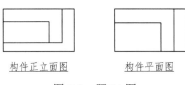

构件正立面图　　　　构件平面图

图 5-8　题 24 图

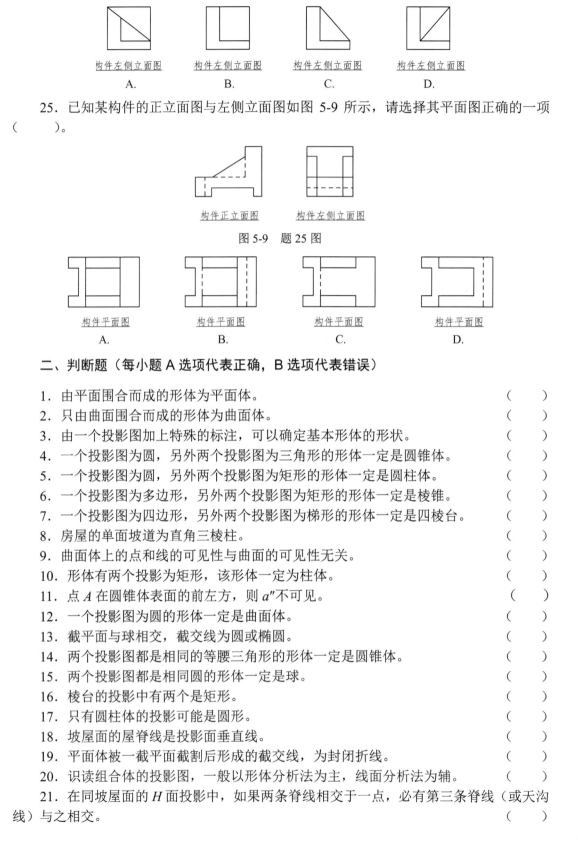

25．已知某构件的正立面图与左侧立面图如图 5-9 所示，请选择其平面图正确的一项（　　　　）。

图 5-9　题 25 图

二、判断题（每小题 A 选项代表正确，B 选项代表错误）

1．由平面围合而成的形体为平面体。　　　　　　　　　　　　　　　　　　（　　　）

2．只由曲面围合而成的形体为曲面体。　　　　　　　　　　　　　　　　　（　　　）

3．由一个投影图加上特殊的标注，可以确定基本形体的形状。　　　　　　　（　　　）

4．一个投影图为圆，另外两个投影图为三角形的形体一定是圆锥体。　　　　（　　　）

5．一个投影图为圆，另外两个投影图为矩形的形体一定是圆柱体。　　　　　（　　　）

6．一个投影图为多边形，另外两个投影图为矩形的形体一定是棱锥。　　　　（　　　）

7．一个投影图为四边形，另外两个投影图为梯形的形体一定是四棱台。　　　（　　　）

8．房屋的单面坡道为直角三棱柱。　　　　　　　　　　　　　　　　　　　（　　　）

9．曲面体上的点和线的可见性与曲面的可见性无关。　　　　　　　　　　　（　　　）

10．形体有两个投影为矩形，该形体一定为柱体。　　　　　　　　　　　　（　　　）

11．点 A 在圆锥体表面的前左方，则 a'' 不可见。　　　　　　　　　　　　（　　　）

12．一个投影图为圆的形体一定是曲面体。　　　　　　　　　　　　　　　（　　　）

13．截平面与球相交，截交线为圆或椭圆。　　　　　　　　　　　　　　　（　　　）

14．两个投影图都是相同的等腰三角形的形体一定是圆锥体。　　　　　　　（　　　）

15．两个投影图都是相同圆的形体一定是球。　　　　　　　　　　　　　　（　　　）

16．棱台的投影中有两个是矩形。　　　　　　　　　　　　　　　　　　　（　　　）

17．只有圆柱体的投影可能是圆形。　　　　　　　　　　　　　　　　　　（　　　）

18．坡屋面的屋脊线是投影面垂直线。　　　　　　　　　　　　　　　　　（　　　）

19．平面体被一截平面截割后形成的截交线，为封闭折线。　　　　　　　　（　　　）

20．识读组合体的投影图，一般以形体分析法为主，线面分析法为辅。　　　（　　　）

21．在同坡屋面的 H 面投影中，如果两条脊线相交于一点，必有第三条脊线（或天沟线）与之相交。　　　　　　　　　　　　　　　　　　　　　　　　　　　　　（　　　）

22. 在三面投影图中，有两个投影为三角形的形体，一定是圆锥。　　　（　　）
23. 在圆柱的三面投影中，其中两面投影是相同的。　　　　　　　　（　　）
24. 檐口线相交的相邻两个坡屋面相交，其交线一定是天沟线。　　　（　　）
25. 常见的组合体有叠加型、切割型、混合型三种。　　　　　　　　（　　）
26. 球表面上的一般点可采用素线法或纬圆法求得。　　　　　　　　（　　）
27. 底面平行于 H 面的圆柱被正垂面截割后的截割线的空间形状为圆。（　　）
28. 平面截割圆柱与轴线倾斜时，截交线为椭圆。　　　　　　　　　（　　）
29. 两相贯体的相贯线一定是封闭的。　　　　　　　　　　　　　　（　　）
30. 同坡屋面的水平投影中，若两条脊线交于一点，则至少还有一条线通过该交点。
　　　　　　　　　　　　　　　　　　　　　　　　　　　　　　（　　）

三、简答题

1. 什么是平面体？常见平面体有哪些？
2. 如何绘制平面体的投影？
3. 什么是曲面体？常见曲面体有哪些？
4. 圆柱的形体特性和投影特性？
5. 圆锥的形体特性和投影特性？
6. 棱锥的投影特性？
7. 圆台的形体特性和投影特性？
8. 形体分析法的实质是什么？在画图和读图时如何应用？
9. 在运用线面分析方法绘制形体投影图时，能确定形体哪些部位的投影？
10. 如何绘制曲面体的投影图？
11. 曲面体表面上点的投影如何确定？
12. 绘制组合体投影图时，如何对组合体进行形体分析？
13. 绘制组合体投影图时，组合体在三面投影体系中如何放置（放置时应注意哪些）？
14. 识读组合体投影的基本方法有哪些？如何运用？
15. 如何运用线面分析法识读组合体投影？

四、绘图题

1. 已知形体的轴测图如图 5-10 所示，请绘制其三面正投影图（尺寸直接在图上量取）。

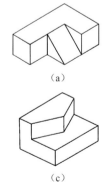

(a)

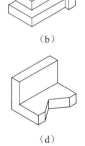

(b)

(c)

(d)

图 5-10　题 1 图

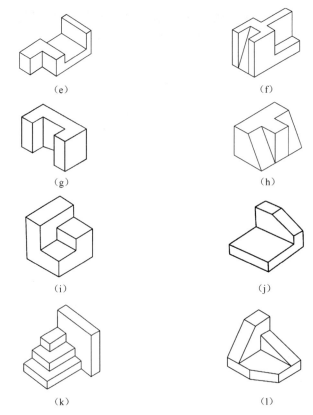

图 5-10　题 1 图（续）

2. 根据如图 5-11 所示组合体的两面投影图，补画第三面投影图。

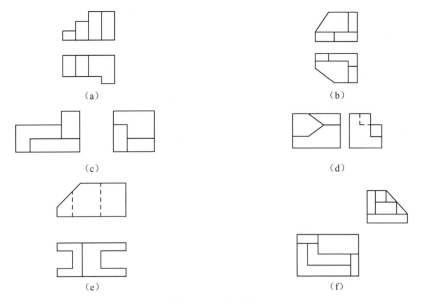

图 5-11　题 2 图

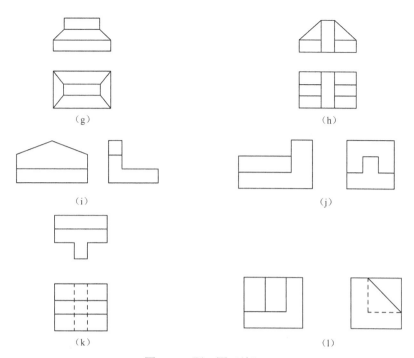

（g）　（h）

（i）　（j）

（k）　（l）

图 5-11　题 2 图（续）

3．已知正三棱柱上底面 *ABF* 上点 *G* 的 *H* 面投影 *g*，侧表面 *ABCD* 上直线 *MN* 的 *V* 面投影 *m'n'*，如图 5-12 所示，求作 *G* 和 *MN* 的其他两面投影。

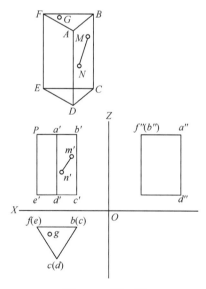

图 5-12　题 3 图

4．补全如图 5-13 所示形体的第三面投影，并求出形体表面上点的另外两面投影。

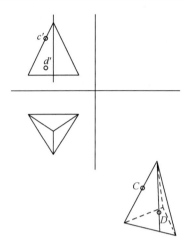

图 5-13　题 4 图

 单元测试

一、选择题（每小题中只有一个选项是正确的，每小题 1.5 分，共 30 分）

1．下列是常见的曲面体是（　　）。

　　A．棱锥　　　　　　B．圆锥　　　　　　C．棱柱　　　　　　D．棱台

2．棱柱形体特性为（　　）。

　　A．两底面为全等且相互平行的多边形，各侧棱垂直底面且相互平行，各侧表面均为矩形

　　B．底面为多边形，各侧表面均为有公共顶点的（等腰）三角形

　　C．两底面为相互平行的相似多边形，侧表面均为梯形

　　D．两底面为平行的圆，侧表面可看作直母线绕与它倾斜的轴线旋转而成，所有素线延长后交于一点

3．圆台的投影特性为（　　）。

　　A．底面投影为反映实形的多边形，内有若干侧棱交于顶点的三角形，另两个投影为等高的三角形

　　B．底面投影为两个类似多边形，对应顶点有侧棱，另两个投影为梯形

　　C．两底面投影为反映实形的多边形，且重合，另两个投影为矩形

　　D．上、下底面的投影为两个同心圆，另两个投影为梯形

4．下列形体中，体表面数最多的形体是（　　）。

　　A．三棱柱　　　　　　B．三棱锥　　　　　　C．圆锥　　　　　　D．四棱柱

5．组合体上被遮挡的线为不可见线，在投影图中用（　　）表示。

　　A．实线　　　　　　B．虚线　　　　　　C．双点长画线　　　D．单点长画线

6．下列属于棱锥投影特性的是（　　）。

　　A．有两个投影为矩形　　　　　　　　B．有两个投影为等高的三角形

　　C．有两个投影为梯形　　　　　　　　D．三面投影均为圆

7．若圆锥面上某个点的 W 面、V 面投影均不可见，则该点在圆锥面上的位置正确的是（　　）。

A．左前方   B．右前方   C．左后方   D．右后方

8．同坡屋面水平投影中斜脊线与檐口线的夹角是（   ）。

A．30°   B．40°   C．45°   D．60°

9．两形体相交称为（   ）。

A．相交   B．相贯   C．交叉   D．相切

10．两底面为相互平行的相似多边形，各侧表面均为梯形的几何体是（   ）。

A．棱台   B．棱柱   C．圆柱   D．圆台

11．在常见的曲面体投影图中，球的投影特性是（   ）。

A．上下底面的投影为两个同心圆，另两个投影为梯形

B．三个投影均为直径等于球径的圆

C．三个直径不相等的圆

D．底面投影为圆，另两个投影为矩形

12．两底面的投影为重合的圆，另两个投影为矩形的曲面体是（   ）。

A．圆台   B．圆锥   C．圆柱   D．球

13．常见的组合体不包括（   ）。

A．叠加型   B．切割型   C．旋转型   D．混合型

14．在正三棱柱的三面投影中，（   ）为三角形。

A．只能有一面投影   B．可能有两面投影

C．可能有三面投影   D．都不可能

15．截平面与圆柱轴线平行，截交线为（   ）。

A．抛物线   B．椭圆   C．矩形   D．圆

16．圆柱被平面截割后的截交线不可能是（   ）。

A．矩形   B．椭圆弧加直线   C．椭圆形   D．半圆

17．同坡屋面房屋的屋脊线是一条 （   ）。

A．投影面平行线   B．投影面垂直线

C．一般位置直线   D．不确定

18．同坡屋面房屋的斜脊线是一条 （   ）。

A．投影面平行线   B．投影面垂直线

C．一般位置直线   D．不确定

19．如图 5-14 所示为某构件的正立面图和平面图，请选择其侧立面图正确的一项（   ）。

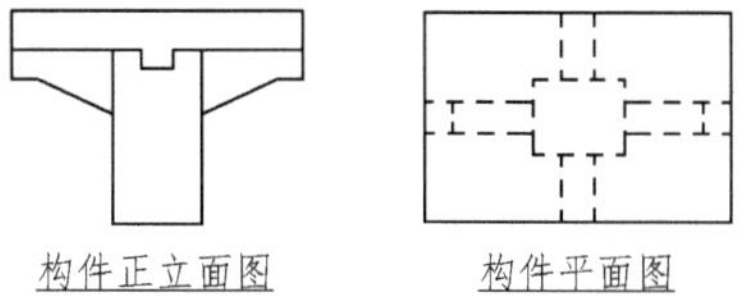

构件正立面图   构件平面图

图 5-14 题 19 图

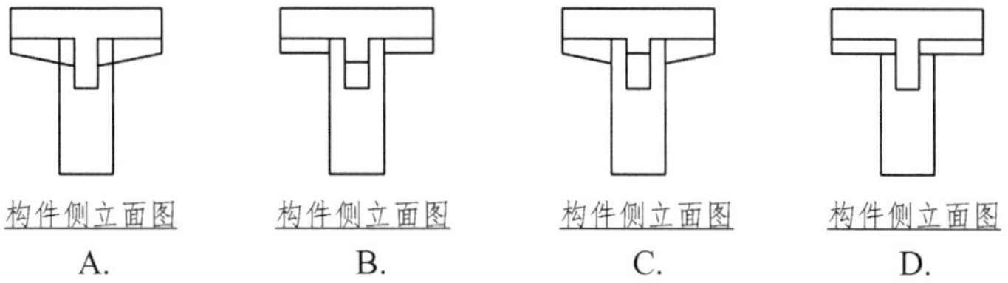

构件侧立面图   构件侧立面图   构件侧立面图   构件侧立面图

A．   B．   C．   D．

20．如图 5-15 所示为某构件的左侧立面图与平面图，请选择其正立面图正确的一项（　　　）。

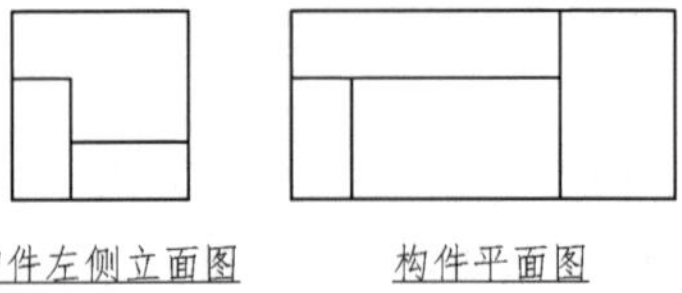

构件左侧立面图　　　构件平面图

图 5-15　题 20 图

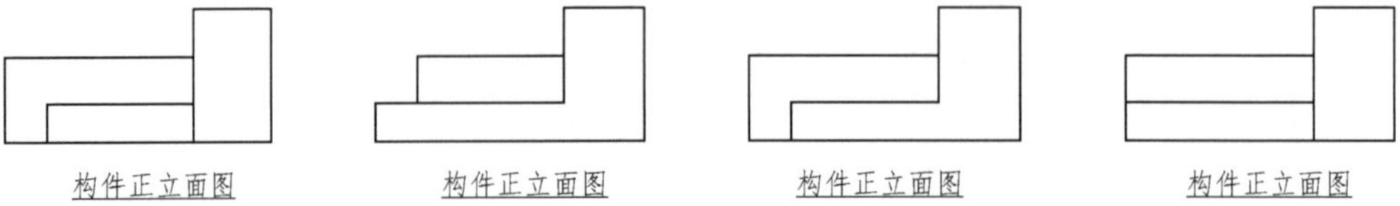

A.　构件正立面图　　　B.　构件正立面图　　　C.　构件正立面图　　　D.　构件正立面图

二、判断题（每小题 A 选项代表正确，B 选项代表错误，每小题 1 分，共 20 分）

1．圆柱的投影特性：两底面的投影为重合的圆，另两面投影为矩形。　　　（　　　）

2．组合体投影的识读以形体分析法为主，当图形比较复杂时也常用线面分析法。（　　　）

3．组合体的投影规律是长对正、高平齐、宽相等。　　　（　　　）

4．曲面体是指全部由曲面围成的几何体。　　　（　　　）

5．轮廓素线是曲面体向某个方向投影时，其可见部分与不可见部分的分界线。　　　（　　　）

6．叠加型组合体由一个基本形体切除了某些部分而成。　　　（　　　）

7．可见曲面上的点和线也可能是不可见的。　　　（　　　）

8．底面平行于 H 面的圆柱被正垂面截切后的截交线的空间形状为圆。　　　（　　　）

9．线面分析法是以线和面的投影特性为基础来分析形体的形状。　　　（　　　）

10．底面投影为两个相似的六边形，另两个投影为梯形的形体是六棱柱。　　　（　　　）

11．底面投影为圆，另两个投影为三角形的形体是圆锥。　　　（　　　）

12．由两个或两个以上的基本形体按一定形式组合而成的形体称为组合体。　　　（　　　）

13．一个底面投影为四边形的形体一定是四棱锥。　　　（　　　）

14．识读组合体投影的基本方法有形体分析法和线面分析法两种，以形体分析法为主，当图形比较复杂时，也常用线面分析法。　　　（　　　）

15．圆锥体是常见的平面体之一。　　　（　　　）

16．只要是锥体，三面投影图中一定有两个投影图是三角形。　　　（　　　）

17．圆柱的截平面与圆柱轴线平行，截交线为矩形。　　　（　　　）

18．素线的任一位置称为母线。　　　（　　　）

19．平面体的截交线是直线，曲面体的截交线是曲线。　　　（　　　）

20．相贯线一般情况下是封闭的空间折线或曲线。　　　（　　　）

三、简答题（每小题 5 分，共 20 分）

1．请描述棱台的投影特性。

2．常见组合体的类型有哪些？

3．简述棱锥的投影特性。

4．如何运用形体分析法识读组合体的投影？

四、综合题（每小题 10 分，共 30 分）

1. 已知形体的轴测图如图 5-16 所示，请绘制其三面正投影图（尺寸直接在图上量取）。

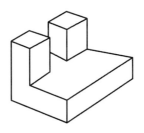

图 5-16 题 1 图

2. 如图 5-17 所示为圆柱体表面上点 A 的投影 a'，点 B 的投影 b'，下底面上点 C 的投影 c'，求作点 A、B、C 的其他两面的投影。

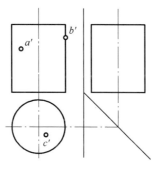

图 5-17 题 2 图

3. 如图 5-18 所示为某形体的两面投影，求作第三面投影。（尺寸直接在图上量取）。

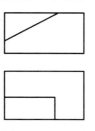

图 5-18 题 3 图

单元6　轴测投影

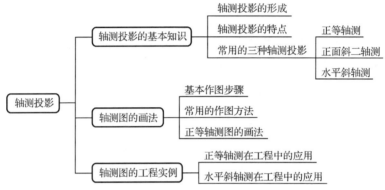

1．理解轴测投影的基本概念，熟悉轴测投影的种类和特点。

2．掌握正等轴测投影图的画法及尺寸标注方法。

3．了解斜轴测投影图的画法。

6.1　轴测投影的基本知识

轴测投影属于单面的平行投影，图形具有立体感，但不能反映形体的真实形状和大小，在建筑工程中，通常轴测投影（轴测图）作为一种辅助图样。

6.1.1　轴测投影的形成

1．轴测投影

用一组互相平行的投射线沿不平行于任一坐标面的方向，将形体连同确定其空间位置的三个坐标轴一起投射到一个投影面（称为轴测投影面）上，所得到的投影称为轴测投影，又称轴测图。如图6-1所示。

2．轴测轴与轴间角

在轴测图中，空间坐标轴 O_1X_1、O_1Y_1、O_1Z_1 在轴测投影面 P 上的投影为 OX、OY、OZ，称为轴测投影轴，简称轴测轴。轴测轴之间的夹角 $\angle XOY$、$\angle XOZ$、$\angle YOZ$ 称为轴间角。

3．轴向伸缩系数

轴测轴长度与空间坐标轴长度的比值称为轴向伸缩系数，分别用 p、q、r 表示。

$$p = OX / O_1X_1，\quad q = OY / O_1Y_1，\quad r = OZ / O_1Z_1$$

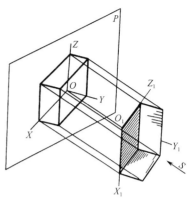

图 6-1　轴测投影的形成

6.1.2　轴测投影的特点

（1）形体上相互平行的直线的轴测投影仍然相互平行，形体上平行于坐标轴的直线，其轴测投影必平行于相应的轴测轴，均可按轴向伸缩系数 p、q、r 量取确定。

（2）形体上相互平行的直线的长度之比，等于它们的轴测投影长度之比。

6.1.3　轴测投影的分类

根据投射方向 S 与轴测投影面 P 的相对关系，轴测投影可分为以下两大类。

（1）正轴测投影：投射线垂直于轴测投影面，形体的三个方向的面与坐标轴和轴测投影面倾斜。

（2）斜轴测投影：投射线倾斜于轴测投影面，形体的一个方向的面及其两个坐标轴与轴测投影面平行。

6.1.4　常用轴测投影

$$
\text{轴测投影}
\begin{cases}
\text{正轴测投影}
\begin{cases}
\text{正等轴测投影 } p = q = r \\
\text{正二轴测投影 } p = r \neq q
\end{cases} \\
\text{斜轴测投影}
\begin{cases}
\text{正面斜二轴测投影 } p = r \neq q \\
\text{水平斜二轴测投影 } p = q \neq r \text{ 或 } p = q = r
\end{cases}
\end{cases}
$$

工程上常用的三种轴测投影包括正等轴测、正面斜二轴测和水平斜轴测。在作图前要掌握这三种轴测投影图的参数值。

表 6-1　常用轴测投影

种　类	特　　点	轴　间　角		轴向伸缩系数
		理　论　值	实　际　作　图	
正等轴测	三根投影轴与轴测投影面的倾角相同；作图较方便	$\angle XOY = \angle XOZ = \angle YOZ = 120°$	OZ 铅垂设置，OX、OY 与水平线成 $30°$ 角	$p = q = r = 0.82$ 实际作图取简化系数 $p = q = r = 1$
正面斜二轴测	形体中正面平行于轴测投影面；形体中正面为实形	$\angle XOZ = 90°$ $\angle XOY = \angle YOZ = 135°$	OZ 铅垂设置，OX 水平放置，OY 与水平线成 $45°$ 角。	$p = r = 1$ $q = 0.5$

续表

| 种　类 | 特　点 | 轴　间　角 | | 轴向伸缩系数 |
		理　论　值	实　际　作　图	
水平斜轴测	形体中水平面平行于轴测投影面；用作俯视图	$\angle XOY=90°$ $\angle XOZ=120°$ $\angle YOZ=150°$	OZ 铅垂设置，OX 与水平线成30°角，OY 与水平线成60°角。	$p= q =1$ $r =0.5$（水平斜二测） $r =1$（水平斜等测）

6.2　轴测图的画法

6.2.1　轴测图的画法

1．轴测图的基本作图步骤

（1）根据三面投影图了解所画形体的实际形状和特征。

（2）选择轴测投影种类。选择时要考虑作图简便，要能全面反映形体的形状。一般对方正、平直的形体宜采用正轴测投影，对形体复杂或带有曲线的形体宜采用斜轴测投影。

（3）选定比例，沿轴按比例量取尺寸。根据空间平行线在轴测投影中仍平行的特性，确定图线方向，连接所作平行线，即完成轴测图底稿（底稿应轻、细、准）。

（4）检查底稿，加深轮廓线，擦去辅助线，完成轴测图。

轴测图的可见轮廓线宜用 0.5b 线宽的实线绘制，断面轮廓线宜用 0.7b 线宽的实线绘制。不可见轮廓线可不绘出，必要时，可用 0.25b 线宽的虚线绘出所需部分。

2．轴测图的作图方法

轴测图常用的作图方法有叠加法、切割法、坐标法、端（断）面法等几种，要根据形体的形状和特点来选择合理、简便的作图方法。但在实际绘制轴测图时，往往是几种方法混合使用。

（1）叠加法：先画出一个主要的形体作基础，然后将其余形体逐个叠加。适用于作由多个形体叠加而成的组合体的轴测图。

（2）切割法：先画出基本形体的轴测图，然后将切割的部分画出。适用于作由简单形体切割得到的组合体的轴测图。

（3）坐标法：根据形体表面上各点的坐标画出各点的轴测图，依次连接各点。适用于锥体、台体等斜面较多的形体的轴测图。

（4）端（断）面法：先画出能反映形体特征的一个可见端面，再画出其余的可见轮廓线（棱线）。适用于柱类形体的轴测图。

6.2.2　正等轴测图的尺寸标注

作为辅助图样的轴测图，为表明形体各部分的实际大小，就需要标注尺寸。轴测图中的尺寸组成和尺寸种类与投影基本相同，但具体标注方法应体现轴测图特点，数字注写位置、方向应方便书写和读图。

正等轴测图的线性尺寸，应标注在各自所在的坐标面内，尺寸线应与被注长度平行，尺寸界线应平行于相应的轴测轴，尺寸数字的方向应平行于尺寸线，如出现字头向下倾斜，应将尺寸线断开，并在尺寸线断开处水平方向注写尺寸数字。轴测图的尺寸起止符号宜用小圆点。

6.2.3　圆的轴测投影的特点

依据投影原理，当圆所在的平面平行于投影面时，其投影仍为圆，而当圆所在的平面倾斜于投影面时，它的投影为椭圆。在轴测图中，除了斜二轴测中有一个面不发生变形外，一般情况下圆的轴测图是椭圆。

作圆的轴测图时，通常先做出圆的外切正四边形的轴测图，再在其中做出圆的轴测图——椭圆。平行于坐标面的圆的正等轴测，其外切正四边形为菱形，在菱形中画椭圆可用近似画法——四心圆法作图。

6.2.4　轴测草图

轴测草图是不应用绘图仪器和工具，通过目测形体各部分的尺寸和比例，徒手画出的轴测图。

轴测草图的作图步骤与使用绘图仪器绘制轴测图一样，绘图时要做到：形体各部分的大小要保持比例关系，还应尽量做到直线平直，曲线平滑，同类线条粗细基本均匀，深浅一致。这样画出的图才有立体感。

6.3　轴测图的工程实例

在建筑工程图中，因为轴测图可以在单面投影图中表明形体的三个向度，富有立体感，所以常用来作为辅助图样。

1．正等轴测在工程中的应用

楼板、主梁、次梁和柱组成的楼盖节点的三面投影，需要一定的读图能力才能完全看懂。采用仰视的正等轴测，可以把梁、板、柱相交处的构造表达得非常清楚。

2．水平斜轴测在工程中的应用

在建筑工程图中，常采用水平斜轴测表达房屋的水平剖面图或一个小区的总平面布置。房屋被水平剖切平面剖切后，将房屋的下半部分画成水平斜轴测，可以表达房屋的内部布置。用水平斜轴测画成的小区总平面鸟瞰图，可以表达小区中各建筑物、道路、绿化等情况。

3．系统轴测图直接表达工程设计结果

给水排水工程图及供暖与通风工程图中的系统轴测图可作为工程直接生产用图样。

 例 题 解 析

一、选择题（每小题中只有一个选项是正确的）

1．轴测图的尺寸起止符号宜用（　　　）。
　　A．箭头　　　　　　B．圆弧　　　　　　C．直线　　　　　　D．小圆点

答案：D

解析：高考题，分值 3 分。考点是轴测图的画法中轴测图的尺寸标注。作为辅助图样的轴测图，为表明形体各部分的实际大小，就需要标注尺寸。轴测图中的尺寸组成和尺寸种类与投影基本相同，但具体标注方法应体现轴测图特点，轴测图的尺寸起止符号宜用小圆点。

2．对于形体上相互平行的直线，下列说法不正确的是（　　　）。

A．其长度之比等于其轴测投影长度之比

B．其轴测投影仍然相互平行

C．其轴测投影长度可按轴向伸缩系数 p、q、r 量取确定

D．其轴测投影必平行于相应的轴测轴

答案：D

解析：高考题，分值 3 分。考点是轴测投影的特点。形体上相互平行的直线的轴测投影仍然相互平行，形体上平行于坐标轴的直线，其轴测投影必平行于相应的轴测轴，均可按轴向伸缩系数 p、q、r 量取确定。

3．正轴测投影的投射线（　　　）于轴测投影面。

A．平行　　　　　B．倾斜　　　　　C．垂直　　　　　D．不确定

答案：C

解析：高考题，分值 3 分。考点是轴测投影的分类中正轴测投影的概念。正轴测投影的投射线垂直于轴测投影面，形体的三个方向的面与坐标轴和轴测投影面倾斜。

4．常见的轴测图不包括（　　　）。

A．正等轴测　　　B．斜等轴测　　　C．正面斜二轴测　D．水平斜轴测

答案：B

解析：高考题，分值 3 分。考点是轴测投影的基本知识中常用的轴测投影。常用的三种轴测投影包括正等轴测、正面斜二轴测、水平斜轴测。

5．根据轴测投影的特点，形体上平行于坐标轴的直线，其轴测投影（　　　）。

A．必与相应的轴测轴相交　　　　　B．必平行于相应的轴测轴

C．必垂直于相应的轴测轴　　　　　D．必积聚为一点

答案：B

解析：高考题，分值 3 分。考点是轴测投影的特点。形体上相互平行的直线的轴测投影仍然相互平行，形体上平行于坐标轴的直线，其轴测投影必平行于相应的轴测轴，均可按轴向伸缩系数 p、q、r 量取确定。

6．（　　　）适用于绘制由多个形体叠加而成的组合体的轴测图。

A．叠加法　　　B．坐标法　　　C．切割法　　　D．断面法

答案：A

解析：高考题，分值 3 分。考点是轴测图常用的作图方法及适用范围。轴测图常用的作图方法有叠加法、切割法、坐标法、端（断）面法等几种，叠加法适用于作由多个形体叠加而成的组合体的轴测图，切割法适用于作由简单形体切割得到的组合体的轴测图，坐标法适用于锥体、台体等斜面较多的形体的轴测图，端（断）面法适用于柱类形体的轴测图。

7．在正等轴测图中，尺寸数字的方向与尺寸线的关系是（　　　）。

A．平行　　　　　B．相交　　　　　C．垂直　　　　　D．不确定

答案：A

解析：高考题，分值 3 分。考点是轴测图的画法中正等轴测图的尺寸标注。正等轴测图的线性尺寸，应标注在各自所在的坐标面内，尺寸线应与被注长度平行，尺寸界线应平行于相应的轴测轴，尺寸数字的方向应平行于尺寸线，如出现字头向下倾斜，应将尺寸线断开，并在尺寸线断开处水平方向注写尺寸数字。轴测图的尺寸起止符号宜用小圆点。

8．常用的三种轴测图是正等轴测、正面斜二轴测和（　　　）。

A．正面正二轴测　B．斜等轴测　　　C．水平正轴测　　D．水平斜轴测

答案：D

解析：高考题，分值 3 分。考点是轴测投影的基本知识中常用的轴测投影。常用的三种轴测投影包括正等轴测、正面斜二轴测和水平斜轴测。

9．关于正等轴测图尺寸标注说法正确的是（　　　）。

A．尺寸数字的方向应平行于尺寸线　B．尺寸起止符号宜用斜短线

C．尺寸线应与被注长度垂直　　　　D．尺寸界线应垂直于相应的轴测轴

答案：A

解析：高考题，分值 3 分。考点是轴测图的画法中正等轴测图的尺寸标注。正等轴测图的线性尺寸，应标注在各自所在的坐标面内，尺寸线应与被注长度平行，尺寸界线应平行于相应的轴测轴，尺寸数字的方向应平行于尺寸线，如出现字头向下倾斜，应将尺寸线断开，并在尺寸线断开处水平方向注写尺寸数字。轴测图的尺寸起止符号宜用小圆点。

10．对于水平斜二轴测图，在实际作图时，轴向伸缩系数常取（　　　）。

A．$p=1$，$q=0.5$，$r=1$　　　　　　B．$p=1$，$q=1$，$r=0.5$

C．$p=1$，$q=1$，$r=1$　　　　　　D．$p=0.5$，$q=1$，$r=1$

答案：B

解析：高考题，分值 3 分。考点是轴测图的基本知识中常用三种轴测投影的轴向伸缩系数。其中水平斜二轴测图的轴向伸缩系数为 $p=q=1$，$r=0.5$。

二、判断题（每小题 A 选项代表正确，B 选项代表错误）

1．作轴测图时，首先要根据正投影图了解所画形体的实际形状和特征。　（　　　）

答案：A

解析：高考题，分值 1 分。考点是轴测图的基本作图步骤。轴测图的基本作图步骤是（1）根据三面投影图了解所画形体的实际形状和特征。（2）选择轴测投影种类。（3）选定比例，沿轴按比例量取尺寸，完成轴测图底稿。（4）检查底稿，加深轮廓线，擦去辅助线，完成轴测图。因此作轴测图时，首先要根据正投影图了解所画形体的实际形状和特征。

2．一般对方正、平直的形体宜采用斜轴测投影。　　　　　　　　　（　　　）

答案：B

解析：高考题，分值 1 分。考点是轴测图的基本作图步骤中轴测投影种类的选择。轴测投影种类选择时要考虑作图简便，要能全面反映形体的形状。一般对方正、平直的形体宜采用正轴测投影，对形体复杂或带有曲线的形体宜采用斜轴测投影。

3．轴测图常用的作用方法有叠加法和切割法。　　　　　　　　　　（　　　）

答案：B

解析：高考题，分值 1 分。考点是轴测图的基本作图步骤中轴测图常用的作图方法。轴测图常用的作图方法有叠加法、切割法、坐标法、端（断）面法等几种，要根据形体的形状

和特点来选择合理、简便的作图方法。但在实际绘制轴测图时，往往是几种方法混合使用。

4．端面法适用于柱类形体的轴测图。　　　　　　　　　　　　　　　　　（　　）

答案：A

解析：高考题，分值1分。考点是轴测图的基本作图步骤中轴测图常用的作图方法及适用范围。轴测图常用的作图方法有叠加法、切割法、坐标法、端（断）面法等几种，叠加法适用于作由多个形体叠加而成的组合体的轴测图，切割法适用于作由简单形体切割得到的组合体的轴测图，坐标法适用于锥体、台体等斜面较多的形体的轴测图，端（断）面法适用于柱类形体的轴测图。

5．正等轴测的线性尺寸，应垂直标注在各自所在的坐标面上。　　　　　　（　　）

答案：B

解析：高考题，分值1分。考点是轴测图的画法中正等轴测的尺寸标注。正等轴测的线性尺寸，应标注在各自所在的坐标面内，尺寸线应与被注长度平行，尺寸界线应平行于相应的轴测轴，尺寸数字的方向应平行于尺寸线，如出现字头向下倾斜，应将尺寸线断开，并在尺寸线断开处水平方向注写尺寸数字。轴测图的尺寸起止符号宜用小圆点。

6．形体上相互平行的直线的轴测投影不一定相互平行。　　　　　　　　　（　　）

答案：B

解析：高考题，分值1分。考点是轴测投影的特点。形体上相互平行的直线的轴测投影仍然相互平行，形体上平行于坐标轴的直线，其轴测投影必平行于相应的轴测轴，均可按轴向伸缩系数 p、q、r 量取确定。

三、简答题

1．简述轴测图的基本作图步骤。

答案：（1）根据三面投影了解所画形体的实际形状和特征。（2）选择轴测投影种类。（3）选定比例，沿轴按比例量取尺寸，完成轴测图底稿。（4）检查底稿，加深轮廓线，擦去辅助线，完成轴测图。

解析：高考题，分值5分。考点是轴测图的基本作图步骤。要求正确理解并熟练运用轴测图的基本作图步骤。

2．简述作轴测图时叠加法、切割法的适用范围。

答案：叠加法适用于作由多个形体叠加而成的组合体的轴测图。切割法适用于作由简单形体切割得到的组合体的轴测图。

解析：高考题，分值5分。考点是轴测图的基本作图步骤中轴测图常用的作图方法及适用范围。轴测图常用的作图方法有叠加法、切割法、坐标法、端（断）面法等几种，叠加法适用于作由多个形体叠加而成的组合体的轴测图。切割法适用于作由简单形体切割得到的组合体的轴测图，坐标法适用于锥体、台体等斜面较多的形体的轴测图，端（断）面法适用于柱类形体的轴测图。

3．什么叫轴测图？

答案：用一组互相平行的投射线沿不平行于任一坐标面的方向，将形体连同确定其空间位置的三个坐标轴一起投射到一个投影面（称为轴测投影面）上，所得到的投影称为轴测投影，又称轴测图。

解析：高考题，分值5分。考点是轴测投影的概念。要求正确理解并熟练掌握轴测投影的概念。

基础过关

一、选择题（每小题中只有一个选项是正确的）

1. 正轴测投影的投射线与轴测投影面（　　）。
　　A．垂直　　　　　B．倾斜　　　　　C．平行　　　　　D．不确定

2. 在轴测图中，轴测轴与空间直角坐标轴单位长度之比称为（　　）。
　　A．变形值　　　　B．变形率　　　　C．轴间角　　　　D．轴向伸缩系数

3. 形体上互相平行的直线的轴测投影（　　）。
　　A．平行　　　　　B．相交　　　　　C．交叉　　　　　D．垂直

4. 斜轴测投影时的投射线与轴测投影面（　　）。
　　A．垂直　　　　　B．倾斜　　　　　C．平行　　　　　D．不确定

5. 轴测图是采用（　　）绘制的。
　　A．正投影法　　　　　　　　　　B．斜投影法
　　C．正投影法或斜投影法　　　　　D．中心投影法

6. 轴测图中与轴测轴平行的线段与坐标轴（　　）。
　　A．平行　　　　　B．相交　　　　　C．交叉　　　　　D．垂直

7. 正轴测投影时，形体三个方向的面与轴测投影面（　　）。
　　A．垂直　　　　　B．倾斜　　　　　C．平行　　　　　D．不确定

8. 一般对于方正、平直的形体宜采用（　　）。
　　A．正面斜二轴测　　B．正轴测投影　　C．水平斜轴测　　D．斜轴测

9. 在斜轴测投影中，形体的一个方向的面及两个坐标轴与投影面（　　）。
　　A．垂直　　　　　B．倾斜　　　　　C．平行　　　　　D．不确定

10. 形体 ⊔ 的轴测图常用的作图方法是（　　）。
　　A．叠加法　　　　B．切割法　　　　C．坐标法　　　　D．端（断）面法

11. 图 6-2 的轴间角是（　　）。
　　A．$\angle XOY=\angle XOZ=\angle YOZ=120°$　　　B．$\angle XOY=135°$，$\angle XOZ=90°$
　　C．$\angle XOY=90°$，$\angle XOZ=135°$　　　D．$\angle YOZ=120°$，$\angle XOZ=90°$

12. 图 6-3 的轴向伸缩变形系数是（　　）。

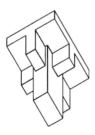
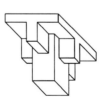

图 6-2　题 11 图　　　　　图 6-3　题 12 图

　　A．$p=q=r=1$　　　　　　　　B．$p=q=r=0.82$
　　C．$p=q=1$，$r=0.5$　　　　　　D．$p=r=1$，$q=0.5$

13. 图 6-4 为正面斜轴测投影图，可知（　　　）。

A．AB 为侧垂线、BC 为正垂线、CD 为铅垂线

B．AB 为正垂线、BC 为侧垂线、CD 为铅垂线

C．AB 为侧垂线、BC 为水平线、CD 为铅垂线

D．AB 为水平线、BC 为正垂线、CD 为水平线

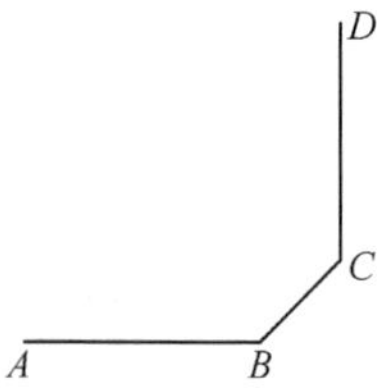

图 6-4　题 13 图

14. 正面斜二测图中 OX 轴与 OZ 轴的夹角为（　　　）。

A．135° 　　　B．120° 　　　C．60° 　　　D．90°

15. 侧垂线的正面斜二轴测投影图与 Z 轴的夹角是（　　　）。

A．120° 　　　B．30° 　　　C．60° 　　　D．90

16. 正等轴测图的轴向伸缩系数为（　　），实际作图时取简化系数 1。

A．0.5 　　　B．0.8 　　　C．0.82 　　　D．1.22

17. 正面斜二轴测的轴向伸缩系数折减一半的是（　　　）。

A．p 　　　B．q 　　　C．r 　　　D．x

18. 正等轴测图是采用（　　　）绘制的。

A．正投影法　　　　　　　　B．斜投影法

C．正投影法或斜投影法　　　D．中心投影法

19. 斜轴测投影的投射线（　　　）于轴测投影面。

A．垂直 　　　B．平行 　　　C．倾斜 　　　D．不确定

20. 正面斜二轴测的轴向伸缩系数 p 为（　　　）。

A．0.5 　　　B．1 　　　C．0.82 　　　D．1.22

二、判断题（每小题 A 选项代表正确，B 选项代表错误）

1. 轴测投影也属于平行投影的一种。（　　　）

2. 正等轴测投影的轴间角为 135°。（　　　）

3. 正等轴测投影图中的轴向伸缩系数两个为 1，一个为 0.5。（　　　）

4. 形体上平行于轴测投影面的平面在轴测图中不反映实形。（　　　）

5. 轴测图一般不能反映形体各表面的实形，因而度量性差但直观性强。（　　　）

6. 简单形体切割得到的组合体，其轴测图常用的作图方法是切割法。（　　　）

7. 锥体、台体等斜面较多的形体的轴测图常用的作图方法是叠加法。（　　　）

8. 形体复杂或带有曲线的形体宜采用正轴测投影。（　　　）

9. 形体上的矩形面的正等轴测投影图是平行四边形。（　　　）

10. 轴测图的起止符号宜用箭头表示。（　　　）

11. 形体上高度所在的线段的正面斜二轴测投影图的长度等于实长。（　　　）

12. 轴测投影具有正投影的特点。（　　　）

13. 一般情况下圆的轴测图是椭圆。（　　　）

14. 形体上高度所在的线段的正等轴测投影图的长度等于实长。（　　　）

15. 形体上相互平行的直线的长度之比，等于它们的轴测投影长度之比。（　　　）

16. 正轴测投影形成过程中，形体的三个方向的面都应与投影面垂直。（　　　）

17. 斜轴测投影属于平行投影中的斜投影。（　　　）

18. 在斜轴测投影形成过程中，形体的一个方向的面及其两个坐标轴应与轴测投影面平行。（　　　）

19．正面斜二轴测的轴向伸缩系数 $p=q=1$，$r=0.5$。　　　　　（　　）

20．轴测图富有立体感，因此工程中常用轴测图作为主要施工图样。　（　　）

三、简答题

1．什么是轴向伸缩系数？如何表示？

2．轴测投影如何分类？分哪几类？

3．什么是斜轴测投影？

4．常见的轴测投影有哪些？其轴间角和轴向伸缩系数分别是多少？

5．简述轴测图的基本作图步骤。

6．简述作轴测图时叠加法、切割法的适用范围。

7．轴测图的作图方法有哪几种？如何使用？

8．简述轴测图常用作图方法的画法和适用范围。

9．正等轴测的尺寸标注有何规定？

10．圆的轴测投影有何特点？近似画法是什么？

四、综合题

1．已知如图 6-5 所示形体的三面正投影，请绘制形体的正等轴测图。

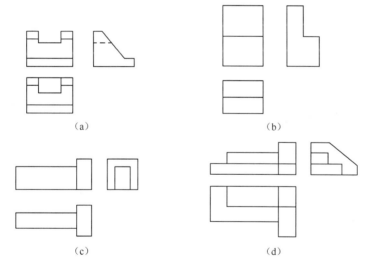

（a）　　　　　　　　　　　　　　　　（b）

（c）　　　　　　　　　　　　　　　　（d）

图 6-5　题 1 图

2．已知如图 6-6 所示形体的两面正投影，请绘制形体的正等轴测图。

（a）　　　　　　　　　　　　　　　　　　　　（b）

图 6-6　题 2 图

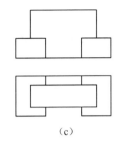

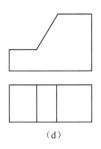

图 6-6　题 2 图（续）

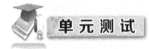

一、选择题（每小题中只有一个选项是正确的，每小题 1.5 分，共 30 分）

1. 轴测图属于（　　）。
 A. 多面投影图　　　B. 三面投影图　　　C. 单面投影图　　　D. 镜像投影图

2. 实际画正等测图时，轴测轴 OX 与水平方向成（　　）角。
 A. 30°　　　　　B. 45°　　　　　C. 90°　　　　　D. 60°

3. 相邻两轴测轴之间的夹角为（　　）。
 A. 夹角　　　　　B. 两面角　　　　C. 轴间角　　　　D. 倾斜角

4. 绘制斜轴测图的投影方法是（　　）。
 A. 中心投影法　　B. 平行投影法　　C. 正投影法　　　D. 斜投影法

5. 对于正面斜二轴测图，在实际作图时，轴向伸缩系数常取（　　）。
 A. p=1，q=0.5，r=1　　　　　　　B. p=1，q=1，r=0.5
 C. p=1，q=1，r=1　　　　　　　　D. p=0.5，q=1，r=1

6. 形体上圆在正等测图中可能是（　　）。
 A. 圆、直线　　B. 椭圆　　　C. 直线　　　D. 圆

7. 正等轴测的尺寸标注不正确的是（　　）。
 A. 尺寸线应与被注长度平行　　　　B. 尺寸界线应平行于相应的轴测轴
 C. 尺寸数字的方向平行于尺寸线　　D. 尺寸的起止符号应采用箭头

8. （　　）适合用于作锥体、台体等斜面较多的形体的轴测图。
 A. 叠加法　　　　B. 坐标法　　　C. 切割法　　　D. 断面法

9. 形体上高度所在线段的正等测图平行于（　　）轴。
 A. Y　　　　　　B. 不能确定　　C. X　　　　　D. Z

10. 正等轴测图是用（　　）投影法绘制的。
 A. 平行　　　　　B. 中心　　　　C. 正　　　　　D. 斜

11. 空间三个坐标轴在轴测投影面上轴向伸缩系数相同的投影，称为（　　）。
 A. 正轴测投影　　　　　　　　　　B. 斜轴测投影
 C. 正等轴测投影　　　　　　　　　D. 斜二轴测投影

12. 正面斜二轴测的轴间角（　　）。
 A. 都是 90°　　　　　　　　　　　B. 都是 120°
 C. 90°、135°、135°　　　　　　　D. 是 90°、120°、150°

13．正等轴测图的尺寸线应与被注长度（　　　）。

    A．相交　　　　　B．不确定　　　　　C．垂直　　　　　D．平行

14．轴测图的尺寸起止符号宜用（　　　）。

    A．箭头　　　　　B．圆弧　　　　　C．直线　　　　　D．小圆点

15．管道系统图中通常采用的是（　　　）。

    A．正面斜轴测　　B．水平斜轴测　　C．正等测　　　　D．正二测

16．长方体的长和宽所在的线段其正等测投影与水平方向成（　　　）角。

    A．30°　　　　　B．45°　　　　　C．90°　　　　　D．60°

17．画轴测圆的步骤是先画出（　　　）。

    A．直角坐标系　　B．坐标点　　　　C．大致外形　　　D．轴测轴

18．在斜轴测投影中，平行于投影面的圆的投影是（　　　）。

    A．圆　　　　　　B．椭圆　　　　　C．平面曲线　　　D．空间曲线

19．平行于坐标面的圆的外切正四边形的正等轴测是（　　　）。

    A．多边形　　　　B．菱形　　　　　C．矩形　　　　　D．正方形

20．形体只在正平面上有圆或圆角时，作图简单的轴测图是（　　　）。

    A．正等轴测　　　　　　　　　　　B．正二轴测

    C．正面斜二轴测　　　　　　　　　D．水平斜二轴测

二、判断题（每小题 A 选项代表正确，B 选项代表错误，每小题 2 分，共 40 分）

1．轴测图中，用轴向伸缩系数控制轴向投影的大小变化。　　　　　　　　（　　　）

2．轴测图具有正投影的特点。　　　　　　　　　　　　　　　　　　　　（　　　）

3．房屋建筑的轴测图宜采用正等测投影,并用简化轴向伸缩系数绘制，即 $\rho = q = r = 1$。

    （　　　）

4．轴测图的轴间角相等，而轴向伸缩系数不相等。　　　　　　　　　　　（　　　）

5．空间互相平行的直线，在轴测图中一定互相平行。　　　　　　　　　　（　　　）

6．斜二轴测的三个轴向伸缩系数都取 1。　　　　　　　　　　　　　　　（　　　）

7．轴测图的可见轮廓线宜用 $0.5b$ 线宽的实线绘制。　　　　　　　　　　（　　　）

8．对形体复杂或带有圆或圆弧的形体宜采用斜轴测投影。　　　　　　　　（　　　）

9．画轴测图的方法有叠加法、切割法、坐标法、端面法等，但往往是几种方法混合使用。　　　　　　　　　　　　　　　　　　　　　　　　　　　　　　　　　　（　　　）

10．若圆所在的平面是正平面，其正面斜二测图为圆　　　　　　　　　　（　　　）

11．正等轴测图尺寸标注时，即使出现字头向下倾斜，也不应将尺寸线断开。（　　　）

12．对形体复杂或带有曲线的形体宜采用斜轴测投影。　　　　　　　　　（　　　）

13．作为辅助图样的轴测图，为表明形体各部分的实际大小，就需要标注尺寸。（　　　）

14．正等轴测的线性尺寸，尺寸线应平行于相应的轴测轴，尺寸数字的方向应垂直于尺寸线。　　　　　　　　　　　　　　　　　　　　　　　　　　　　　　　　　（　　　）

15．轴测草图的作图步骤与使用绘图仪器绘制轴测图一样。　　　　　　　（　　　）

16．作轴测图时，首先要根据正投影图了解所画形体的实际形状和特征。　（　　　）

17．形体上互相平行的线，轴测投影不一定互相平行　　　　　　　　　　（　　　）

18．一般对方正、平直的形体宜采用斜轴测投影。　　　　　　　　　　　（　　　）

19．形体上平行于坐标轴的线段，轴测投影后的长度等于空间长度乘以相应的轴向伸

缩系数。　　　　　　　　　　　　　　　　　　　　　　　（　　）

　20．形体上相互平行的直线的轴测图可能相交。　　　　　（　　）

三、简答题（每小题 5 分，共 20 分）

1．什么是正轴测投影？

2．轴测投影有何特点？

3．简述轴测图的常用作图方法及适用范围。

4．斜轴测投影是如何形成的？

四、综合题（10 分）

已知如图 6-7 所示形体的三面正投影，请绘制该形体的正等轴测图。

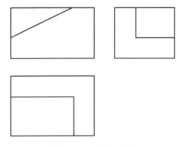

图 6-7　题 1 图

单元7 剖面图和断面图

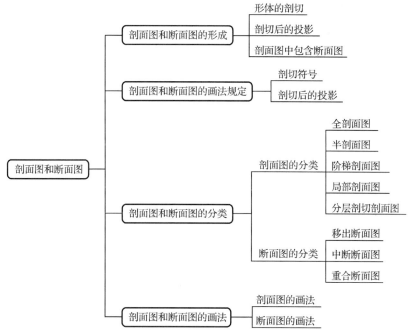

1. 掌握剖面图的分类及画法。
2. 会绘制剖面图。
3. 掌握断面图的分类及画法。
4. 会绘制断面图。

7.1 剖面图和断面图的形成

（1）剖切平面：用于剖切形体的平面，通常为投影面平行面。

（2）剖切位置：在需要表达的内部结构、构造处剖切开，断面是剖切平面与形体相交部分的投影。

（3）剖切后的投影。

剖面图：对剩余部分作投影。

断面图：对断面作投影。

（4）同一剖切位置，剖面图中包含断面图。

7.2　剖面图与断面图的画法规定

1．形体的两面投影

在形体的投影上用剖切符号确定剖切平面的位置及投射的方向。

2．用假想的剖切平面剖切形体

（1）剖切平面通常为投影面平行面。

（2）剖切平面的位置可以用积聚投影表示。

3．剖切符号

（1）剖面图：由剖切位置线和剖视方向线组成，均应以粗实线绘制，线宽宜为 b。

剖切位置线：由两段粗实线（即剖切平面的积聚投影）组成，用于表示剖切平面所在的位置。每段剖切位置线长度宜为 6～10mm，不得与投影图上的其他图线相接触。

剖视方向线：剖视方向线位于剖切位置线的外侧且与剖切位置线垂直。剖视方向线用来表示剖面图的投影方向，剖视方向线仍由粗实线画出，其每段长度宜为 4～6mm。

剖切符号的编号宜采用粗体阿拉伯数字，按剖切顺序由左至右、由下向上连续编排，并应注写在剖视方向线的端部，如图 7-1 所示。

（2）断面图：剖切符号仅用剖切位置线表示，并以粗实线绘制，长度宜为 6～10mm。其编号宜采用粗体阿拉伯数字，应注写在剖切位置线的一侧，编号所在一侧应为该断面的剖视方向，如图 7-2 所示。

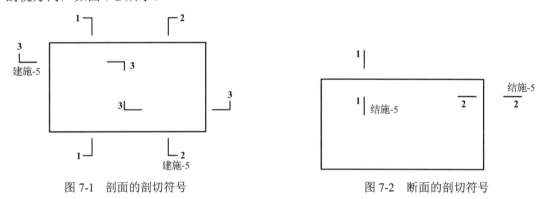

图 7-1　剖面的剖切符号　　　　　　　　图 7-2　断面的剖切符号

（3）国际通用剖视方法。

剖面剖切索引符号应由直径为 8～10mm 的圆和水平直径，以及两条相互垂直且外切圆的线段组成，水平直径上方应为索引编号，下方应为图纸编号，详细规定如图 7-3 所示。线段与圆之间应填充黑色并形成箭头表示剖视方向，索引符号应位于剖线两端。

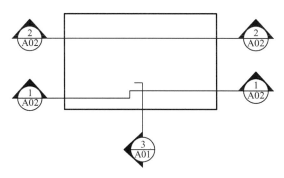

图 7-3 国际通用剖视的剖切符号

4．名称标注

剖面图、断面图的图名以剖切符号的编号来命名，放在剖面图、断面图的正下方。在标注过程中，剖面图和断面图的剖切符号应成对出现。

7.3 剖面图和断面图的分类

7.3.1 剖面图的分类

（1）全剖面图：用一个剖切平面将形体全部剖开后所得到的剖面图。

适用于用一个剖面剖切后，就能把内部构造表达清楚的形体。如图 7-4 所示，1-1 剖面图为台阶的全剖面图。

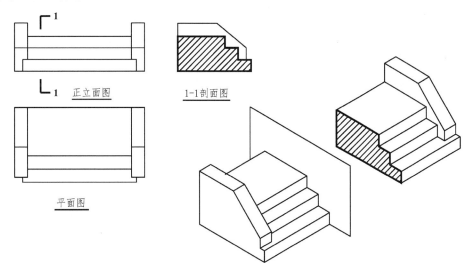

图 7-4 台阶的全剖面图

（2）半剖面图：如果被剖切的形体是对称的，那么在画图时常把投影图的一半画为剖面图，另一半画为形体的外形图，从而组合成一个视图，这样可以同时得到形体的外形和内部构造，即半剖面图。剖面图与视图应以对称符号为界限，半剖面图一般不画剖切符号。独立基础的半剖面图如图 7-5（b）所示。

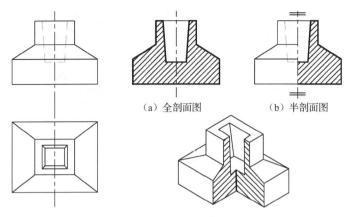

（a）全剖面图　　　　（b）半剖面图

图 7-5　独立基础的剖面图

（3）阶梯剖面图：用两个或两个以上平行的剖切平面，按需要将形体剖开并画出剖面图，称为阶梯剖面图，如图 7-6 所示。

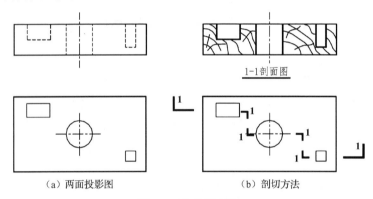

（a）两面投影图　　　　（b）剖切方法

图 7-6　阶梯剖面图

（4）局部剖面图：当形体的局部内部构造需要表达清楚时，采用局部剖切所得到的剖面图，如图 7-7 所示。

（5）分层剖切剖面图：对于墙体、地面等构造层次较多的建筑构件，可用分层剖切剖面图表示其内部分层构造，如图 7-8 所示。

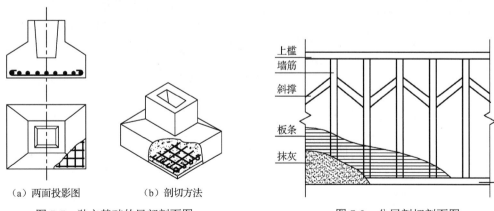

（a）两面投影图　　　（b）剖切方法

图 7-7　独立基础的局部剖面图

图 7-8　分层剖切剖面图

分层剖切剖面图，应按层次用波浪线将各层隔开，但波浪线不可与轮廓线重合，且波浪线不要超出轮廓线。

7.3.2 断面图的分类

（1）移出断面图：断面图可绘制在靠近形体投影图的一侧或端部并按顺序依次排列，如图7-9所示。

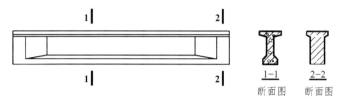

图7-9 移出断面图

移出断面图的轮廓线应用0.7b线宽的绘制。为了清楚地表示形体的断面，并便于注写尺寸，移出断面图可用放大比例画出。

（2）中断断面图：画在投影图的中断处的断面图称为中断断面图。槽钢的中断断面图如图7-10所示，由于断面形状相同，因此可假想把槽钢中间断开，将断面图画在中断处，不必标注剖切符号。

（3）重合断面图：画在形体视图以内的断面图称为重合断面图。

如图7-11所示为一角钢的重合断面图，该断面没有标注断面的剖切符号。如图7-11（b）所示的断面是对称图形，故将剖切位置线改为单点长画线表示，且不予编号。

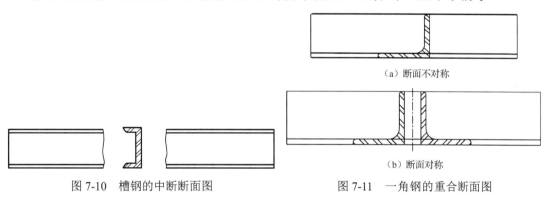

（a）断面不对称

（b）断面对称

图7-10 槽钢的中断断面图　　图7-11 一角钢的重合断面图

如图7-12所示，用一假想剖切平面将屋顶垂直剖开，并将断面画在屋顶平面图上，以此表示屋顶结构、屋面坡度、屋檐及天沟的形状。

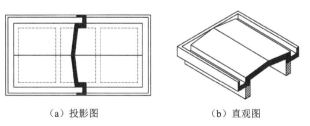

（a）投影图　　　　　　　　（b）直观图

图7-12 屋顶的重合断面图

7.4　剖面图和断面图的画法

7.4.1　剖面图的画法

（1）确定剖切平面的位置和投影方向。

为了真实地反映形体的内部形状和结构，一般选取投影面平行面为剖切平面，且尽可能地通过形体上的孔、洞、槽的轴线。

剖面图的剖切平面的位置和投射方向由剖切符号决定。

（2）画剖面图。

剖面图所表达的是形体被剖切后剩余的部分，包括断面的投影和剩余部分的轮廓线两部分内容，被剖切到的部分的轮廓线用 0.7b 线宽的实线绘制，剖切平面没有切到，但沿投影方向可以看到的部分，用 0.5b 线宽的实线绘制。

（3）画材料图例。

形体的材料图例应画在断面轮廓内，当形体的材料图例不明时，也可用等距 45°斜线表示。

（4）标注剖面图的图名。

剖面图的图名一般以剖切符号的编号来命名。若同时有几个剖面图需要标注，则应采用不同的数字或字母，按照顺序依次标注。

7.4.2　断面图的画法

断面图的画法与剖面图基本一致，但要注意剖面图与断面图的区别是断面图只需用 0.7b 线宽的实线画出剖切平面切到部分的图形。

例题解析

一、选择题（每小题中只有一个选项是正确的）

1．剖切平面通常为（　　）。
　　A．投影面垂直面　　　　　　　　B．投影面平行面
　　C．一般位置平面　　　　　　　　D．铅垂面

答案：B

解析：高考题，分值 3 分。考点是剖面图和断面图的画法规定。当剖切平面为投影面的平行面时，得到的投影图反映真实形状。

2．断面剖切符号的编号宜采用（　　）。
　　A．大写拉丁字母　　　　　　　　B．粗体阿拉伯数字
　　C．小写拉丁字母　　　　　　　　D．英文字母

答案：B

解析：高考题，分值 3 分。考点是剖切符号的编号。《房屋建筑制图统一标准》（GB/T 50001—2017）中规定剖视剖切符号的编号宜采用粗体阿拉伯数字。

3. 在形体的正投影图上，剖切平面的位置可用（　　）表示。

　　A. 剖切平面的积聚投影　　　　B. 剖切平面实形

　　C. 剖切平面类似形　　　　　　D. 数字

答案：A

解析：高考题，分值 3 分。考点是剖面图画法中剖切平面的表示。剖切平面的位置可用其积聚投影表示。

4. 下列不属于断面图的是（　　）。

　　A. 分层断面图　　　　　　　　B. 中断断面图

　　C. 重合断面图　　　　　　　　D. 移出断面图

答案：A

解析：高考题，分值 3 分。考点是断面图的分类，断面图有移出断面图、中断断面图和重合断面图三种。

5. 断面图只需要用（　　）画出剖切平面切到的图形。

　　A. 粗实线　　　B. 中实线　　　C. 细实线　　　D. 加粗实线

答案：A

解析：高考题，分值 3 分。《房屋建筑制图统一标准》（GB/T 50001—2017）中规定断面图需用 0.7b 线宽的实线画出剖切平面切到部分的图形。

6. 剖视剖切符号的编号应注写在剖视方向线的（　　）。

　　A. 上部　　　B. 下部　　　C. 中部　　　D. 端部

答案：D

解析：高考题，分值 3 分。考点是剖切符号。剖切符号的编号宜采用粗体阿拉伯数字，按剖切顺序由左至右、由下向上连续编排，并应注写在剖视方向线的端部。

7. 剖视的投射方向线应垂直于剖切位置线，长度宜为（　　）。

　　A. 6～10mm　　　B. 6～8mm　　　C. 4～8mm　　　D. 4～6mm

答案：D

解析：高考题，分值 3 分。考点是剖切符号。剖视方向线位于剖切位置线的外侧且与剖切位置线垂直。剖视方向线用来表示剖面图的投影方向，剖视方向线仍由粗实线画出，其每段长度宜为 4～6mm。

8. 如果被剖切形体是对称的，可采用（　　）。

　　A. 全剖面图　　　　　　　　　B. 阶梯剖面图

　　C. 局部剖面图　　　　　　　　D. 半剖面图

答案：D

解析：高考题，分值 3 分。考点是半剖面图的概念，如果被剖切的形体是对称的，那么在画图时常把投影图的一半画为剖面图，另一半画为立体的外形图，从而组合成一个视图，这样可以同时看到形体的外形和内部构造，即半剖面图。

9. 剖视的投影方向线与剖切位置线之间的关系是（　　）。

　　A. 相交　　　B. 垂直　　　C. 平行　　　D. 不确定

答案：B

解析：高考题，分值 3 分。考点是剖切符号，剖视方向线位于剖切位置线的外侧且与剖切位置线垂直。

10. 关于剖切符号说法不正确的是（　　）。

　　A. 剖切位置线用粗实线绘制　　　　B. 剖视方向线用粗实线绘制

　　C. 剖切线可与尺寸线交叉　　　　　D. 剖切编号宜采用粗体阿拉伯数字

答案：C

解析：高考题，分值 3 分。考点是剖切符号，剖切位置线由两段粗实线（即剖切平面的积聚投影）组成，用于表示剖切平面所在的位置。每段剖切位置线长度宜为 6～10mm，不得与投影图上的其他图线相接触。

11. 关于剖面图，说法不正确的是（　　）。

　　A. 画出剖切平面切到部分的图形

　　B. 画出沿投射方向看到的部分

　　C. 被切到部分的轮廓线用 0.7b 线宽的实线绘制

　　D. 没有剖切到的，投射方向看到部分用 0.25b 线宽的实线绘制

答案：D

解析：高考题，分值 3 分。考点是剖面图的绘制，剖面图所表达的是形体被剖切后剩余的部分，包括断面的投影和剩余部分的轮廓线两部分内容，被剖切到的部分的轮廓线用 0.7b 线宽的实线绘制，剖切平面没有切到，但沿投影方向可以看到的部分，用 0.5b 线宽的实线绘制。

12. 关于断面图，说法正确的是（　　）。

　　A. 断面图没有剖视方向　　　　　　B. 断面图用 0.5b 线宽的实线绘制

　　C. 必须标注剖切符号和编号　　　　D. 在断面图上画出材料图例

答案：D

解析：高考题，分值 3 分。考点是断面图，A 选项断面图编号所在一侧应为该断面的剖视方向；B 选项断面图用 0.7b 线宽的实线绘制；C 选项中断断面图和重合断面图不必标注剖切符号和编号；D 选项断面图应画出材料图例。

13. 常用的剖面图不包括（　　）。

　　A. 全剖面图　　　B. 半剖面图　　　C. 1/4 剖面图　　　D. 分层剖面图

答案：C

解析：高考题，分值 3 分。考点是剖面图的分类，剖面图分为全剖面图、半剖面图、阶梯剖面图、局部剖面图、分层剖切剖面图。

14. 关于断面图说法错误的是（　　）。

　　A. 编号所在的一侧应为该断面的剖视方向

　　B. 在断面上画出建筑材料图例

　　C. 断面图仅画出剖切平面与形体接触的断面的正投影图

　　D. 断面图只需用 b 线宽的实线画出剖切平面切到部分的图形。

答案：D

解析：高考题，分值 3 分。考点是断面图的画法，D 选项断面图只需用 0.7b 线宽的实线画出剖切平面切到部分的图形。

15. 假设用一个平行于某投影面的剖切平面在形体的适当部位将形体剖开，移去观察者和剖切平面之间的一部分，仅对剖切到的部分进行正投影，这样便形成（　　）。

　　A. 剖面图　　　B. 断面图　　　C. 平面图　　　D. 立面图

答案：B

解析：高考题，分值 3 分。考点是断面图的形成。剖面图是对剩余部分作投影，断面图是对断面作投影。

16．构件的断面图画在靠近构件的一侧或端部并按顺序依次排列，这样形成的图为（　　）。

  A．移出断面图   B．中断断面图

  C．重合断面图   D．分层断面图

答案：A

解析：高考题，分值 3 分。考点是断面图的分类。移出断面图可绘制在靠近形体投影图的一侧或端部并按顺序依次排列；中断断面图是画在投影图的中断处的断面图；重合断面图是画在形体视图以内的断面图。

17．常用的断面图不包括（　　）。

  A．移出断面图   B．中断断面图

  C．重合断面图   D．1/4 断面图

答案：D

解析：高考题，分值 3 分。考点是断面图的分类。断面图分为移出断面图图、中断断面图、重合断面图。

二、判断题（每小题 A 选项代表正确，B 选项代表错误）

1．断面图画法主要有移出断面图、中断断面图和重合断面图三种。 （ ）

答案：A

解析：高考题，分值 1 分。考点是断面图的分类，断面图有移出断面图、中断断面图和重合断面图三种。

2．剖面图剖切符号的编号数字可以写在剖切位置线的任意一边。 （ ）

答案：B

解析：高考题，分值 1 分。考点是剖切符号。剖切符号的编号宜采用粗体阿拉伯数字，按剖切顺序由左至右、由下向上连续编排，并应注写在剖视方向线的端部。

3．一般剖切位置线的长度为 4～6mm。 （ ）

答案：B

解析：高考题，分值 1 分。考点是剖切符号。剖切位置线由两段粗实线（即剖切平面的积聚投影）组成，用于表示剖切平面所在的位置。每段剖切位置线长度宜为 6～10mm，不得与投影图上的其他图线相接触。

4．剖面图剖切平面的位置和投射方向由剖切符号决定。 （ ）

答案：A

解析：高考题，分值 1 分。考点是剖面图的画法。剖面图剖切平面的位置和投射方向由剖切符号决定。

5．剖面图仅画出剖切平面与形体接触面断面正投影图。 （ ）

答案：B

解析：高考题，分值 1 分。考点是剖面图的画法和断面图的画法。剖面图所表达的是形体被剖切后剩余的部分，包括断面的投影和剩余部分的轮廓线两部分内容；断面图只需用 $0.7b$ 线宽的实线画出剖切平面切到部分的图形。

6．断面的剖切符号应由剖切位置线和投射方向线组成。　　　　（　　）

答案：B

解析：高考题，分值 1 分。考点是断面的剖切符号，断面的剖切符号仅用剖切位置线表示，并以粗实线绘制，长度宜为 6～10mm。

7．半剖面图与半外形投影图应以对称符号为界。　　　　　　（　　）

答案：A

解析：高考题，分值 1 分。考点是半剖面图的绘制，半剖面图与视图应以对称符号为界线。剖面图一般应画在水平界线的下侧或垂直界线的右侧。

8．剖切平面一般应平行于某一投影面。　　　　　　　　　　（　　）

答案：A

解析：高考题，分值 1 分。考点是剖面图的形成，剖切平面平行于某一投影面，可以得到真实大小的投影图。

9．局部剖面图与投影图之间用波浪线断开。　　　　　　　　（　　）

答案：A

解析：高考题，分值 1 分。考点是局部剖面图，局部剖面图与基本视图之间用波浪线断开，波浪线是外形和剖面的分界线，波浪线不要超出轮廓线，且波浪线不得与其他图线重合。

10．断面的剖切符号应只用剖切位置线表示，并以粗实线绘制。　（　　）

答案：A

解析：高考题，分值 1 分。断面图的剖切符号。断面剖切符号应仅用剖切位置线表示，并以粗实线绘制，长度宜为 6～10mm。其编号宜采用粗体阿拉伯数字，应注写在剖切位置线的一侧，编号所在一侧应为该断面的剖视方向。

11．断面图用 $0.5b$ 线宽的实线绘制。　　　　　　　　　　（　　）

答案：B

解析：高考题，分值 1 分。考点是断面图的画法，断面图只需用 $0.7b$ 线宽的实线画出剖切平面切到部分的图形。

12．剖面图的剖切符号应用粗实线绘制。　　　　　　　　　（　　）

答案：A

解析：高考题，分值 1 分。考点是剖切符号，剖切符号由剖切位置线及剖视方向线组成，均应以粗实线绘制，线宽宜为 b。

13．断面图中被剖切到部分的轮廓线内应画出材料图例，当不必指出具体材料时，可用等间距的 60°倾斜细实线表示。　　　　　　　　　　　　（　　）

答案：B

解析：高考题，分值 1 分。考点是剖面图的画法，断面图中被剖切到部分的轮廓线内应画出材料图例，当形体的材料图例不明时，也可用等距 45°斜线表示。

14．对形体剖切时，剖切平面通常为投影面平行面。　　　　（　　）

答案：A

解析：高考题，分值 1 分。考点是剖面图的形成，用于剖切形体的平面，通常为投影面平行面。

15．剖切符号中的投射方向线用细实线表示。　　　　　　　（　　）

答案：B

解析：高考题，分值 1 分。考点是剖切符号，剖切符号由剖切位置线及剖视方向线组成，均应以粗实线绘制，线宽宜为 b。

16．半剖面图与半外形投影图应以折断线为界线。 （ ）

答案：B

解析：高考题，分值 1 分。考点是半剖面图的绘制，半剖面图的剖面图与视图应以对称符号为界限，半剖面图一般不画剖切符号。

三、简答题

1．什么情况下采用分层剖切剖面图画法？

答案：对于墙体、地面等构造层次较多的建筑构件，可用分层剖切剖面图表示其内部分层构造。

解析：高考题，分值 5 分。考点是分层剖切剖面图。

2．简述局部剖面图。

答案：当形体的局部内部构造需要表达清楚时，采用局部剖切所得到的剖面图。

解析：高考题，分值 5 分。考点是局部剖面图。

3．断面图分为哪几类？

答案：断面图分为移出断面图、中断断面图、重合断面图。

解析：高考题，分值 5 分。考点是断面图的分类。

4．建筑剖面图的分类。

答案：断面图分为全剖面图、半剖面图、阶梯剖面图、局部剖面图、分层剖切剖面图。

解析：高考题，分值 5 分。考点是剖面图的分类。

四、综合题

1．如图 7-13 为某钢筋混凝土梁，请画出 1-1、2-2 断面图（尺寸直接在图上量取）。

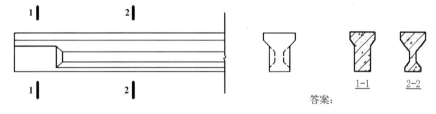

图 7-13 题 1 图

解析：高考题，分值 10 分。考点是断面图的绘制，断面图只需用 $0.7b$ 线宽的实线画出剖切平面切到部分的图形。画出断面图、填充图例、写上图名。

2．如图 7-14 所示为钢筋混凝土梁，请画出 1-1、2-2 断面图（尺寸直接在图上量取）。

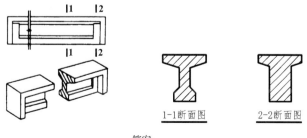

答案：

图 7-14 题 2 图

解析：高考题，分值 10 分。考点是断面图的绘制，断面图只需用 0.7b 线宽的实线画出剖切平面切到部分的图形。画出断面图、填充图例、写上图名。

3．如图 7-15 所示为室外台阶的正立面图和轴测图，请画出 1-1 剖面图、2-2、3-3 断面图（尺寸直接在图上量取）。

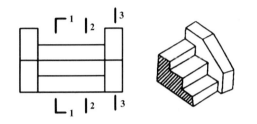

答案：

图 7-15　题 3 图

解析：高考题，分值 10 分。考点是剖面图、断面图的绘制，剖面图所表达的是形体被剖切后剩余的部分，包括断面的投影和剩余部分的轮廓线两部分内容，被剖切到部分的轮廓线用 0.7b 线宽的实线绘制，剖切平面没有切到，但沿投影方向可以看到的部分，用 0.5b 线宽的实线绘制。断面图只需用 0.7b 线宽的实线画出剖切平面切到部分的图形。画出断面图或断面图、填充图例、写上图名。

4．如图 7-16 所示为某钢筋混凝土梁的正立面图和轴测图，请画出 1-1 剖面图、2-2、3-3 断面图（尺寸直接在图上量取）。

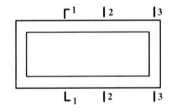

答案：

图 7-16　题 4 图

解析：高考题，分值 10 分。考点是剖面图、断面图的绘制，同第 3 题解析。

5．如图 7-17 所示为某钢筋混凝土梁和柱子节点的正立面图和轴测图，请画出 1-1、2-2、3-3 断面图（尺寸直接在图上量取）。

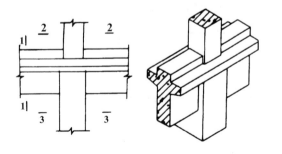

答案：

图 7-17　题 5 图

解析：高考题，分值 10 分。考点是断面图的绘制，同第 2 题解析。

基 础 过 关

一、选择题（每小题中只有一个选项是正确的）

1. 下面不属于断面图的是（　　）。
    A．分层局部剖面图　　　　　　　　B．中断断面图
    C．重合断面图　　　　　　　　　　D．移出断面图

2. 断面图只需要用（　　）画出剖切平面切到部分的图形。
    A．b 线宽　　　　B．0.7b 线宽　　　　C．0.5b 线宽　　　　D．0.25b 线宽

3. 剖面图剖切符号的编号应注写在投射方向线的（　　）。
    A．上部　　　　　　B．下部　　　　　　C．中部　　　　　　D．端部

4. 剖面图的投射方向线应垂直于剖切位置线，长度宜为（　　）。
    A．6～10mm　　　B．6～8mm　　　C．4～8mm　　　D．4～6mm

5. 剖切位置线的长度宜为（　　）。
    A．6～10mm　　　B．6～8mm　　　C．4～8mm　　　D．4～6mm

6. 剖切平面通常为（　　）。
    A．投影面垂直面　　　　　　　　　B．投影面平行面
    C．一般位置平面　　　　　　　　　D．铅垂面

7. 在剖面图中，被剖切面切到部分的轮廓线用（　　）线宽的实线绘制。
    A．0.25b　　　　　B．0.5b　　　　　C．0.7b　　　　　D．b

8. 在形体的正投影图上，剖切面的位置可用（　　）表示。
    A．剖切面积聚投影　　　　　　　　B．剖切面实形
    C．剖切面类似形　　　　　　　　　D．数字

9. 断面图的投影方向由（　　）所在位置决定。
    A．编号　　　　　　　　　　　　　B．剖切位置线
    C．投射方向线　　　　　　　　　　D．数字

10. 剖视图的剖切符号的编号宜采用（　　），按剖切顺序由左至右、由下向上续编排。
    A．阿拉伯数字　　　　　　　　　　B．粗阿拉伯数字
    C．英文字母　　　　　　　　　　　D．大写英文字母

11. 剖面图沿投影方向看到的部分用（　　）线宽绘制。
    A．b　　　　　　　B．0.7b　　　　　C．0.5b　　　　　D．0.25b

12. 用一个剖切平面将形体全部剖开，得到的剖面图是（　　）。
    A．全剖面图　　　B．半剖面图　　　C．阶梯剖面图　　　D．局部剖面图

13. 材料图例中的斜线、短斜线、交叉线等均为（　　）度。
    A．30°　　　　　　B．45°　　　　　　C．60°　　　　　　D．90°

14. 关于半剖面图，以下说法不正确的有（　　）
    A．适用对称形体
    B．一半表达外形，一半表达内部构造
    C．剖面图与视图应以细实线为界线
    D．被剖切的一半需画出材料图例

15．钢筋混凝土梁的配筋图采用（　　）。

    A．中断断面图　　B．重合断面图　　C．移出断面图　　D．局部剖面图

16．结构平面布置图上表示结构梁板断面用（　　）。

    A．中断断面图　　　　　　　　　　B．重合断面图

    C．移出断面图　　　　　　　　　　D．局部剖面图

17．画在形体视图以内的断面图称为（　　）。

    A．中断断面图　　　　　　　　　　B．重合断面图

    C．移出断面图　　　　　　　　　　D．局部剖面图

18．以下材料图例中，（　　）表示泡沫塑料材料。

    A． 　　　　　　B． 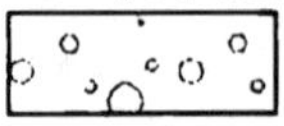　　　　　　C． 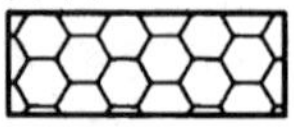　　　　　　D．

19．当形体的局部内部构造需要表达清楚时，所得到的剖面图为（　　）。

    A．全剖面图　　　　　　　　　　　B．半剖面图

    C．分层剖切剖面图　　　　　　　　D．局部剖面图

20．断面图属于（　　）。

    A．斜投影图　　　B．正投影图　　　C．正面投影图　　D．多面投影图

21．必须注出剖切符号的断面图是（　　）。

    A．中断断面图　　B．重合断面图　　C．移出断面图　　D．以上都对

22．如图 7-18 所示平面图 1-1 剖切符号的投影方向是（　　）。

    A．从上向下　　　B．从前向后　　　C．从下向上　　　D．从后向前

23．如图 7-19 所示剖视图样的图名为（　　）。

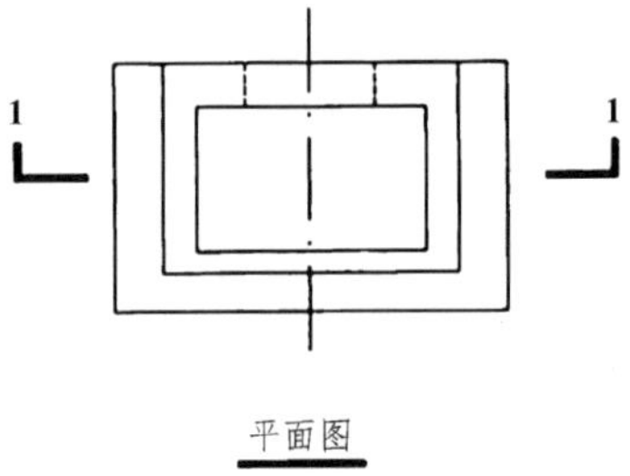

平面图

图 7-18　题 22 图

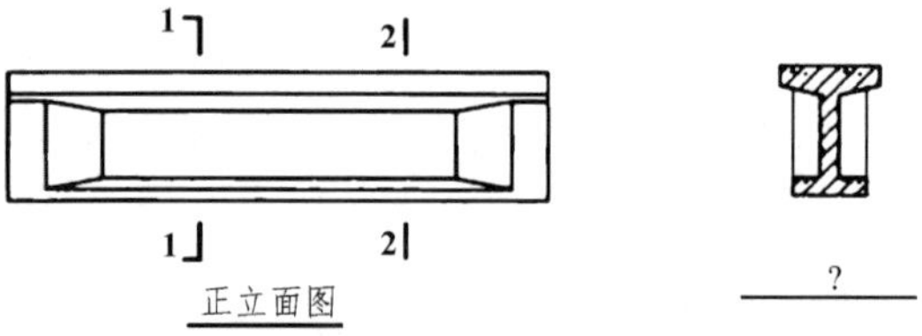

正立面图　　　　　　　　　　?

图 7-19　题 23 图

    A．1-1 剖面图　　B．2-2 断面图　　C．1-1 断面图　　D．2-2 剖面图

24．图 7-20 的图示为（　　）。

    A．全剖面图　　　　　　　　　　　B．半剖面图

    C．分层剖切剖面图　　　　　　　　D．局部剖面图

25．图 7-21 中标注规范的一组剖切符号是（　　）。

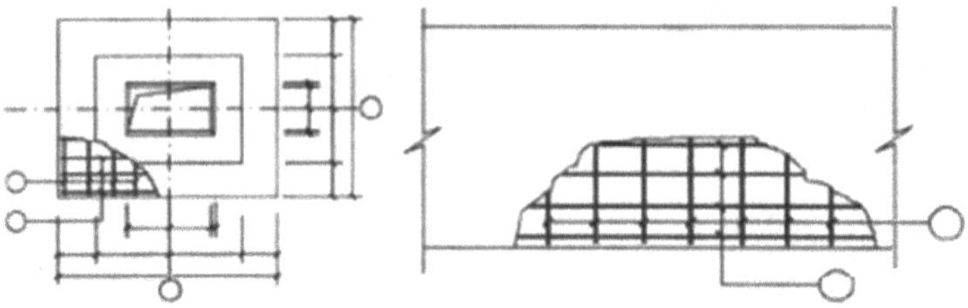

图 7-20　题 24

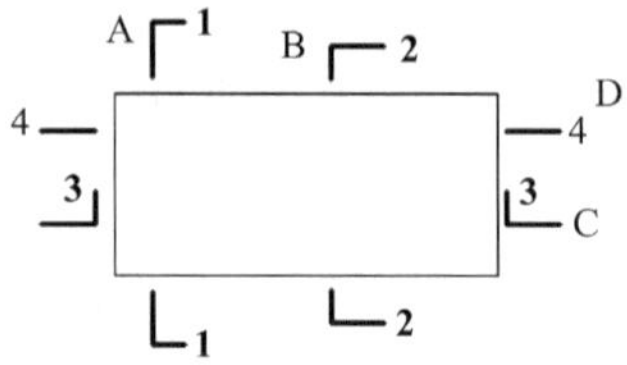

图 7-21　题 25 图

26. 在建筑平面图中，$^2\lceil$ 表示的是（　　）。

　　A. 剖切符号的编号为 2，且剖视方向向上

　　B. 剖切符号的编号为 2，且剖视方向向下

　　C. 剖切符号的编号为 2，且剖视方向向左

　　D. 剖切符号的编号为 2，且剖视方向向右

27. 断面符号"3 |"的正确含义是（　　）。

　　A. 表示剖切位置，断面编号，从左向右观察

　　B. 表示剖切位置，断面编号，左右观察均可

　　C. 表示剖切位置，断面编号，从右向左观察

　　D. 表示剖切位置，断面编号，无观察方向

28. 剖面图与断面图的区别是（　　）。

　　A. 剖面图应绘出材料图例，断面图不需要

　　B. 剖面图应绘出沿投射方向看到的部分，断面图不需要

　　C. 剖面图应用 $0.7b$ 线宽绘出剖切到部分的轮廓线，断面图不需要

　　D. 剖面图需要编号，断面图不需要

29. 如图 7-22 所示剖视图样的图名为（　　）。

　　A. 1-1 剖面图　　B. 2-2 断面图　　C. 1-1 断面图　　D. 2-2 剖面图

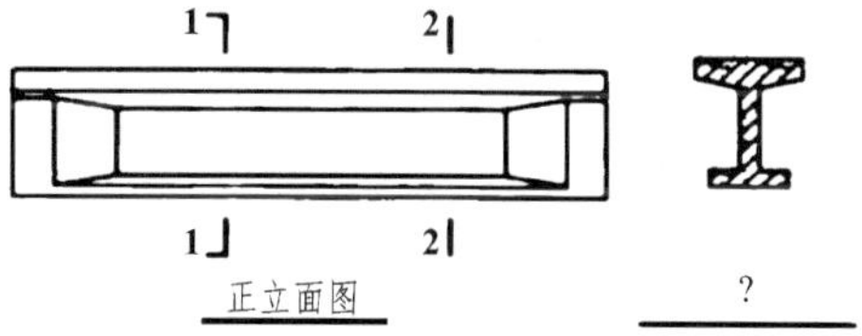

图 7-22　题 29 图

二、判断题（每小题 A 选项代表正确，B 选项代表错误）

1. 在同一剖切位置，断面图是剖面图的一部分，剖面图中包含断面图。（　　）

2. 在剖面图和断面图中，要在被剖切的断面部分画上材料图例以表示其材质。（　　）

3. 剖面图的剖切符号由剖切位置线及剖视方向线组成。（　　）

4. 用两个或两个以上平行的剖切平面剖切形体，得到的剖面图称为断面图。（　　）

5. 分层剖切的剖面图，应按层次以波浪线将各层隔开，波浪线不应与任何图线重合。

　　　　　　　　　　　　　　　　　　　　　　　　　　　　　　（　　）

6. 中断断面图不必标注剖切位置线及编号。（　　）

7. 剖面图的剖切符号中的剖切位置线的长度一般为 4～6mm。（　　）

8. 需画出的建筑材料图例面积过大时，可在断面轮廓线内，沿轮廓线作局部表示。

　　　　　　　　　　　　　　　　　　　　　　　　　　　　　　（　　）

9. 两个相同的图例相接时，图例线宜错开或使倾斜方向相反。（　　）

10. 剖面图剖切符号的编号可以写在剖切位置线的任意一边。（　　）

11. 建筑吊顶(顶棚)灯具、风口等设计绘制布置图，应是反映在地面上的镜面图，宜采用仰视图。（　　）

12. 局部剖面图一般不画剖切符号。（　　）

13. 断面图的剖切位置线用粗实线绘制，长度宜为 4～6mm。（　　）

14．全剖面图通常表达内部形状复杂的形体。 　　　　　　　　　　　　　　　（　　）

15．断面图只需(用 0.5b 线宽的实线) 画出剖切面切到部分的投影。 　　　　（　　）

16．结构梁板的断面图可直接画在结构平面布置图上。 　　　　　　　　　　（　　）

三、综合题

1．绘制出如图 7-23 所示形体的 1-1 剖面图。

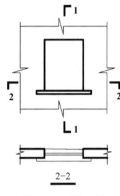

图 7-23　题 1 图

2．绘制出如图 7-24 所示形体的 1-1 剖面图。

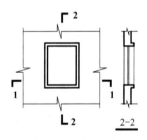

图 7-24　题 2 图

3．绘制出如图 7-25 所示形体的 1-1 剖面图。

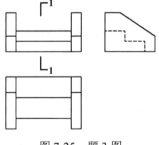

图 7-25　题 3 图

4．绘制出如图 7-26 所示形体的剖面图和断面图（尺寸直接在图上量取，材料为钢筋混凝土）。

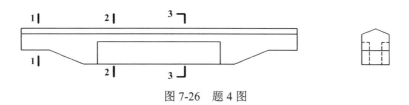

图 7-26 题 4 图

5. 绘制出如图 7-27 所示形体的 1-1、2-2 剖面图。

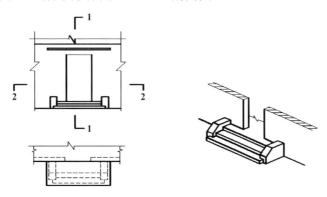

图 7-27 题 5 图

6. 绘制出如图 7-28 所示形体的 1-1 断面图。

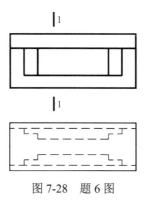

图 7-28 题 6 图

7. 绘制出如图 7-29 所示钢筋混凝土梁的 1-1、2-2 断面图。

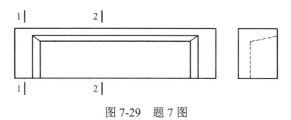

图 7-29 题 7 图

四、简答题

1. 简述剖面图的分类。

2. 什么是阶梯剖面图？

单元测试

一、选择题（每小题中只有一个选项是正确的，每小题 4 分，共 40 分）

1. 断面符号"│2"的正确含义是（　　　）。

　　A. 表示剖切位置，断面编号，从左向右观察

　　B. 表示剖切位置，断面编号，左右观察均可

　　C. 表示剖切位置，断面编号，从右向左观察

　　D. 表示剖切位置，断面编号，无观察方向

2. 一般不画剖切符号的图是（　　　）。

　　A. 全剖面图　　　B. 半剖面图　　　C. 移出断面图　　D. 阶梯剖面图

3. 剖视方向线的长度宜为（　　　）。

　　A. 6～10mm　　　B. 6～8mm　　　C. 4～8mm　　　D. 4～6mm

4. 　　　　表示的是（　　　）材料图例。

　　A. 石材　　　　　B. 多孔砖　　　C. 加气混凝土　　D. 保温材料

5. 用两个或两个以上平行的剖切平面剖切，按需要将形体剖开并画出剖面图，称为（　　　）。

　　A. 全剖面图　　　B. 半剖面图　　　C. 局部剖面图　　D. 阶梯剖面图

6. 半剖面图适用于（　　　）。

　　A. 对称形体　　　B. 平面体　　　C. 曲面体　　　D. 组合体

7. 某一对称形体，为充分反映形体内部情况，采用剖面图来表示，通常宜采用（　　　）。

　　A. 全剖面图　　　B. 半剖面图　　　C. 局部剖面图　　D. 阶梯剖面图

8. 在建筑施工图中，防水材料的材料图例表示为（　　　）。

　　A. 　　　　　　B. 　　　　　　C. 　　　　　　D.

9. 在建筑施工图中，多孔材料的材料图例表示为（　　　）

　　A. 　　　　　　B. 　　　　　　C. 　　　　　　D.

10. 如图 7-30 所示的图示为（　　　）。

　　A. 全剖面图　　　　　　　　　　B. 半剖面图

　　C. 分层剖切剖面图　　　　　　　D. 阶梯剖面图

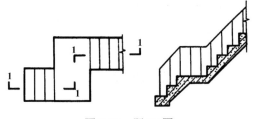

图 7-30　题 10 图

二、判断题（每小题 A 选项代表正确，B 选项代表错误，每小题 4 分，共 40 分）

1. 半剖面图中剖面图与视图应以对称符号为界线。　　　　　　　　　　　　　　（　　　）

2．剖面图的剖切符号中剖切位置线的长度一般为 6～10mm。　　　　　（　　）

3．重合断面图要标注出剖切符号和编号。　　　　　　　　　　　　　（　　）

4．分层剖切剖面图中波浪线可以超出轮廓线。　　　　　　　　　　　（　　）

5．移出断面图可以用适当的比例放大画出。　　　　　　　　　　　　（　　）

6．断面图是剖面图的一部分，剖面图中包含断面图。　　　　　　　　（　　）

7．国际通用剖视方法中，水平直径上方为图纸编号。　　　　　　　　（　　）

8．剖面图、断面图的图名以剖切符号的编号来命名。　　　　　　　　（　　）

9．局部剖面图与基本视图之间用波浪线断开。　　　　　　　　　　　（　　）

10．剖切平面的位置可以用积聚投影表示。　　　　　　　　　　　　（　　）

三、综合题（10 分）

画出地下窨井框的 1-1、2-2 断面图（尺寸直接在图上量取）。

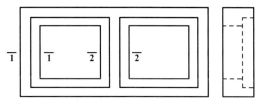

图 7-31　综合题图

四、简答题（每小题 5 分，共 10 分）

1．简述断面图的分类。

2．简述全剖面图。

单元 8　建筑工程图概述

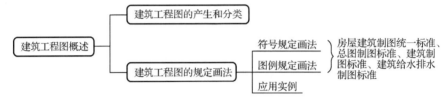

1．了解建筑工程图的产生，理解建筑工程图的分类。

2．掌握制图标准中符号图例规定画法。

3．了解制图标准在建筑工程图中的应用。

8.1　建筑工程图的产生和分类

8.1.1　建筑工程图的产生

建筑工程图是建筑设计人员把将要建造的房屋的造型和构造情况，经过合理布置、计算，对各个工种之间进行协调配合而画出的施工图纸。

通常建筑设计一般分为方案设计、初步设计和施工图设计三个阶段，如图 8-1 所示。

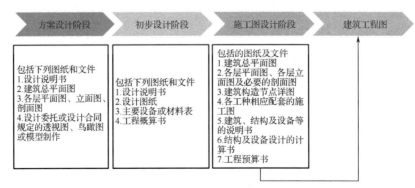

图 8-1　建筑工程图产生路线图

8.1.2　建筑工程图的分类

一套完整建筑工程图除了图纸目录、设计总说明等外，还应有建筑施工图（简称建施图）、结构施工图（简称结施图）、设备施工图（简称设施图）。

1．建筑工程图的图示内容

建筑施工图：主要表明建筑物的外部形状、内部布置、装饰、构造、施工要求等。建筑施工图组成如图 8-2 所示。

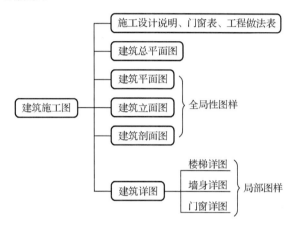

图 8-2　建筑施工图组成

结构施工图：主要表明建筑物的承重结构构件的布置和构造情况。结构施工图组成如图 8-3 所示。

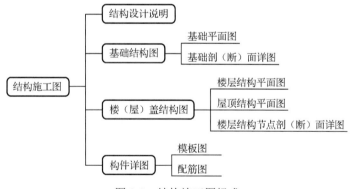

图 8-3　结构施工图组成

设备施工图：主要包括给水排水施工图、暖通空调施工图、电气照明（设备）施工图等。

2．建筑工程图的编排顺序

一套完整建筑工程图的编排顺序：图纸目录、设计总说明、建筑施工图、结构施工图、设备施工图。一般全局性图纸在前，表明局部的图纸在后；先施工的在前，后施工的在后；重要的图纸在前、次要的图纸在后。

8.2　建筑工程图的规定画法

8.2.1　定位轴线

定位轴线是设计和施工中定位、放线的重要依据。凡房屋的主要承重构件（墙、柱、梁等），均用定位轴线确定位置。定位轴线应用 0.25b 线宽的单点长画线表示，轴线端部用 0.25b 线宽的实线画直径为 8～10mm 的圆并加以编号，圆心在定位轴线的延长线或延长的折线上，以备设计或施工放线使用。

定位轴线的编号顺序：平面图定位轴线的编号，宜标注在下方或左侧，或在图样四周标注。横向编号应用阿拉伯数字，从左至右顺序编写，竖向编号应用大写英文字母，从下至上顺序编写。其中 I、O、Z 不得用作轴线编号，如图 8-4 所示。

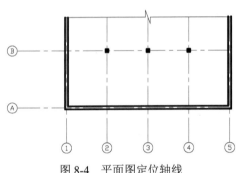

图 8-4　平面图定位轴线

对于非承重墙及次要的承重构件，有时用附加定位轴线表示其位置。附加定位轴线的编号：这是在两条轴线之间，遇到较小局部变化时的一种特殊表示方法。附加定位轴线的编号，应以分数形式表示，并按下列规定编写。

两根轴线间的附加轴线，应以分母表示前一轴线的编号，分子表示附加轴线的编号，编号宜用阿拉伯数字顺序书写。例如：

$\frac{1}{2}$ 表示 2 轴线之后附加的第一根轴线。

$\frac{3}{C}$ 表示 C 轴线之后附加的第三根轴线。

若在 1 号轴线或 A 号轴线之前的附加轴线时，分母应以 01 或 0A 表示，例如：

$\frac{1}{01}$ 表示 1 轴线之前附加的第一根轴线。

$\frac{3}{0A}$ 表示 A 轴线之前附加的第三根轴线。

一个详图适用于几根定位轴线的表示方法：一个详图适用于几根定位轴线时，应同时注明各有关轴线的编号，通用详图中的定位轴线，应只画圆，不注写轴线编号，如图 8-5 所示。

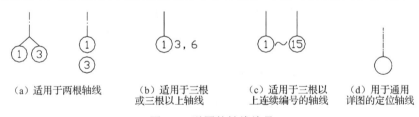

（a）适用于两根轴线　　（b）适用于三根　　（c）适用于三根以　　（d）用于通用
　　　　　　　　　　　　或三根以上轴线　　　上连续编号的轴线　　详图的定位轴线

图 8-5　详图的轴线编号

8.2.2　索引符号和详图符号

建筑工程图的基本图与详图之间的对应关系可通过索引符号和详图符号来反映。

（1）索引符号。对于图中需要另画详图表示的局部或构件，为了读图方便，应在图中的相应位置以索引符号标出。

索引符号是由直径为 8～10mm 的圆和水平直径组成的，圆及水平直径的线宽宜为 0.25b。

索引符号的图示形式有以下几种。

当索引的详图与被索引的图在同一张图纸内时，采用的索引符号。

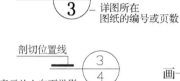

当索引的详图与被索引的图不在同一张图纸内时，采用的索引符号。

当索引的详图，引用标准图集时，采用的索引符号。

索引的详图是局部剖视详图时，索引符号在引出线的一侧加画一剖切位置线，引出线所在一侧，应为投射方向。

（2）详图符号。详图符号应根据详图位置或剖面详图位置来命名，采用同一个名称进行表示。详图符号的圆应以直径为 14mm 的粗实线（线宽为 b）绘制。

详图符号的图示形式有以下两种。

![详图编号]

详图与被索引的图在同一张图纸内。

![详图编号 被索引的图纸编号]

详图与被索引的图不在同一张图纸内。

8.2.3　标高

建筑工程图上的尺寸组成，如图 8-6 所示。

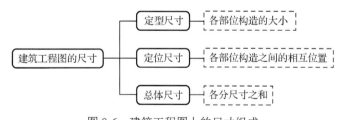

图 8-6　建筑工程图上的尺寸组成

尺寸除了总平面图及标高尺寸以 m（米）为单位外，其余一律以 mm（毫米）为单位。注写尺寸时，应注意使长、宽尺寸与相邻的定位轴线相联系。建筑物各部分的高度主要用标高来表示。

（1）标高的定义。

在建筑装饰中，给各细致装饰部位的上下表面标注高度的方法称为标高。例如，室内地面、楼面、顶棚、窗台、门窗上沿、窗帘盒的下皮、台阶上表面、墙裙上皮、门廊下皮、檐口下皮、女儿墙顶面等部位的高度标注法。

（2）标高符号。

标高符号应以等腰直角三角形表示，用细实线绘制，如图 8-7 所示。

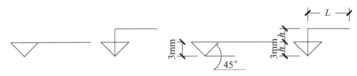

L 取适当长度注写标高数字；h 根据需要取适当高度

图 8-7　标高符号（一）

总平面图室外地坪标高符号，宜用涂黑的三角形表示，如图 8-8 所示。

标高符号的尖端应指至被注高度的位置。尖端一般应向下，也可向上。标高数字应注写在标高符号的上侧或下侧，如图 8-9 所示。

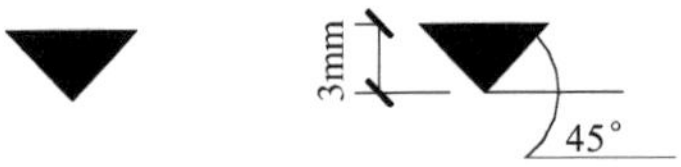

图 8-8　标高符号（二） 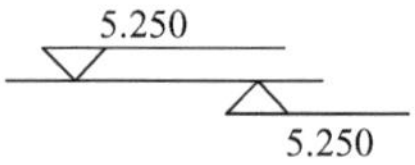　　　　　　　　　　图 8-9　标高符号（三）

标高单位。标高均以米（m）为单位，注写到小数点后第三位。总平面图上可注写到小数点后第二位。

（3）标高的分类如表 8-1 所示。

① 绝对标高：我国把青岛附近黄海的平均海平面定位为绝对标高的零点，其他各地标高都以它作为基准。总平面图中的室外地坪标高为绝对标高。

② 相对标高：建筑工程图上的标高，通常把新建建筑物的底层室内地面装饰后的面层标高作为基准面，这种标高称为相对标高。高于建筑首层地面的高度均为正数，低于首层地面的高度均为负数，并在数字前面注写"–"，正数前面不注"+"。

表 8-1　绝对标高与相对标高的对比表

名　称	相　同　点		不　同　点	
	含　义	单　位	基　准　面	注写图样
绝对标高	表示高度	m	黄海海平面	总平面图
相对标高			新建建筑物的底层室内地面装饰后的面层	建筑工程图

8.2.4　引出线的图示形式

（1）引出线应以细实线（$0.25b$ 线宽）绘制，宜采用水平方向的直线，或与水平方向成 $30°$、$45°$、$60°$、$90°$ 的直线，并经上述角度再折为水平线，文字说明宜注写在水平线的上方，或注写在水平线的端部，如图 8-10 所示。

（2）同时引出几个相同部分的引出线，宜互相平行，也可画成集中于一点的放射线，如图 8-11 所示。

图 8-10　引出线画法（一）　　　　　　　图 8-11　引出线画法（二）

（3）多层构造或多层管道共用引出线，应通过被引出的各层，并用圆点示意对应各层。文字说明宜注写在水平线的上方，或注写在水平线的端部，说明的顺序应由上至下，并应与被说明的层次对应一致；如层次为横向排序，则由上至下的说明顺序应与由左至右的层次对应一致，如图 8-12 所示。

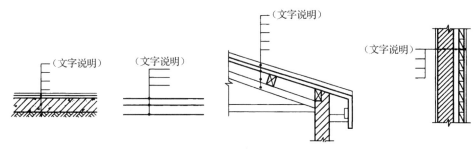

图 8-12　引出线画法（三）

8.2.5　其他符号

（1）若构造及配件的图形为对称图形，绘图时可画对称图形的一半，画出对称符号。对称符号由对称线和两端的两对平行线组成，对称线用单点长画线（线宽为 0.25b）绘制；平行线用细实线绘制，其长度宜为 6～10mm，每对的间距宜为 2～3mm；对称线垂直平分于两对平行线，两端超出平行线宜为 2～3mm，如图 8-13 所示。

（2）指北针，用以表示朝向，还应表现各向风力对该地区的影响，如图 8-14 所示，其圆的直径宜为 24mm，用细实线绘制；指针尾部的宽度宜为 3mm，指针头部应注"北"或"N"字。需用较大直径绘制指北针时，指针尾部宽度宜为直径的 1/8。

（3）连接符号，应以折断线表示需连接的部位，如图 8-15 所示。

图 8-13　对称符号　　图 8-14　指北针　　图 8-15　连接符号

8.2.6　图例

用图形符号代表建筑构造及配件、卫生设备、建筑材料等，这种图形符号就是图例。常用的有总平面图图例、绿化图例、建筑材料图例、构造及配件图例和卫生设备及水池图例，参见相应标准。

　例题解析

一、选择题（每小题中只有一个选项是正确的）

1. 关于索引符号，表述错误的是（　　　）。
　　A. 圆和水平直径线均以粗实线绘制

B．索引符号由直径 8～10mm 的圆和水平直径线组成

C．索引符号上半圆中的数字注明了该详图的编号

D．索引符号下半圆中的数字注明了该详图所在图纸的编号

答案：A

解析：高考题，分值 3 分。本题考查的是索引符号的规定画法。索引符号圆及水平直径的线宽宜为 0.25b 即为细实线，所以 A 选项的表述是错误的。选项 B、C、D 的表述是正确的。

2．在建筑总平面图中，图例 ⬚ 表示（　　）。

　　A．新建建筑物　　　　　　　　B．原有建筑物

　　C．拆除的建筑物　　　　　　　D．计划扩建的建筑物

答案：C

解析：高考题，分值 3 分。本题考查的是建筑总平面图的图例，A 选项新建建筑物的图例是 ⬛，B 选项原有建筑物的图例是 ▭，D 选项计划扩建的建筑物的图例是 ⬚。

3．根据当地多年的风向资料，将全年 365 天中各不同风向的天数用同一比例绘在 8 个方位线上，并用实线连接成多边形的是（　　）。

　　A．立面图　　　B．指北针　　　C．首页图　　　D．风玫瑰图

答案：D

解析：高考题，分值 3 分。本题考查《房屋建筑制图统一标准》（GB/T 50001—2017）中对风玫瑰符号的规定画法。A、C 选项是建筑施工图中的图样，B 选项指北针反映建筑物的朝向与当地多年的风向天数没有关系。

4．建筑施工图中，一般长度单位是（　　）。

　　A．米　　　　　　B．分米　　　　　　C．厘米　　　　　　D．毫米

答案：D

解析：高考题，分值 3 分。本题考点是建筑工程图尺寸数字的单位，《房屋建筑制图统一标准》（GB/T 50001—2017）中规定图样上的尺寸单位，除标高及总平面图以米为单位外，其他必须以毫米为单位。

5．我国用平均海平面作为绝对标高基准面，目前采用的是（　　）。

　　A．黄海海平面　　B．渤海海平面　　C．南海海平面　　D．东海海平面

答案：A

解析：高考题，分值 3 分。本题考查点是建筑工程图上标高的分类及绝对标高基准面的是黄海平均海平面。对教材中相关链接的内容也要复习。

6．建筑施工图中，一般标高的单位是（　　）。

　　A．米　　　　　　B．分米　　　　　　C．厘米　　　　　　D．毫米

答案：A

解析：高考题，分值 3 分。本题考点是标高的单位。《房屋建筑制图统一标准》（GB/T 50001—2017）11.2.2 中规定，图样上的尺寸单位，除标高及总平面图以米为单位外，其他必须以毫米为单位。

7．建筑平面图中，标高以米为单位，门窗（　　）。

　　A．以毫米为单位　　　　　　　B．以厘米为单位

　　C．以分米为单位　　　　　　　D．以米为单位

答案：A

解析：高考题，分值 3 分。本题考点是图样上标注尺寸数字的单位和建筑平面图上图示是门窗的宽度尺寸，在建筑立面图和剖面图上门窗的高度可以用标高表示。《房屋建筑制图统一标准》（GB/T 50001—2017）中规定图样上的尺寸单位，除标高及总平面图以米为单位外，其他必须以毫米为单位。

8．通常建筑设计分为两个阶段（　　　　）。

　　A．初步设计阶段和技术设计阶段　　　　B．初步设计阶段和施工图设计阶段

　　C．可行性研究阶段和投资估算阶段　　　D．施工图设计阶段和结构图设计阶段

答案：B

解析：高考题，分值 3 分。本题考点是建筑工程图的产生，建筑设计一般分为方案设计、初步设计和施工图设计三个阶段。A 选项只有初步设计阶段、C 选项没有建筑设计阶段、D 选项只有建筑设计的施工图设计阶段，所以只有 B 选项是正确的。

9．建筑施工图不包括（　　　　）。

　　A．建筑平面图　　　　　　　　　　　　B．建筑剖面图

　　C．建筑立面图　　　　　　　　　　　　D．楼面结构布置图

答案：D

解析：高考题，分值 3 分。本题考点是建筑施工图包括的图样有建筑总平面图、建筑平面图、建筑立面图、建筑剖面图、建筑详图。D 选项是结构施工图中的图样。

10．下列关于定位轴线的说法正确的是（　　　　）。

　　A．定位轴线应用 0.25b 线宽的点画线绘制

　　B．平面图上定位轴线，横向编号应用阿拉伯数字，从右至左顺序编写

　　C．平面图上定位轴线，竖向编号应用大写英文字母，从下至上顺序编写

　　D．附加定位轴线的编号应以分数形式表示

答案：C

解析：本题考点是《房屋建筑制图统一标准》（GB/T 50001—2017）8.0.1 中规定，定位轴线应用 0.25b 线宽的单点长画线绘制；8.0.3 中规定，平面图上定位轴线的编号，宜标注在图样的下方及左侧，或在图样的四面标注。横向编号应用阿拉伯数字，从左至右顺序编写；竖向编号应用大写英文字母，从下至上顺序编写。A 选项关键词中少"单"点长画线；B 选项中编写顺序"右"至"左"错误；D 选项是对附加定位轴线的编号规定，而不是定位轴线，因此 C 选项是正确的。

11．表明建筑物的外部形状、内部布置、装饰、构造、施工要求的图样是（　　　　）。

　　A．建筑施工图　　　　　　　　　　　　B．结构施工图

　　C．设备施工图　　　　　　　　　　　　D．平面图

答案：A

解析：高考题，分值 3 分。本题考点是建筑施工图的图示内容。题干给出图示的内容，选择各专业图纸，排除 C、D 选项。而 B 选项结构施工图是的是建筑物的承重结构构件的布置和构造情况。

12．以下材料中不可以作为保温材料的是（　　　　）。

　　A．　　B．　　C．　　D．

答案：C

解析：高考题，分值 3 分。本题考点 1 是材料图例；2 是哪些材料可以作为保温材料，熟知这四种材料是否具有保温性。A 选项是泡沫塑料材料图例，B 选项是加气混凝土图例，

C 选项是石膏板图例，D 选项是纤维板（包括矿棉、岩棉、泡沫混凝土等）图例。

13．可用 m（米）作为尺寸单位的是（　　　）。

A．平面图　　　　　B．立面图　　　　　C．剖面图　　　　　D．总平面图

答案：D

解析：高考题，分值 3 分。本题考点尺寸标注的单位。《房屋建筑制图统一标准》（GB/T 50001—2017）11.2.2 中规定，图样上的尺寸单位，除标高及总平面图以米为单位外，其他必须以毫米为单位。

14．在建筑设计的各阶段，提出设计方案的阶段是（　　　）。

A．初步设计阶段　　　　　　　　B．技术设计阶段

C．施工图设计阶段　　　　　　　D．各阶段均可

答案：A

解析：高考题，分值 3 分。本题考点是建筑工程图的产生。给出的所有选项中只有 A 选项初步设计阶段提出设计方案。

二、判断题（每小题 A 选项代表正确，B 选项代表错误）

1．对于非承重墙及次要的承重构件，可以用附加定位轴线表示其位置。　　（　　）

答案：A

解析：高考题，分值 1 分。本题考点是建筑工程图上附加定位轴线的作用，复习时对教材中的内容仔细阅读领会。

2．建筑工程图中的定位轴线应用粗单点长画线表示。　　（　　）

答案：B

解析：高考题，分值 1 分。本题考点是定位轴线的规定画法，关键字是单点长画线的"粗"和"细"，"国标"规定定位轴线应用细单点长画线表示。

3．建筑工程图纸中屋顶平面图的标高一般为绝对标高。　　（　　）

答案：B

解析：高考题，分值 1 分。本题考点 1 是屋顶平面图；2 是相对标高和绝对标高；3 是绝对标高的用处。在建筑工程图中，一般只有总平面图中的室外地坪标高为绝对标高；屋顶平面图标注的是相对标高。

4．建筑平面图中的标高，一般为绝对标高。　　（　　）

答案：B

解析：高考题，分值 1 分。本题考点 1 是平面图；2 是相对标高和绝对标高；3 是绝对标高的用处。建筑工程图中，一般只有总平面图中的室外地坪标高为绝对标高；建筑平面图标注的是相对标高。

5．在建筑施工图上，正数标高不注"+"，负数标高应注"-"。　　（　　）

答案：A

解析：高考题，分值 1 分。本题考点是标高的标注方法。《房屋建筑制图统一标准》（GB/T 50001—2017）11.8.5 中规定，零点标高应注写成±0.000，正数标高不注"+"，负数标高应注"-"。

6．当一个详图适用于多根轴线时，应同时注明各有关轴线的编号。　　（　　）

答案：A

解析：高考题，分值 1 分。本题考点是详图符号与详图的标注方法。《房屋建筑制图统

一标准》（GB/T 50001—2017）8.0.7 中规定：在详图中，一个详图适用于几根定位轴线时，应同时注明各有关轴线的编号。

7. 可通过索引符号和详图符号反映基本图与详图之间的对应关系。 （ ）

答案：A

解析：高考题，分值 1 分。本题考点是符号和图样之间的对应关系，建筑工程图的基本图与详图之间的对应关系可通过索引符号和详图符号来反映。

8. 一套完整的建筑工程施工图，一般重要图纸在前，次要图纸在后。 （ ）

答案：A

解析：高考题，分值 1 分。本题考点是建筑工程图的编排顺序。一套完整建筑工程图的编排顺序：图纸目录、设计总说明、建施图、结施图、设施图。一般全局性图纸在前，表明局部的图纸在后；先施工的在前，后施工的在后；重要的图纸在前、次要的图纸在后。

三、简答题

一套完整的建筑工程图除了图纸目录、设计总说明外，还应包括哪些专业类型的图纸？

答案：一套完整建筑工程图除了图纸目录、设计总说明外，还应有建筑施工图、结构施工图、设备施工图。

解析：高考题，分值 5 分。考点是建筑工程图包括的专业类型图纸。

四、综合题

写出下列图例的名称，说明符号的含义

1.

答案：附加定位轴线，表示 A 号轴线之前附加的第三根轴线。

解析：高考题，分值 2 分。本题考点是附加定位轴线的编号规定，附加定位轴线的编号应以分数表示，A 号轴线之前的附加轴线的分母应以 0A 表示。

2.

答案：索引符号，索引的详图采用标准图集的编号是 J103，标准图集第 2 页第 5 个详图。

解析：高考题，分值 2 分。本题考点是对索引符号的认知，如详图引用的是标准图集上的详图，应在索引符号的引出线上注写出标准图集的编号。

3.

答案：材料图例，实心砖、多孔砖。

解析：高考题，分值 2 分。本题考点是认知材料图例。

4.

答案：材料图例，混凝土。

解析：高考题，分值 2 分。本题考点是认知材料图例。

5.

答案：材料图例，钢筋混凝土。

解析：高考题，分值2分。本题考点是认知材料图例。

6.

答案：卫生设备图例，立式洗脸盆。

解析：高考题，分值2分。本题考点是认知卫生设备图例。

7.

答案：构造图例，孔洞。

解析：高考题，分值2分。本题考点是认知构造图例。

8.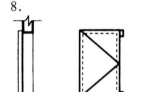

答案：门的图例，人防单扇密闭门。

解析：高考题，分值2分。本题考点是认知门的图例。

9.

答案：索引符号，详图2在第3页图纸上。

解析：高考题，分值2分。本题考点是认知索引符号。

10.

答案：相对标高，此位置的标高为0.3米。

解析：高考题，分值2分。本题考点是认知标高符号。

11.

答案：构造图例，坑槽。

解析：高考题，分值2分。本题考点是认知构造图例。

12.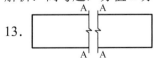

答案：索引符号，索引剖视详图3在第4页图纸上。

解析：高考题，分值2分。本题考点是认知索引符号。

13.

答案：连接符号。

解析：高考题，分值2分。本题考点是认知符号。

14.

答案：材料图例，毛石。

解析：高考题，分值 2 分。本题考点是认知材料图例。

15.

答案：总平面图图例，新建建筑物五层，出入口在前方。

解析：高考题，分值 2 分。本题考点是认知总平面图的图例。

16. ±0.000

答案：零点标高。

解析：高考题，分值 2 分。本题考点是认知标高符号。

一、选择题（每小题中只有一个选项是正确的）

1. 建筑平面图上定位轴线竖向编号（垂直方向）的编号正确的是（ ）。

    A．大写英文字母，从下至上   B．大写拉丁字母，从上至下

    C．阿拉伯数字，从下至上   D．阿拉伯数字，从上至下

2. 下列符号中圆的直径为 14mm 的是（ ）。

    A．索引符号   B．详图符号   C．指北针   D．钢筋符号

3. 施工图中的定位轴线用细单点长画线表示，轴线编号写在轴线端部的圆内，圆用细实线表示，直径为（ ）mm。

    A．4～6   B．5～8   C．6～10   D．8～10

4. 附加轴线的编号用（ ）表示。

    A．分数   B．大写拉丁字母

    C．阿拉伯数字   D．希腊字母

5. 在施工图中，索引出的详图，若与被索引的图样在同一张图纸内，应采用的索引符号（ ）。

    A.   B.   C.   D.

6. 在施工图中，详图和被索引的图样若不在同一张图纸内，应采用的详图符号为（ ）。

    A.   B.   C.   D.

7. 有一平面图，在图上量的长度为 30mm，用的是 1∶100 的比例。其实际长度是（ ）m。

    A．3   B．30   C．300   D．3000

8. （ ）应用细实线绘制，一般应与被注线段垂直。

    A．尺寸线   B．图线

　　　　C．尺寸起止符号　　　　　　　　　D．尺寸界线

9．常用 A2 工程图纸的规格中的 c 值是（　　　）。
　　　A．5　　　　　　　B．25　　　　　　C．15　　　　　D．10

10．建筑总平面图上标注的尺寸，其尺寸单位是（　　　）。
　　　A．米　　　　　　　B．分米　　　　　C．厘米　　　　D．毫米

11．索引符号为 $\frac{2}{3}$ 圆圈内的 3 表示（　　　）。
　　　A．详图所在的定位轴线编号　　　　　B．详图的编号
　　　C．详图所在的图纸编号　　　　　　　D．被索引的图纸的编号

12．表明建筑物的外部形状、内部布置、装饰、构造、施工要求的图样是（　　　）。
　　　A．建筑施工图　　B．结构施工图　　C．设备施工图　　D．平面图

13．主要表明建筑物的承重结构构件的布置和构造情况的图样是（　　　）。
　　　A．建筑施工图　　B．结构施工图　　C．设备施工图　　D．平面图

14．对称符号由对称线和两端的两对平行线组成。对称线用单点长画线绘制，线宽宜为（　　　）。
　　　A．b　　　　　　　B．$0.5b$　　　　　C．$0.25b$　　　D．$0.7b$

15．标高符号应以等腰直角三角形表示，用（　　　）绘制。
　　　A．中实线　　　　　B．细实线　　　　C．粗实线　　　　D．中粗实线

16．总平面图室外地坪标高符号，宜用（　　　）表示。
　　　A．涂黑的三角形　　　　　　　　　　B．三角形
　　　C．黑点表示　　　　　　　　　　　　D．小十字

17．关于标高不正确的说法是（　　　）。
　　　A．标高符号应以直角等腰三角形表示
　　　B．总平面图室内外地坪标高符号，宜用涂黑的三角形表示
　　　C．标高符号的尖端应指至被注高度的位置。尖端宜向下，也可向上
　　　D．标高数字应以米为单位，注写到小数点以后第三位。总平面图中，可注写到小数点以后第二位。

18．下列关于定位轴线的说法不正确的是（　　　）。
　　　A．拉丁字母的 I、O、Z 不得用作轴线编号
　　　B．平面图上定位轴线，横向编号应用阿拉伯数字，从左至右顺序编写
　　　C．平面图上定位轴线，竖向编号应用大写英文字母，从上至下顺序编写
　　　D．组合较复杂的平面图中定位轴线也可采用分区编号

19．以下材料图例中是泡沫混凝土的是（　　　）。
　　　A．　　　　　　B．　　　　　C．　　　　　D．

20．下列图例在建筑施工图中表示坑槽正确的一项是（　　　）。
　　　A．　　　　　B．　　　　　C．　　　　　D．

21．建筑施工图不包括（　　　）。
　　　A．建筑平面图　　B．建筑立面图　　C．建筑剖面图　　D．基础平面图

22．下列选项中是空心砖的图例是（　　　）。
　　　A．　　　　　　　　　　　　　　B．

C. 　　　　　　　　D.

23. 在总平面图中表示无障碍坡道的图例是（　　）。

A. 　　B. 　　C. 　　D.

24. 下列图例中表示有挡墙的门口坡道的是（　　）。

A. 　　　　　　　　B.

C. 　　　　　　　　D.

二、判断题（每小题 A 选项代表正确，B 选项代表错误）

1. 对于图中需要另画详图表示的局部或构件，为了读图方便，应在图中的相应位置以索引符号标出。（　　）

2. 施工图中的引出线用粗实线表示。（　　）

3. 施工图中的引出线宜采用水平方向的直线或与水平方向成 30°、45°、60°、90°的直线、并经上述角度再折为水平线组成。（　　）

4. 标高符号的尖端应指至被注高度的位置。尖端宜向下，也可向上。标高数字应注写在标高符号的上侧或边侧。（　　）

5. 施工图中的定位轴线用细实线表示。（　　）

6. 标注坡度时，应加注坡度符号"→"或"⇁"。（　　）

7. 一个详图适用于几根轴线时，应同时注明各有关轴线的编号。（　　）

8. 总平面图室外地坪标高符号，宜用涂黑的三角形表示。（　　）

9. 标高数字应以 mm 为单位，注写到小数点以后第三位。（　　）

10. 绝对标高是以室内地面为零而测定的标高。（　　）

11. 一套图纸一般都是表明局部的图纸在前，全局性图纸在后。（　　）

12. 拉丁字母中的 I、O、Z 不得用为轴线编号。（　　）

13. 总平面图中所注的标高均为绝对标高，以米为单位。（　　）

14. 所表示的是双扇双面弹簧门。（　　）

15. 总平面图中原有建筑物 用细实线表示。（　　）

16. 正数标高应注"+"。（　　）

17. 通常把新建建筑物的首层室内地面作为相对标高的基准面。（　　）

18. 建筑物各部分的高度主要用标高来表示。（　　）

19. 详图符号的圆应以直径为 14mm 细实线绘制。（　　）

20. 标高符号的尖端应指至被注高度位置。（　　）

21. 一个详图适用于几根轴线时，不用注明各有关轴线的编号。（　　）

22. 定位轴线的编号写在轴线端部的圆内。（　　）

23. 指北针圆的直径宜为 24mm，用粗实线绘制。（　　）

24. 建筑工程图中的定位轴线是设计和施工中定位、放线的重要依据。（　　）

25．反映基本图与详图之间的对应关系可通过索引符号和详图符号。 （　）

26．建筑工程图中的中心线是设计和施工定位、放线的重要依据。 （　）

27．索引的详图是局部剖视详图时，索引符号在引出线的一侧加画一剖切位置线，剖切位置线所在一侧，应为剖视方向。 （　）

28．索引符号由直径为 8～14mm 的圆和水平直径组成，圆和水平直径线宽宜为 $0.25b$。 （　）

29．用于通用详图的定位轴线不编号。 （　）

30．连接符号应以折断线表示需连接的部位，折断线用 $0.5b$ 线宽绘制。 （　）

三、简答题

1．简述建筑施工图主要表明的内容。

2．简述结构施工图主要表明的内容。

3．建筑工程图上的尺寸分为哪几种尺寸？

4．简述施工图设计阶段的图纸和文件有哪些？

四、综合题

写出下列图例的名称，说明符号的含义。

1.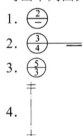

2.

3.

4.

5.

6.

7.

8.

9.

10.

11.

12.

13.

14.

15.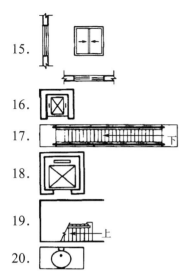

16.

17. 下

18.

19. 上

20.

单 元 测 试

一、选择题（每小题中只有一个选项是正确的，每小题 3 分，共 30 分）

1. 在图 8-16 所示图样中的符号标注不正确的是（　　　）。

2. 在图 8-17 所示图样中混凝土所在层次是（　　　）。

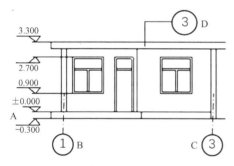

图 8-16　题 1 图

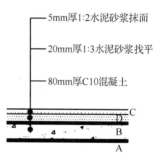

5mm厚1:2水泥砂浆抹面

20mm厚1:3水泥砂浆找平

80mm厚C10混凝土

图 8-17　题 2 图

3. 在图 8-16 所示图样中窗的高度是（　　　）m。

A．1.8 　　　　　 B．1800 　　　　　 C．2.7 　　　　　 D．0.9

4. 索引符号 $\frac{2}{}$ 对应的详图符号是（　　　）。

A． ② 　　　 B． ③ 　　　 C． $\frac{3}{2}$ 　　　 D． $\frac{2}{3}$

5. 详图符号 $\frac{3}{2}$ 注写在图号为 5 的图纸上，其对应的索引符号是（　　　）。

A． $\frac{3}{2}$ 　　　 B． $\frac{3}{5}$ 　　　 C． $\frac{2}{5}$ 　　　 D． $\frac{2}{3}$

6. 门窗图例中平面图上和剖面图上的开启方向是指（　　　）。

　　A．朝下、朝左为外开　　　　　　　　B．朝上、朝右为外开

　　C．朝下、朝右为外开　　　　　　　　D．朝上、朝左为外开

7．若在 1 号轴线或 A 号轴线之前有附加轴线的分母应以（　　　）表示。

　　A．01 或 0A　　　　B．1 或 A　　　　C．01 或 A　　　　D．1 或 0A

8．下列符号中是以直径为 14mm 的粗实线绘制的是（　　　）。

　　A．指北针　　　　B．连接符号　　　　C．索引符号　　　　D．详图符号

9．在绘制施工图时，通用详图中的定位轴线，要求（　　　）。

　　A．除了必须画出轴线圆圈外，还应该按规定把轴线编号注写完整

　　B．只画轴线的圆圈，不注写轴线编号

　　C．轴线的圆圈可以省略不画，但编号必须注写

　　D．圆圈和轴线编号均不用表示，但尺寸必须注写详细

10．　　　　这个窗是（　　　）。

　　A．上悬窗　　　　B．下悬窗　　　　C．中悬窗　　　　D．立转窗

二、判断题（每小题 A 选项代表正确，B 选项代表错误。每小题 4 分，共 40 分）

1．定位轴线应用 $0.25b$ 线宽的单点长画线绘制。　　　　　　　　　　　　（　　　）

2．在建筑工程图中，对于非承重墙及次要的承重构件，有时用附加定位轴线表示其位置。　　　　　　　　　　　　　　　　　　　　　　　　　　　　　　（　　　）

3．注写尺寸时，应注意使长、高尺寸与相邻的定位轴线相联系。　　　　（　　　）

4．建筑物各部位的高度主要用标高来表示。　　　　　　　　　　　　　　（　　　）

5．连接符号应以折断线表示需连接的部分。　　　　　　　　　　　　　　（　　　）

6．对称符号由对称线和两端的两对平行线组成。对称线用 $0.5b$ 线宽单点长画线绘制。　　　　　　　　　　　　　　　　　　　　　　　　　　　　　　　　（　　　）

7．平、立、剖面的剖切符号为中粗实线。　　　　　　　　　　　　　　　（　　　）

8．自动扶梯图例中箭头方向为设计运行方向。　　　　　　　　　　　　　（　　　）

9．绘制较简单的图样时，可采用两种线宽的线宽组，其线宽比宜为 $b：0.25b$。（　　　）

10．在建筑总平面图中，计划扩建的预留地或建筑物图例用中粗虚线表示。（　　　）

三、识图题（将图例序号填写在表格名称前面，每小题 3 分，共 30 分）

1．　　　　　　　　　　　　　　　　2．

3．　　　　　　　　　　　　　　　　4．

5．　　　　　　　　　　　　　　　　6．

7．　　　　　　　　　　　　　　　　8．

9．　　　　　　　　　　　　　　　　10．

铺砌场地	胶合板	石膏板	单面开启双扇门	室内地坪标高
纤维板	地面露天停车场	双层单扇平开门	双层内外平开窗	单层外开平开窗

单元 9 建筑施工图识读

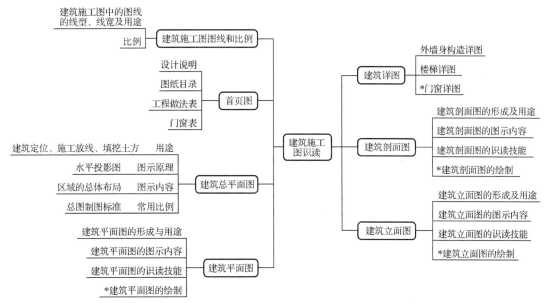

1. 了解建筑总平面图的内容和用途。
2. 理解建筑平面图、建筑立面图、建筑剖面图、建筑详图的内容和用途。
3. 能读懂图纸目录、设计（施工）说明，能识读门窗表、材料做法表等。
4. 掌握建筑总平面图、建筑平面图、建筑立面图、建筑剖面图的识读方法。
5. 掌握外墙身构造详图、楼梯详图和门窗详图的识读方法。

9.1 建筑施工图图线和比例

9.1.1 建筑施工图中图线的线型、线宽及用途

《建筑制图标准》（GB/T 50104—2010）列出建筑专业各种图线的规定，表 9-1 所示为

建筑施工图常用图线的用途。

表 9-1　建筑施工图常用图线的用途

名　称	线　宽		用　途	备　注
实线	粗	b	平面图、剖面图中被剖切的主要建筑构造的轮廓线；建筑立面图的外轮廓线；建筑构造详图中被剖切的主要部分的轮廓线；建筑构件详图中的外轮廓线等；平面图、立面图、剖面图的剖切符号	其他图线用途与《房屋建筑制图统一标准》（GB/T 50001—2017）一致
	中粗	0.7b	剖面图中被剖切的次要建筑构造的轮廓线；建筑平面图、立面图、剖面图中建筑构配件的轮廓线等	
	细	0.25b	图例填充线、家具线、纹样线等	
虚线	中粗	0.7b	建筑构造详图及建筑构配件不可见的轮廓线；拟建、扩建建筑物轮廓线	
	细	0.25b	图例填充线、家具线等	
波浪线	细	0.25b	部分省略表示时的断开界线，构造层次的断开界线	

《总图制图标准》（GB/T 50103—2010）对建筑总平面图的常用图线做了规定。如表 9-2 所示为总图常用图线的线宽和用途。

表 9-2　总图常用图线的线宽和用途

名　称	线　宽		用　途	备　注
实线	粗	b	新建建筑物±0.00 高度可见轮廓线	其他图线用途与《房屋建筑制图统一标准》（GB/T 50001—2017）一致
	细	0.25b	新建建筑物±0.00 高度以上的可见建筑物、构筑物轮廓线	
虚线	粗	b	新建建筑物、构筑物地下轮廓线	
	中	0.5b	计划预留扩建的建筑物、构筑物、预留用地各线等	
	细	0.25b	原有建筑物、构筑物的地下轮廓线	
双点线长画线	粗	b	用地红线	
	中	0.5b	建筑红线	

9.1.2　比例

建筑施工图各种图样常用的比例如表 9-3 所示。

表 9-3　建筑施工图各种图样常用比例

图　名	比　例
总平面图	1∶500、1∶1000、1∶2000
建筑物或构筑物的平面图、立面图、剖面图	1∶50、1∶100、1∶150、1∶200、1∶300
建筑物或构筑物的局部放大图	1∶10、1∶20、1∶25、1∶30、1∶50
配件及构造详图	1∶1、1∶2、1∶5、1∶10、1∶15、1∶20、1∶25、1∶30、1∶50

9.2 首页图和建筑总平面图

9.2.1 首页图

首页图一般包括图纸目录、设计（施工）说明、建筑总平面图、工程做法表、门窗表等。

设计（施工）说明主要表达工程的设计依据、设计标准、建筑规模、标高、施工要求、建筑用料说明等。

工程做法表主要是对各部位的构造做法加以详细说明，除了用文字说明外，更多的是用表格的形式说明。

门窗表是对建筑物中所有不同类型的门窗统计后列成的表，在门窗表中应反映门窗的类型、编号、对应的洞口尺寸、数量及对应的标准图集的编号等。

9.2.2 建筑总平面图

1. 建筑总平面图的形成

建筑总平面图是对拟建工程附近一定范围内的建筑物、构筑物及自然状况，用水平投影的方法和相应的图例画出的图样。用来表明建筑工程总体布局，新建和原有建筑的位置、标高，室外附属设施及工程地区及周围的地形、地貌等情况。

建筑总平面图是建筑定位、施工放线和总平面布置的依据。对于小型工程，一般根据原有房屋、围墙、道路来确定建筑物的位置；对于大中型工程，通常用测量坐标或建筑坐标来确定建筑物的位置。

2. 建筑总平面图的图示内容

（1）工程名称、比例和图例。

由于建筑总平面图表达的范围都比较大，所以采用 1∶500、1∶1000、1∶2000 等较小比例。

（2）新建建筑物所在地域的平面位置和新建建筑物的平面位置。

新建建筑物所在地域的平面位置一般以建筑红线确定。新建建筑物的平面位置，对于小型工程一般依据原有道路、围墙等固定设施来确定其位置，并标注出定位尺寸，以 m（米）为单位；对于成片的建筑或大中型工程，为确保定位放线正确，通常用坐标网来确定其平面位置。

（3）建筑物室内外地面的标高和建筑区的地形。

在建筑总平面图中标注的标高一般均是绝对标高，标注在新建建筑物底层室内地面和室外整平地面处。新建建筑物的标高也是建筑总平面图最重要的内容之一。

（4）指北针和风向频率玫瑰图。

建筑总平面图中一般均画出指北针或带有指北方向的风向频率玫瑰图（简称风玫瑰图），以表示建筑物的朝向及当地的风向频率。

（5）新建建筑物室外附属设施及绿化情况。

在建筑总平面图中还应反映出新建建筑物的室外附属设施。如新建房屋四周的道路、绿化及附属设施等。

9.3　建筑平面图

9.3.1　建筑平面图的形成与用途

（1）形成：假想用一个剖切平面沿房屋的门窗洞口的位置（距地面 1m 左右）把整个房屋水平切开，移去上面部分，对下面部分进行水平投影，所得水平剖面图即建筑平面图，简称平面图。

屋顶平面图应在屋面以上俯视。除顶棚平面图外，各层平面图应按正投影法绘制。

（2）用途：建筑平面图反映了建筑物的平面形状、大小和房间布置，墙或柱子的位置、材料和厚度，门窗的位置、尺寸和开启方向，以及其他建筑构配件的设置情况。建筑平面图是房屋施工图中的基本图样之一，同时也是施工放线、砌筑墙体、安装门窗和编制预算的主要依据。

9.3.2　建筑平面图的图示内容

（1）图名、比例。

建筑平面图的图名一般是按所表明的层数来称呼，如底层平面图、二层平面图、顶层平面图。建筑平面图的常用比例是 1 : 100、1 : 200。

（2）定位轴线及其编号。

在建筑平面图中应画有定位轴线，用它们来确定墙、柱、梁等承重构件的位置和房间的大小，并作为标注定位尺寸的基线。

（3）朝向和平面布置。

根据底层平面图上的指北针可以知道建筑物的朝向。

（4）尺寸标注。

建筑平面图中的尺寸标注有外部尺寸和内部尺寸两种。通过尺寸的标注，可反映出建筑物房间的开间、进深、门窗以及各种设备的大小和位置。

外部尺寸一般标注三道，靠墙一道尺寸是细部尺寸，即建筑物构配件的详细尺寸；中间一道是定位尺寸，即轴线尺寸，也是房屋的开间（两条相邻横向定位轴线间的距离）或进深（两条相邻纵向定位轴线间的距离）尺寸；最外一道是外包总尺寸，即建筑物的总长和总宽尺寸。

内部尺寸一般标注室内门窗洞口、墙厚、柱、砖垛和固定设备的大小、位置，以及墙、柱与轴线间的尺寸等。

（5）标高。

建筑平面图中的标高一般都是相对标高，标高基准面±0.000 为本建筑底层室内地面。在不同标高的地面分界处，应画出分界线。

（6）剖切符号和索引符号。

底层平面图上标注有剖切符号，它标明剖切平面的剖切位置、投射方向和编号，以便于与建筑剖面图对照查阅。

（7）门窗的位置和编号。

（8）楼梯的布置。

（9）室内的装修做法。

（10）各种设备的布置。

9.3.3　建筑平面图的识读技能

（1）了解图名、比例及有关文字说明。

（2）了解建筑物的朝向、平面布置、形状和尺寸。

（3）了解定位轴线的编号及间距、各部分的尺寸。根据定位轴线的编号及间距读清楚各部分的尺寸，注意三道尺寸线，细部尺寸的和是否与相应开间的尺寸吻合，开间的总和是否与总长吻合。

（4）了解建筑物中各部位的标高：在建筑平面图中，对建筑物各组成部分（如地面、楼面、楼梯平台面、室外台阶面、阳台地面等）应分别注明标高，这些标高均采用相对标高，即相对于标高零点（±0.000）的标高。

（5）了解门窗位置和编号、数量。

（6）了解建筑剖面图的剖切位置、索引符号。在底层平面图中的适当位置画建筑剖面图的剖切位置和剖视方向，以便和建筑剖面图对照阅读。

（7）其他细部。例如，楼梯、隔板、墙洞等位置及尺寸，各专业设备布置情况；卫生间的便池、洗手池等，读图时注意这些细部的位置、尺寸及形式。

（8）识读建筑平面图时的注意事项。

要核对建筑物的总尺寸与分尺寸之和是否一致。

要核对建筑物的主要开间、进深尺寸有无错误，房屋的净尺寸有无错误。

要核对从建筑平面图中引出的详图和引用的标准详图的索引符号有无错误。

要核对各层平面的标高。

9.4　建筑立面图

9.4.1　建筑立面图的形成与用途

1．建筑立面图的形成

将建筑物的外立面向与其平行的投影面进行投射得到的投影图即建筑立面图。

在建筑立面图中，建筑物的外轮廓线用粗实线（线宽 b）表示，室外地坪用特粗实线（线宽 $1.4b$）表示，外轮廓线之间的主要轮廓线（如洞口、阳台、雨棚、台阶的轮廓线等）用中粗实线（线宽 $0.7b$）表示，门窗扇及其分格线、雨水管、墙面、墙面分格线、阳台栏杆、勒脚等用中实线（线宽 $0.5b$）表示。

2．建筑立面图的用途

建筑立面图主要用来表示建筑物的立面和外形以及立面的装饰做法，是建筑工程师表达立面设计效果的重要图样，是外墙面装修、工程概预算、备料等的依据。

9.4.2　建筑立面图的图示内容

1．图名、比例、图例和定位轴线

建筑立面图的主要命名方法按建筑立面图所表明的朝向命名，如南立面图，东立面图等。也可按建筑两端的定位轴线编号命名，如①～⑧立面图，⑧～①立面图。

建筑立面图通常采用与建筑平面图相同的比例。建筑立面图一般只画出建筑立面两端的定位轴线及其编号，以便与建筑平面图对照来确定立面的观看方向。

2．外部形状和外墙面上的门窗及构造物

在建筑立面图中除了能反映门窗的位置、高度、数量、立面形式外，还能反映门窗的开启方向：细实线表示外开，细虚线表示内开。

3．外墙面装修做法

对建筑外墙面的各部位的装修要求在立面图中一般都用文字说明。

4．尺寸标注及标高

建筑立面图中一般不标注高度尺寸，也可标注三道尺寸，里面尺寸为门窗洞高、窗下墙高、室内外地面高差等，中间尺寸为层高尺寸、外面尺寸为总高度尺寸。

标高标注在室内外地面、台阶、勒脚、各层的窗台、窗顶、雨篷、阳台、檐口等处。标高均为建筑标高。

9.4.3　建筑立面图的识读技能

（1）了解图名、比例，弄清相应建筑立面图在整个建筑形体中所处的位置。
（2）了解建筑物的外貌及墙体的各细部组成部分。
（3）了解建筑物的外装修做法与所用材料。
（4）了解建筑物各部位的高度尺寸、关键部位的标高。
（5）参照平面图及门窗表，综合分析外墙上门窗种类、形式、数量和位置。
（6）建筑立面图识读注意事项。

除了看建筑立面的尺寸、标高和立面外观，还应注意与建筑平面图对应着看，观察是否有外装修的说明及索引内容等。在识读建筑立面图时，要了解以下几个关键事项。

注意建筑立面所选的材料、颜色及施工要求。

要注意建筑立面的凹凸变化。

要核对建筑立面图与建筑剖面图、建筑平面图的尺寸关系。

9.5　建筑剖面图

9.5.1　建筑剖面图的形成与用途

1．建筑剖面图的形成

假想用一个剖切平面把建筑物沿垂直方向切开，移去一部分，将剩余部分进行投射，所得投影图即建筑剖面图。

剖切位置一般选择建筑物内部有代表性、空间变化比较复杂的部位（如楼梯间）并尽量通过门窗洞口。

剖切位置应在±0.000标高的平面图或首层平面图上用剖切线标出，建筑剖面图的图名应与首层平面图的剖切符号的编号一致。

2．建筑剖面图的用途

建筑剖面图表达了房屋内部垂直方向的高度、楼层分层及简要的结构形式和构造方式，是施工（如砌筑墙体、铺设楼板）、内部装修等的重要依据。

9.5.2　建筑剖面图的图示内容

1．图名、比例

建筑剖面图的图名一般与它们的剖切符号的编号名称相同，建筑剖面图的比例应与建筑平面图、建筑立面图一致。

2．内部构造和结构形式

建筑剖面图反映了建筑物内部的分层、分隔情况，从地面到屋顶的结构形式和构造内容。地面以下的基础一般不画出。

3．室内设备和装修

建筑剖面图中室内的墙面、楼地面、吊顶等室内装修的做法和建筑平面图一样，一般直接用文字说明，或用明细表、工程做法表表示，也可以另用详图表示。

4．尺寸标注及标高

建筑剖面图一般要标注高度尺寸。标注的外墙高度与建筑立面图相同，一般也有三道尺寸标注。此外，还应标注室内的局部尺寸，如室内墙上的门窗洞口高度。

标高应标注在室内外地面、各层楼面、楼梯平台面、阳台面、门窗洞、屋顶檐口顶面等。

5．详图索引符号

在建筑剖面图中，对于需要另用详图说明的部位或构配件，都要加索引符号，以便到其他图纸上去查阅或套用标准图集。

9.5.3　建筑剖面图的识读技能

（1）了解图名、比例，根据剖切符号查阅相应建筑剖面图在底层平面图中的剖切位置、剖视方向。

（2）了解建筑物的内部构造和结构形式。

（3）了解建筑物室内的装饰和设备等情况。

（4）了解建筑物的各部位尺寸和标高情况。

（5）了解建筑剖面图上的详图索引符号，以便查阅另外画出的详图。

（6）建筑剖面图识读注意事项：首先要看是怎样剖切的，建筑剖面图要与各层建筑平面图对应着看，核对建筑剖面图表示的内容与建筑平面图剖切位置线是否一致；按照从外到内、从上到下的顺序，反复查阅，最后在脑海中形成房屋的整体形状；还要看建筑剖面图中有哪些索引内容，有些部位要与详图结合起来观察，同时注意尺寸与标高。

9.6　建筑详图

建筑详图是用较大的比例（如 1∶50、1∶20、1∶10、1∶5 等）另外放大画出的建筑物细部构造的详细图样。

1．分类

建筑详图可分为构造节点详图、建筑构配件详图。

2．建筑详图与全局性图纸的媒介

（1）对于套用标准详图或通用详图的构造节点和建筑构配件的详图，只需要注明索引符号，可不必另画详图。

（2）对于构造节点详图，要注明索引符号和详图符号，以便对照阅读。

（3）对于建筑构配件详图，不标注索引符号，只在详图上注明该构配件的名称或型号即可。

3．建筑详图的表示方法

可用平面详图、立面详图、剖面详图或断面详图，详图中还可以索引出比例更大的详图。

9.6.1　外墙身构造详图

（1）形成：实际上是建筑剖面图中外墙身的局部放大图。

（2）简述图示内容：主要表明建筑物的屋面、檐口、楼面、地面的构造，楼板与墙身的关系，以及门窗顶、窗台、勒脚、散水、明沟等处的尺寸、材料、做法等情况。

（3）外墙身构造详图的图示内容。

① 图名、比例。详图表示外墙在建筑物中的位置、墙厚及定位轴线的关系。

② 屋面、楼面和地面的构造层次和做法，一般用多层构造引出线来表示各构造层次的厚度、材料及做法。

③ 底层节点——勒脚、散水、明沟及防潮层的构造做法。

④ 中间层节点——窗台、楼板、圈梁、过梁等的位置，与墙身的关系等。

⑤ 顶层节点——檐口的构造、屋面的排水方式及屋面各层的构造做法。

⑥ 内外墙面的装修做法

⑦ 墙身的高度尺寸、细部尺寸和各部位的标高。

9.6.2　楼梯详图

主要表明楼梯的类型、平面尺寸、剖面尺寸，结构形式及踏步、栏杆等装修做法，是楼梯施工、放样的主要依据。楼梯平面图和剖面图的比例一般为 1∶50，节点详图的常用比例有 1∶10、1∶5、1∶2 等。

楼梯详图一般包括楼梯平面图、楼梯剖面图，以及楼梯节点详图。

1．楼梯平面图的图示内容

楼梯平面图实际上是建筑平面图中楼梯间的局部放大图，通常包括底层平面图、中间层（或标准层）平面图和顶层平面图。底层平面图的剖切位置在第一层楼梯段上。因此，在底层平面图中只有半个楼梯段，并注"上"字的长箭头，楼梯段断开处画 45°折断线。有的楼梯还有通道或小楼梯间及向下的两级踏步。中间层平面图的剖切位置在某楼层向上的楼梯段上，所以在中间层平面图上既有向上的楼梯段，又有向下的楼梯段，在向上楼梯段断开处画 45°折断线。顶层平面图的剖切位置在顶层楼层地面一定高度处，没有剖切到楼梯段，因而在顶层平面图中只有向下的楼梯段，其平面图中没有折断线。

楼梯平面图所表示的内容和图示要求如下。

（1）楼梯在平面图中的位置及有关轴线的布置。

（2）楼梯间、楼梯段、楼梯井和休息平台等的平面形状和尺寸，楼梯踏步的宽度和踏步数。

（3）楼梯上行或下行的方向，一般用带箭头的细实线来表示，箭头表示上下方向，箭尾标注上、下字样及踏步数。

（4）楼梯间各楼层平面、楼梯平台面的标高。

（5）一层楼梯平台下的空间处理（过道或小房间）。

（6）楼梯间墙体、柱、门窗的平面位置及尺寸。

（7）栏杆（板）、扶手、护窗栏杆、楼梯间窗或花格等的位置。

（8）底层平面图上楼梯剖面图的剖切符号。

2．楼梯剖面图的图示内容

楼梯剖面图是按楼梯底层平面图中的剖切位置及剖视方向画出的垂直剖面图。凡是被剖到的楼梯段及楼地面、楼梯休息平台用粗实线画出，并画出材料图例或涂黑，没有被剖切到的楼梯段用中粗实线或中实线画出轮廓线。在多层建筑中，楼梯剖面图可以只画出底层、中间层和顶层的剖面图，中间用折断线断开，将各中间层的楼面、楼梯平台面的标高数字标注在所画的中间层的相应处。

楼梯剖面图所表示的内容和图示要求如下。

（1）楼梯间墙身的定位轴线及其编号、轴线间的尺寸。

（2）楼梯的类型及其结构形式、楼梯的梯段数及踏步数。

（3）楼梯段、休息平台、栏杆（板）、扶手等的构造情况和用料情况。

（4）踏步的宽度和高度及栏杆（板）的高度。

（5）楼梯的竖向尺寸、进深方向的尺寸和有关标高。

（6）踏步、栏杆（板）、扶手等细部的详图索引符号

3．楼梯节点详图

楼梯节点详图一般包括楼梯段的起步节点、转弯节点和止步节点的详图，楼梯踏步、栏杆（板）、扶手等详图。楼梯节点详图一般均以较大的比例画出，以表明它们的断面形式、细部尺寸、材料、构件连接及面层的装修做法等。

 例题解析

一、选择题（每小题中只有一个选项是正确的）

1．有一平面图，在图上量取的线段长度为 30mm，用的是 1∶100 的比例，其实际长度是（　　）m。

  A．3　 B．30　 C．300　 D．3000

答案：A

解析：高考题，分值 3 分。考点是比例。图样的比例是图形与实物相对应的线性尺寸之比。图形 30mm，比例 1∶100，实际长度为 30×100=3000mm，为 3m。

2．（　　）能反映建筑物的平面形状、大小和房间布置，墙或柱的位置、材料和厚度，门窗的位置、尺寸和开启方向。

  A．建筑总平面图　 B．建筑平面图

  C．建筑立面图　 D．建筑剖面图

答案：B

解析：高考题，分值 3 分。考点是建筑平面图的用途。建筑平面图反映了建筑物的平面形状、大小和房间布置，墙或柱子的位置、材料和厚度，门窗的位置、尺寸和开启方向，以及其他建筑构配件的设置情况。建筑平面图是房屋施工图中的基本图样之一，同时也是施工放线、砌筑墙体、安装门窗和编制预算的主要依据。

3．建筑平面图中的外部尺寸中，最外一道尺寸是（　　）。

  A．细部尺寸　 B．构配件尺寸　 C．定位尺寸　 D．外包总尺寸

答案：D

解析：高考题，分值 3 分。考点是建筑平面图的尺寸，建筑平面图外部尺寸一般标注三道，靠墙一道尺寸是细部尺寸，即建筑物构配件的详细尺寸；中间一道是定位尺寸，即轴线尺寸，也是房屋的开间或进深尺寸；最外一道是外包总尺寸，即建筑物的总长和总宽尺寸。

4．建筑施工图中，可以查看窗户洞口宽度尺寸的施工图是（　　）。

  A．平面图　 B．剖面图　 C．立面图　 D．墙身构造详图

答案：A

解析：高考题，分值 3 分。考点是建筑平面图的图示内容。

5．不属于建筑施工图表达的内容是（　　）。

  A．门窗尺寸　 B．楼梯台阶尺寸

  C．梁截面尺寸　 D．教室讲台尺寸

答案：C

解析：高考题，分值 3 分。考点是施工图的分类，梁是结构构件，尺寸在结构施工图中查阅。

6．可以查看建筑外墙面的装修做法的是（　　）。

  A．平面图　 B．剖面图　 C．立面图　 D．建筑总平面图

答案：C

解析：高考题，分值 3 分。考点是建筑立面图的图示内容，建筑立面图的图示内容包

括图名、比例、图例和定位轴线；外部形状和外墙面上的门窗及构造物；外墙面装修做法；尺寸标注及标高。

7. 属于建筑施工图表达的内容是（　　）。

　　A．柱截面尺寸　　B．梁截面尺寸　　C．墙体厚度　　D．板的厚度

答案：C

解析：高考题，分值 3 分。考点是建筑施工图表达的内容，柱、梁、板是结构承重构件，其尺寸及构造在结构施工图中查阅，墙体厚度应该在建筑施工图中表达。

8. 建筑施工图（简称建施图）不包括（　　）。

　　A．建筑平面图　　　　　　　　B．建筑剖面图
　　C．建筑立面图　　　　　　　　D．楼面结构平面布置图

答案：D

解析：高考题，分值 3 分。考点是建筑施工图的图纸内容，楼面结构布置图是结构施工图图纸。

9. 建筑平面图中一般标注室内门窗洞口、墙厚、柱、砖垛和固定设备的尺寸为（　　）。

　　A．细部尺寸　　B．外包总尺寸　　C．定位尺寸　　D．内部尺寸

答案：D

解析：高考题，分值 3 分。考点是建筑平面图的尺寸标注，建筑平面图中的尺寸标注有外部尺寸和内部尺寸两种。内部尺寸一般标注室内门窗洞口、墙厚、柱、砖垛和固定设备的大小、位置，以及墙、柱与轴线间的尺寸等。

10. 与标准层平面图相比，只绘制在底层平面图上的是（　　）。

　　A．楼梯　　B．门窗　　C．散水　　D．墙体

答案：C

解析：高考题，分值 3 分。考点是平面图的图示内容，散水只在底层平面图中表达，二层不再表达。

11. 表明建筑物位置、轮廓、层数、周围环境、道路等情况的图是（　　）。

　　A．建筑平面图　　　　　　　　B．建筑立面图
　　C．建筑剖面图　　　　　　　　D．建筑总平面图

答案：D

解析：高考题，分值 3 分。考点是建筑总平面图的形成，建筑总平面图表明建筑工程总体布局，新建和原有建筑的位置、标高，室外附属设施及工程地区及周围的地形、地貌等情况。

12. 建筑平面图中，标高以米为单位，门窗（　　）。

　　A．以毫米为单位　　　　　　　B．以厘米为单位
　　C．以分米为单位　　　　　　　D．以米为单位

答案：A

解析：高考题，分值 3 分。考点是施工图中的尺寸单位，施工图中的尺寸除总平面图及标高以米为单位外，其余一律以毫米为单位。

13. 在建筑总平面图中，图例　　　　表示（　　）。

　　A．新建建筑物　　　　　　　　B．原有建筑物
　　C．拆除的建筑物　　　　　　　D．计划扩建的建筑物

答案：C

解析：高考题，分值 3 分。考点是总平面图中的图例。《总图制图标准》（GB/T 50103—2010）规定了总平面图图例。

二、判断题（每小题 A 选项代表正确，B 选项代表错误）

1．建筑施工图的底层平面图中应表明剖面图的剖切符号。　　　　　　　（　　）

答案：A

解析：高考题，分值 1 分。考点是建筑平面图的图示内容。底层平面图上标注有剖切符号，标明剖切平面的剖切位置，投射方向和编号，以便于与建筑剖面图对照查阅。

2．在建筑平面图中一般只标注外部尺寸。　　　　　　　　　　　　　　（　　）

答案：B

解析：高考题，分值 1 分。考点是建筑平面图的图示内容。建筑平面图中尺寸标注有外部尺寸和内部尺寸两种。

3．在建筑总平面图中标注的标高一般均是相对标高。　　　　　　　　　（　　）

答案：B

解析：高考题，分值 1 分。考点是建筑总平面图的图示内容。在建筑总平面图中标注的标高一般均是绝对标高。

4．建筑剖面图表达了房屋内部垂直方向的高度。　　　　　　　　　　　（　　）

答案：A

解析：高考题，分值 1 分。考点是建筑剖面图的图示内容，建筑剖面图表达了建筑的内部构造和结构形式，反映了建筑物内部的分层和分隔情况。

5．在建筑立面图中，建筑物的外轮廓线用粗实线表示。　　　　　　　　（　　）

答案：A

解析：高考题，分值 1 分。考点是建筑立面图的形成和绘制，在建筑立面图中，建筑的外轮廓线用粗实线绘制，室外地坪线用特粗实线绘制，外轮廓线之间的主要轮廓用中粗实线表示，门窗扇、雨水管、阳台栏杆等用中实线表示。

6．建筑平面图中，外部靠墙第一道尺寸是定位尺寸。　　　　　　　　　（　　）

答案：B

解析：高考题，分值 1 分。考点是建筑平面图的尺寸标注，建筑平面图外部尺寸一般标注三道，靠墙一道尺寸是细部尺寸，即建筑物构配件的详细尺寸；中间一道是定位尺寸，即轴线尺寸，也是房屋的开间或进深尺寸；最外一道是外包总尺寸，即建筑物的总长和总宽尺寸。

7．建筑平面图中的标高，一般为相对标高。　　　　　　　　　　　　　（　　）

答案：A

解析：高考题，分值 1 分。考点是建筑平面图的图示内容。建筑平面图中的标高一般都是相对标高，标高基准面±0.000 为本建筑底层室内地面。在不同标高的地面分界处，应画出分界线。

8．建筑工程图纸中屋顶平面图的标高一般为绝对标高。　　　　　　　　（　　）

答案：B

解析：高考题，分值 1 分。考点是建筑标高、绝对标高，建筑总平面图、建筑平面图的图示内容。在建筑总平面图中标注的标高一般均是绝对标高，标注在新建建筑底层室内地面和室外整平地面处。建筑平面图中的标高一般都是相对标高，标高基准面±0.000 为本建筑底层室内地面。

9. 在建筑立面图中，建筑物的外轮廓线用特粗实线（线宽 1.4b）表示。 （ ）

答案：B

解析：高考题，分值 1 分。考点是建筑立面图的线宽规定，在建筑立面图中，建筑物的外轮廓线用粗实线（线宽 b）表示，室外地坪用特粗实线（线宽 1.4b）表示。

三、简答题

1. 建筑平面图中的尺寸分为外部尺寸和内部尺寸，其中外部尺寸三道各指哪些部位的大小尺寸？

答案：外部尺寸一般标注三道，靠墙一道尺寸是细部尺寸，即建筑物构配件的详细尺寸；中间一道是定位尺寸，即轴线尺寸，也是房屋的开间或进深尺寸；最外一道是外包总尺寸，即建筑物的总长和总宽尺寸。

解析：高考题，分值 5 分。考点是建筑平面图的图示内容。建筑平面图中的尺寸分为外部尺寸和内部尺寸，通过尺寸标注反映出建筑物房间的开间、进深、门窗以及各种设备的大小和位置。

2. 建筑剖面图的图示内容有哪些？

答案：建筑剖面图的图示内容为图名、比例、图例和定位轴线；内部构造和结构形式；室内设备和装修；尺寸标注及标高；详图索引符号。

解析：高考题，分值 5 分。考点是建筑剖面图的图示内容。

3. 建筑总平面图的图示内容有哪些？

答案：建筑总平面图的图示内容有工程名称、比例和图例；新建建筑物所在地域的平面位置和新建建筑物的平面位置；建筑物室内外地面的标高和建筑区的地形；指北针和风向频率玫瑰图；新建建筑物室外附属设施及绿化情况。

解析：高考题，分值 5 分。考点是建筑总平面图的图纸内容。

4. 门窗表中，主要对建筑哪些方面做了说明？

答案：门窗表是对建筑物中所有不同类型的门窗统计后列成的表，在门窗表中应反映门窗的类型、编号、对应的洞口尺寸、数量及对应的标准图集的编号等。

解析：高考题，分值 5 分。考点是门窗表表达的内容。

 基础过关

一、选择题（每小题中只有一个选项是正确的）

1. 平面图中的图例 表示（ ）。

    A．双侧单层卷帘门   B．单侧双层卷帘门

    C．竖向卷帘门   D．横向卷帘门

2. 在建筑平面图中，被水平剖切到的墙、柱断面轮廓线用（ ）表示。

    A．细实线   B．中实线   C．粗实线   D．粗虚线

3. 施工图中的图例 表示（ ）。

A．检查口　　　　B．孔洞　　　　　C．坑槽　　　　　D．烟道

4．图样上的尺寸单位除标高及总平面以米为单位外，其他必须以（　　）为单位。

A．分米　　　　　B．厘米　　　　　C．毫米　　　　　D．微米

5．如图 9-1 所示的窗洞口的高度为（　　）。

A．2.7m　　　　　B．0.9m　　　　　C．1.8m　　　　　D．3.0m

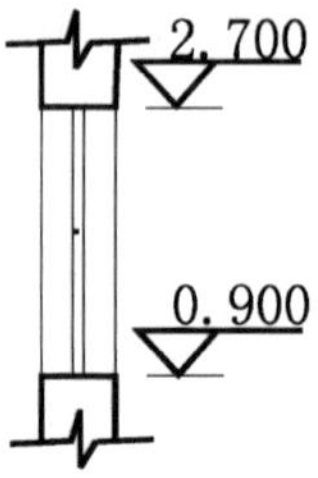

图 9-1　题 5 图

6．（　　）是一个建设项目的总体布局，表示新建房屋所在基地范围内的平面布置、具体位置及周围情况。

A．建筑总平面图　　　　　　　　B．建筑平面图
C．建筑立面图　　　　　　　　　D．建筑详图

7．建筑剖面图的图名应与（　　）的剖切符号一致。

A．楼梯底层平面图　　　　　　　B．底层平面图
C．基础平面图　　　　　　　　　D．建筑详图

8．外墙面装饰的做法可在（　　）中查到。

A．建筑平面图　　B．建筑立面图　　C．建筑剖面图　　D．建筑结构图

9．建筑详图常用比例包括（　　）。

A．1∶50　　　　　B．1∶100　　　　C．1∶200　　　　D．1∶300

10．施工图纸中的虚线表示（　　）。

A．不可见轮廓线，部分图例　　　B．定位轴线
C．中心线　　　　　　　　　　　D．尺寸线

11．在建筑总平面图上，一般用（　　）分别表示房屋的朝向和室外地坪标高。

A．指南针、涂黑等腰三角形　　　B．指北针、三角形
C．指南针、三角形　　　　　　　D．指北针、涂黑等腰三角形

12．顶棚平面图宜采用（　　）绘制。

A．斜投影法　　　B．镜像投影法　　C．中心投影法　　D．标高投影法

13．建筑工程的施工图纸按工种分为三类，下列选项中不在分类中的是（　　）。

A．建筑施工图　　B．装修施工图　　C．结构施工图　　D．设备施工图

14．主要用来确定新建房屋的位置、朝向及周边环境关系的是（　　）。

A．建筑总平面图　　　　　　　　B．建筑立面图
C．建筑平面图　　　　　　　　　D．功能分析图

15．定位轴线的位置是指（　　）

A．墙的中心线　　　　　　　　　B．墙的对称中心线
C．不一定在墙的中心线上　　　　D．墙的偏心线

16．立面图中门窗的开启方向线实线表示（　　）。

A．内开　　　　　B．外开　　　　　C．内外开　　　　　D．固定

17．墙上有一预留槽，标注的尺寸是 300×400×120 底距地面 1.5m，该槽宽度为（　　）

　　A．300　　　　　B．400　　　　　C．120　　　　　D．1.5m

18．不属于建筑平面图的是（　　）。

　　A．基础平面图　　　　　　　　B．底层平面图

　　C．标准层平面图　　　　　　　D．屋顶平面图

19．若要了解建筑物门窗的编号和位置，则应查阅（　　）。

　　A．基础平面图　　B．建筑平面图　　C．建筑立面图　　D．门窗表

20．若要了解建筑物立面上的台阶、雨棚、阳台等的细部构造，则应查阅（　　）。

　　A．建筑平面图　　B．建筑立面图　　C．建筑剖面图　　D．详图

21．建筑剖面图的定位轴线与（　　）的定位轴线一致。

　　A．建筑平面图　　B．建筑立面图　　C．墙身详图　　D．楼梯详图

22．建筑物的层高一般在（　　）上查阅。

　　A．标准层平面图　　　　　　　B．建筑立面图

　　C．建筑剖面图　　　　　　　　D．屋顶平面图

23．若要了解勒脚、散水、明沟及防潮层的构造做法，则一般查阅（　　）。

　　A．建筑平面图　　B．建筑立面图　　C．墙身详图　　D．楼梯详图

24．外墙剖面详图上的标注尺寸和标高与（　　）的标注尺寸和标高基本相同。

　　A．建筑平面图　　B．建筑立面图　　C．建筑剖面图　　D．楼梯详图

25．建筑物楼梯踏步、栏杆（板）、扶手等细部的详图索引符号注写在（　　）。

　　A．楼梯剖面图　　　　　　　　B．楼梯底层平面图

　　C．楼梯标准层平面图　　　　　D．楼梯顶层平面图

26．楼梯平面图中注明的"上"或"下"的长箭头是以那为起点（　　）。

　　A．都以室内首层地坪为起点　　B．都以室外地坪为起点

　　C．都以该层楼地面为起点　　　D．都以该层休息平台为起点

27．立面图不可以用（　　）命名。

　　A．朝向　　　　　B．外貌特征　　C．结构类型　　D．首尾轴线

28．下列选项中（　　）必定属于总平面图表达的内容。

　　A．相邻建筑物的位置　　　　　B．墙体轴线

　　C．柱子轴线　　　　　　　　　D．建筑物的总高度

29．关于平面图，下面选项错误的是（　　）。

　　A．平面图的长边宜与横式幅面图纸的长边一致

　　B．各种平面图应按全剖面图绘制

　　C．建筑物平面图应注写房间的名称或编号

　　D．顶棚平面图宜采用镜像投影法绘制

30．楼梯的踏步数与踏面数的关系是（　　）。

　　A．踏步数=踏面数　　　　　　B．踏步数-1=踏面数

　　C．踏步数+1=踏面数　　　　　D．踏步数+2=踏面数

31．楼梯详图一般不包括（　　）。

　　A．楼梯平面图　　B．楼梯剖面图　　C．踏步、栏杆　　D．楼梯梁

32. 建筑总平面图中坐标 X 表示（　　　），Y 表示（　　　）
  A．绝对坐标南北方向、绝对坐标东西方向
  B．绝对坐标东西方向、绝对坐标南北方向
  C．相对坐标南北方向、相对坐标东西方向
  D．相对坐标东西方向、相对坐标南北方向

33. 建筑总平面图中建筑坐标网的坐标代号宜用"A、B"表示，"B"轴表示（　　　）。
  A．竖轴   B．横轴   C．东西方向   D．南北方向

34. 建筑平面图中门的图例   表示（　　　）。
  A．人防单扇防护密闭门   B．人防单扇密闭门
  C．单面弹簧门   D．折叠上翻门

35. 以下图纸不属于建筑施工图的是（　　　）。
  A．墙身详图 B．基础平面图 C．建筑剖面图 D．建筑平面图

二、判断题（每小题 A 选项代表正确，B 选项代表错误）

1. 建筑平面图、建筑剖面图、建筑立面图常用比例有 1∶500、1∶1000、1∶2000。
                  （　　　）

2. 建筑施工图的基本图样包括：建筑总平面图、建筑平面图、建筑基础平面图和排水施工图。   （　　　）

3. 在建筑总平面图图例中，原有的建筑物用细实线表示，计划扩建的预留地或建筑物用中虚线表示，拆除的建筑物用粗实线表示。   （　　　）

4. 在建筑配件图例中，门的代号为 M，窗用 C 来表示。   （　　　）

5. 在建筑总平面图中，一般根据原有建筑物或道路来定位新建房屋的平面位置，也可以用坐标来定位。   （　　　）

6. 了解建筑物内部构造和结构形式应查阅建筑立面图。   （　　　）

7. 凡承重墙、柱、梁等主要承重构件，都要画出定位轴线并对轴线进行编号，以确定位置。   （　　　）

8. 在建筑总平面图中，表示原有建筑物要用粗实线。   （　　　）

9. 用于室内墙面装修施工和编制工程预算，且表示建筑物体型、外貌和室内装修要求的图样是建筑立面图。   （　　　）

10. 在平面图中标注的定位轴线顺序，横向编号是从左至右顺序编写，竖直编号是从下至上顺序编写。   （　　　）

11. 建筑施工图是表示建筑物的承重构件的布置、形状、大小、内部构造、材料和做法等的图纸。   （　　　）

12. 建筑施工图的首层平面图应表明建筑剖面图的剖切符号。 （　　　）

13. 屋面的标高就是房屋的总高度。   （　　　）

14. 一栋多层房屋，对于平面布置基本相同的楼层，可用一个平面图来表达，这就是标准层平面图。   （　　　）

15. 屋顶平面图就是房屋的水平投影图。   （　　　）

16. 楼梯的踏步数与踏面数相等。   （　　　）

17. 墙身详图的定位轴线编号与建筑平面图的定位轴线编号一致。 （　　　）

18．建筑总平面图中标注的标高应为绝对标高，当标注相对标高，则应注明相对标高与绝对标高的换算关系。 （　　）

19．房屋门的种类、数量、开启方式查阅建筑平面图。 （　　）

20．一般在建筑平面图上的尺寸（详图例外）均为未装修的结构表面尺寸。 （　　）

21．相对标高基准面±0.000 为建筑设计室外地面。 （　　）

22．建筑平面图中的标高一般都是绝对标高。 （　　）

23．1 号轴线或 A 号轴线之前的附加轴线的分母应以 01 或 0A 表示。 （　　）

24．建筑总平面图中测量坐标网的坐标代号宜用"A、B"表示。 （　　）

25．建筑总平面图中的建筑物要以原有建筑物、围墙、道路等永久固定设施来确定其位置。 （　　）

26．一栋多层建筑物，应画出每一层建筑平面图。 （　　）

27．详图符号的圆圈直径为 8mm，指北针的圆圈符号直径为 24mm。 （　　）

28．施工图的定位轴线用细实线表示。 （　　）

29．在设计和施工中不能超越建筑红线。 （　　）

30．在建筑平面图中，在不同标高的地面分界处，应画出分界线。 （　　）

31．建筑立面图一般只画出建筑立面两端的定位轴线及其编号。 （　　）

32．在建筑立面图中除了能反映门窗的位置、高度、数量、立面形式外，还能反映门窗的开启方向：细实线表示内开，细虚线表示外开。 （　　）

33．建筑立面图中的标高为绝对标高。 （　　）

34．屋面、楼面和地面的构造层次和做法，一般用多层构造引出线来表示各构造层次的厚度、材料及做法。 （　　）

三、简答题

1．什么是建筑施工图？

2．何为绝对标高？

3．何为相对标高？

4．施工图中常用到的图例，试说明何为图例？

5．什么是建筑详图？

6．一套完整的建筑工程图包括哪些图样？

7．定位轴线的作用是什么？它是如何表示的？

8．楼梯详图的作用？包括哪些图纸？

9．建筑平面图是如何形成的？它有何用途？

10．简述建筑剖面图的用途？

11．建筑平面图中的尺寸分为外部尺寸和内部尺寸，外部尺寸三道各指哪些部位的尺寸？

12．楼梯节点详图一般包括哪些内容？

四、综合题

1．如图 9-2 所示为某建筑的一层平面图，识读该平面图并选出正确选项，每题的备选项中只有一个符合题意。

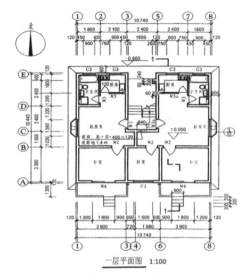

图 9-2　题 1 图

（1）从图中可以看出该楼梯间入口的朝向是（　　　）。

　　A．朝南　　　　　　B．朝北　　　　　　C．朝西　　　　　　D．朝东

（2）根据图中的剖切符号，可以看出该建筑的剖面图是（　　　）。

　　A．全剖面图　　　B．分层剖面图　　　C．局部剖面图　　　D．阶梯剖面图

（3）该建筑楼梯间的进深是（　　　）mm。

　　A．2400　　　　　B．4800　　　　　　C．5400　　　　　　D．3900

（4）起居室窗户 C2 的窗台详图在第（　　　）图纸上识读。

　　A．1　　　　　　　B．2　　　　　　　C．3　　　　　　　D．4

（5）该建筑散水的宽度为（　　　）mm。

　　A．600　　　　　　B．300　　　　　　C．900　　　　　　D．400

（6）该建筑的室内外高差是（　　　）mm。

　　A．600　　　　　　B．300　　　　　　C．900　　　　　　D．400

（7）该建筑门口处台阶的踏面宽度为（　　　）mm。

　　A．600　　　　　　B．300　　　　　　C．900　　　　　　D．400

（8）该建筑的外墙厚度为（　　　）mm。

　　A．370　　　　　　B．200　　　　　　C．240　　　　　　D．300

（9）由剖切符号可以看出该建筑的剖面图的投影方向是（　　　）投影。

　　A．自南向北　　　B．自北向南　　　C．自西向东　　　D．自东向西

（10）楼梯间墙体上洞口的深度为（　　　）mm。

　　A．240　　　　　　B．400　　　　　　C．120　　　　　　D．840

（11）M4 门的类型是（　　　）。

　　A．平开门　　　　B．推拉门　　　　C．转门　　　　　D．卷帘门

（12）厨房 C3 的宽度为（　　　）mm。

　　A．1800　　　　　B．900　　　　　　C．1560　　　　　　D．600

（13）该建筑大门口处台阶的踢面的高度为（　　　）。

　　A．150　　　　　　B．300　　　　　　C．900　　　　　　D．600

（14）该建筑一层平面图中 C3 共有（　　　）樘。

  A．1   B．2   C．3   D．4

（15）该建筑室的总长为（　　　）m。

  A．10740   B．10440   C．10.74   D10.44

2．识读如图 9-3 所示楼梯平面图并给出正确的判断（每小题 A 选项代表正确，B 选项代表错误）。

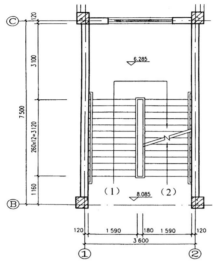

图 9-3　题 2 图

（1）该楼梯平面图的图名为顶层平面图。   （　　）

（2）平面图中（1）处应该标注"上"字样。   （　　）

（3）平面图中（2）处应该标注"上"字样。   （　　）

（4）该楼梯间的开间为 3600mm。   （　　）

（5）该楼梯段的踏步数为 12 个。   （　　）

（6）楼梯的踏面宽为 260mm。   （　　）

（7）标高 6.285m 为楼层标高。   （　　）

（8）该楼梯的楼梯井的宽度为 120mm。   （　　）

（9）该楼梯楼面标高为 8.085m。   （　　）

（10）该楼梯设有靠墙扶手。   （　　）

（11）1 轴线和 B 轴线相交处有一根钢筋混凝土的柱子。   （　　）

（12）该楼梯间的墙体厚度是 240mm。   （　　）

（13）该楼梯平面图中的折断线应为 60°。   （　　）

（14）该楼梯平台的宽度为 116mm。   （　　）

（15）楼梯顶层平面图中没有折断线。   （　　）

3．如图 9-4 所示为某建筑的 I-I 剖面图，识读该剖面图并选出正确选项，每题的备选项中只有一个符合题意。

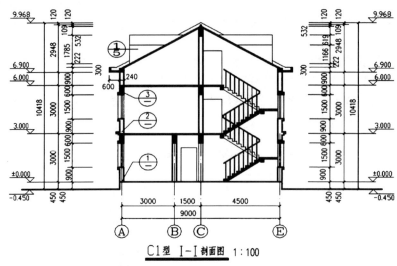

C1型 I—I 剖面图 1:100

图9-4　题3图

（1）从该剖面图中可以看出二层层高为（　　　）m。

　　A．3　　　　　　　B．3.6　　　　　　C．0.9　　　　　　D．0.450

（2）该剖面图的剖切符号在（　　　）中查找。

　　A．底层平面图　　　　　　　　　　B．标准层平面图

　　C．顶层平面图　　　　　　　　　　D．总平面图

（3）从剖面图中可以看出，剖切平面共剖切了（　　　）个梯段。

　　A．一　　　　　　　B．二　　　　　　C．三　　　　　　D．四

（4）该房屋的室内外高差为（　　　）mm。

　　A．0.45　　　　　　B．300　　　　　　C．450　　　　　D．−0.45

（5）从该剖面图中可以读出该房屋的檐沟宽度为（　　　）mm。

　　A．300　　　　　　B．600　　　　　　C．900　　　　　D．450

（6）从图中可以读出窗台的高度为（　　　）mm。

　　A．1500　　　　　　B．600　　　　　　C．900　　　　　D．450

（7）该剖面图中的楼梯的第一休息平台的标高为是（　　　）m。

　　A．1.5　　　　　　B．3　　　　　　　C．4.5　　　　　　D．6

（8）该剖面图 $\frac{1}{5}$ 中的5表示（　　　）。

　　A．详图所在图纸编号　　　　　　　B．被索引的图纸编

　　C．详图编号　　　　　　　　　　　D．被索引图编号

（9）识读建筑剖面图，以下选项错误的是（　　　）。

　　A． $\frac{1}{5}$ 为索引符号

　　B．该房屋的排水方式为女儿墙外设檐沟排水

　　C．楼梯的踢面高为167mm

　　D．本工程的层高为3000mm

（10）如果该房屋总平面图中的±0.000的绝对标高为9.000，那么二层楼面的绝对标高
为（　　　）。

　　A．9.000　　　　　　B．3.000　　　　　C．12.000　　　　D．6.000

（11）如果该房屋的设计说明表明各楼层卫生间比同层楼面低 20mm，那么该房屋二层卫生间地面的标高为（　　）。

　　　　A．−0.020　　　　B．2.980　　　　C．6.020　　　　D．5.980

（12）该剖面图外部尺寸的第二道尺寸反映了房屋的（　　）。

　　　　A．层高　　　　　B．总高　　　　　C．细部尺寸　　　D．开间

（13）该房屋的楼梯按照楼梯的平面形式为（　　）楼梯。

　　　　A．单跑直行　　　B．双跑直行　　　C．三跑楼梯　　　D．双跑平行

（14）详图索引符号 $\frac{2}{—}$ 表示详图在（　　）。

　　　　A．首页图纸上　　　　　　　　B．二号图纸上

　　　　C．第二张图纸上　　　　　　　D．本张图纸内

单元测试

一、选择题（每小题中只有一个选项是正确的，每小题 2 分，共 30 分）

1．总平面图上新建建筑物内部的标高是指（　　）的标高。

　　　　A．设计室外地面　　　　　　　B．底层室内地面

　　　　C．二楼楼面　　　　　　　　　D．屋面

2．在建筑立面图中，建筑外轮廓线之间的主要轮廓线（如洞口、阳台等）用（　　）表示。

　　　　A．细实线　　　　B．粗实线　　　　C．特粗实线　　　D．中粗实线

3．在建筑立面图中，不能直接表达的内容是（　　）。

　　　　A．层高　　　　　　　　　　　B．总高

　　　　C．门窗洞口宽度　　　　　　　D．墙面装修

4．建筑剖面图的图名应与（　　）的剖切符号编号一致。

　　　　A．底层平面图　　B．屋顶平面图　　C．基础平面图　　D．二层平面图

5．楼梯上行和下行的方向，一般用带箭头的（　　）表示，箭头表示上下方向。

　　　　A．粗实线　　　　B．虚线　　　　　C．细实线　　　　D．中实线

6．根据 $\frac{5}{2}$ 可以判定下列选项错误的是（　　）。

　　　　A．详图符号　　　　　　　　　B．直径为 14mm

　　　　C．被索引的图的编号为 5　　　D．被索引的图的编号为 2

7．在总平面图中，下列表示原有建筑物的图例是（　　）。

　　　　A．□　　　　B．▭(虚线)　　　　C．▭(带×)　　　　D．▭(填充)

8．在建筑施工图中，多孔材料的材料图例表示为（　　）。

　　　　A．▨　　　　B．▨　　　　C．▨　　　　D．▨

9．下列选项中，（　　）不用粗实线表示。

　　　　A．总平面图中新建建筑±0.000 高度可见轮廓线

　　　　B．剖切线

　　　　C．建筑立面图外轮廓线

　　D．总平面图新建的地下建筑物或构筑物轮廓线

　　10．在总平面图中，对单体建筑物或平面形状简单的建筑物通常取（　　）对角点作为定位点。

　　　　A．一个　　　　　　B．两个　　　　　　C．三个　　　　　　D．四个

　　11．下面不属于建筑详图常用的比例是（　　）。

　　　　A．1:20　　　　　　B．1:10　　　　　　C．1:50　　　　　　D．1:100

　　12．楼梯剖面图中，凡是被剖到的楼梯段用（　　）绘制。

　　　　A．粗实线　　　　　B．中粗实线　　　　C．中实线　　　　　D．细实线

　　13．查阅建筑物外墙面装修做法，应在（　　）中。

　　　　A．建筑平面图　　　B．建筑立面图　　　C．建筑剖面图　　　D．建筑详图

　　14．若一栋建筑物水平方向定位轴线为①-⑪，竖直方向定位轴线为 A-E，朝向是坐北朝南，则立面图 E-A 轴应为（　　）。

　　　　A．西立面图　　　　B．南立面图　　　　C．北立面图　　　　D．东立面图

　　15．在楼梯平面图中，标注的 300×9=2700 中的 300 表示（　　）。

　　　　A．踏步数　　　　　B．踢面高　　　　　C．楼梯梯段高　　　D．踏面宽

二、判断题（每小题 A 选项代表正确，B 选项代表错误，每小题 2 分，共 30 分）

　　1．建筑剖面图的剖切位置应选择在房屋内部结构和构造比较复杂的或有代表性的部位。　　　　　　　　　　　　　　　　　　　　　　　　　　　　　　（　　）

　　2．在同一张图纸上绘制多于一层的平面图时，各层平面图宜按层数由低向高的顺序从左至右或从上至下布置。　　　　　　　　　　　　　　　　　　　　　（　　）

　　3．建筑详图可以分为构造节点详图和建筑构配件详图两类。　　　　　（　　）

　　4．外墙身构造详图实际上是建筑剖面图中外墙身的局部放大图。　　　（　　）

　　5．各种剖面图应按正投影法绘制。　　　　　　　　　　　　　　　　（　　）

　　6．总平面图中建筑物（±0.000 以上）外挑建筑用中粗实线绘制。　　（　　）

　　7．作为新建建筑物或新建建筑物所在地域的界线是建筑红线。　　　　（　　）

　　8．总平面图中建筑坐标网的坐标代号宜用"$X，Y$"表示。　　　　　（　　）

　　9．平面图的方向宜与总图方向一致。　　　　　　　　　　　　　　　（　　）

　　10．建筑平面图中钢筋混凝土柱子可以涂黑。　　　　　　　　　　　（　　）

　　11．较简单的对称式建筑物,在不影响构造和施工的情况下，立面图可绘制一半，并应在对称轴线处画对称符号。　　　　　　　　　　　　　　　　　　　　（　　）

　　12．建筑平面图中的标高一般是相对标高，标高基准面为建筑的设计室外地面。
　　　　　　　　　　　　　　　　　　　　　　　　　　　　　　　　　（　　）

　　13．楼梯平面图和剖面图的比例一般为 1:50。　　　　　　　　　　　（　　）

　　14．平面图及其详图应注写完成面标高。　　　　　　　　　　　　　（　　）

　　15．楼梯平面图通常包括底层平面图、中间层平面图和顶层平面图。　（　　）

三、简答题（每小题 5 分，共 20 分）

　　1．新建建筑物如何定位？

　　2．建筑平面图的图示内容有哪些？

　　3．简述建筑剖面图的形成。

4．简述建筑平面图的形成？

四、综合题（每小题 4 分，共 20 分）

如图 9-5 所示为某建筑的一层平面图，识读该层平面图并选出正确选项，每题的备选项中只有一个符合题意。

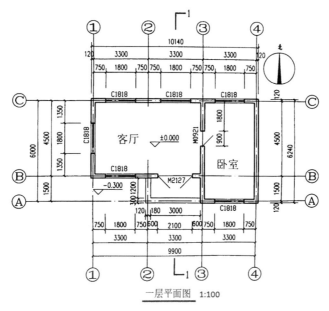

一层平面图 1:100

图 9-5 综合题图

（1）该建筑的朝向是（ ）。

    A．坐北朝南   B．坐南朝北   C．坐东朝西   D．坐西朝东

（2）该建筑的卧室的开间尺寸是（ ）mm。

    A．4500   B．6000   C．3300   D．6240

（3）该建筑的室内外高差是（ ）。

    A．0.300mm   B．300m   C．3000mm   D．300mm

（4）从剖切符号看出，该建筑的剖面图的投影方向是（ ）。

    A．自东向西   B．自西向东   C．自南向北   D．自北向南

（5）该建筑的总长是（ ）m。

    A．10140   B．10.14   C．6240   D．6.24

（6）该建筑平面图中如果 B、C 轴线间有一个附加轴线，编号应该为（ ）。

    A．1/0C   B．1/0B   C．1/C   D．1/B

单元 10　结构施工图识读

 知 识 导 图

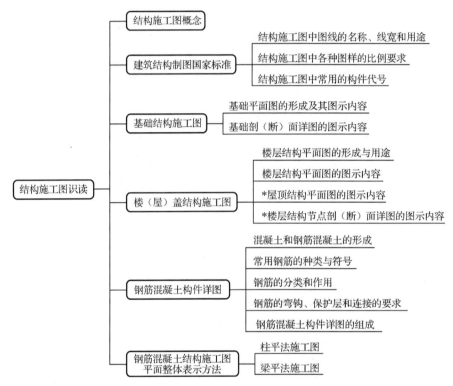

 复 习 要 求

1. 理解基础结构施工图、楼（屋）盖结构施工图的内容和用途。
2. 了解钢筋混凝土构件详图的内容和用途。
3. 掌握结构施工图中常用构件的名称和代号。
4. 掌握钢筋混凝土的基本知识。
5. 理解钢筋混凝土结构施工图平面整体表示方法的内容和用途。
6. 会识读基础结构施工图、楼（屋）盖结构施工图。
7. 会识读钢筋混凝土结构基础平法施工图、柱平法施工图、梁平法施工图。

10.1 结构施工图概述

按结构设计的结果绘制成的图纸称为结构施工图。

结构设计是根据建筑各方面，即各工种（建筑、给水排水、电气、暖通等）对结构的要求，经过结构造型设计和构建布置，并通过结构计算，确定建筑物各承重构件（如基础承重墙、柱、梁、板、屋架等）的形状、尺寸、材料、内部构造及相互关系。

（1）结构施工图的用途：施工放线、挖基坑、支模板、绑扎钢筋、设置预埋件、浇筑混凝土、安装预制构件（梁、楼板等）的重要依据，也是编制预算和施工组织计划的重要依据。

（2）结构施工图的组成部分：由结构设计说明、基础结构施工图、楼（屋）盖结构施工图和结构构建（如梁、板、柱、楼梯等）详图组成。

（3）结构施工图与建筑施工图的关系。表达的内容虽然不同，但对同一套图纸来说，它们反映的是同一幢建筑物，因此它们的定位轴线、平面尺寸、立面尺寸、剖面尺寸等必须完全相符。

10.2 建筑结构制图国家标准

10.2.1 图线

《建筑结构制图标准》（GB/T 50105—2010）中图线的规定。考点一般都在图线的用途上。结构施工图中常考图线的类型如表 10-1 所示。

表 10-1　常考图线的类型

图 线 名 称	线　宽	用　途
粗实线	b	钢筋线
		图名下横线和剖切线
中粗实线	$0.7b$	钢木结构轮廓线
中实线	$0.5b$	可见的钢筋混凝土构件轮廓线
细实线	$0.25b$	标注引出线
		标高符号线
		索引符号线
		尺寸线
虚线	$b\sim0.25b$	不可见的线
细单点长画线	$0.25b$	定位轴线、对称线、中心线和重心线
粗双点长画线	b	预应力钢筋线
折断线	$0.25b$	断开界线（直接断开）
波浪线		断开界线（分层断开）

10.2.2 比例

结构施工图中各种图样的比例如表 10-2 所示。

表 10-2 结构施工图中各种图样的比例

图 名	常 用 比 例	可 用 比 例
结构平面图	1∶50、1∶100、1∶150	1∶60、1∶200
基础平面图		
圈梁平面图总图中管沟、地下设施等	1∶200、1∶500	1∶300
详图	1∶10、1∶20、1∶50	1∶5、1∶25、1∶30

10.2.3 构件代号

《建筑结构制图标准》（GB/T 50105—2010）中构件代号的规定。代号一般都是和构件名称的拼音有关，找到规律，方便记忆，如表 10-3 所示为常见构件代号。

表 10-3 常见构件代号

序 号	名 称	代 号	序 号	名 称	代 号
1	板	B	23	楼梯梁	TL
2	屋面板	WB	24	框架梁	KL
3	空心板	KB	25	框支梁	KZL
4	槽形板	CB	26	屋面框架梁	WKL
5	折板	ZB	27	檩条	LT
6	密肋板	MB	28	屋架	WJ
7	楼梯板	TB	29	托架	TJ
8	盖板或沟盖板	GB	30	天窗架	CJ
9	挡雨板或檐口板	YB	31	框架	KJ
10	吊车安全走道板	DB	32	刚架	GJ
11	墙板	QB	33	支架	ZJ
12	天沟板	TGB	34	柱	Z
13	梁	L	35	框架柱	KZ
14	屋面梁	WL	36	构造柱	GZ
15	吊车梁	DL	37	承台	CT
16	单轨吊车梁	DDL	38	设备基础	SJ
17	轨道连接	DGL	39	桩	ZH
18	车挡	GD	40	挡土墙	DQ
19	圈梁	QL	41	地沟	DG
20	过梁	GL	42	柱间支撑	ZC
21	连系梁	LL	43	垂直支撑	CC
22	基础梁	JL	44	水平支撑	SC

续表

序　号	名　　称	代　号	序　号	名　　称	代　号
45	梯	T	50	天窗端壁	TD
46	雨棚	YP	51	钢筋网	W
47	阳台	YT	52	钢筋骨架	G
48	梁垫	LD	53	基础	J
49	预埋件	M	54	暗柱	AZ

10.3　基础结构施工图

基础结构施工图是主要表示建筑物在相对标高±0.000以下基础结构的图纸。

基础结构施工图主要包括基础平面图、基础剖（断）面详图和文字说明三部分。基础结构施工图的作用是施工时放灰线、开挖基（槽）坑、砌筑（浇筑）基础的依据。

10.3.1　基础平面图

基础平面图是假设用一个水平剖切平面在地面与基础之间将整幢房屋剖开，移去剖切平面以上的房屋和基础回填土，向下用正投影法投射而得到的水平投影。

基础平面图的图示主要包括以下内容。

（1）图名、比例与定位轴线；基础平面图的比例与定位轴线的平面位置及编号应与建筑平面图一致。

（2）基础中的垫层、基础墙、柱、基础梁等的平面位置、形状、尺寸等。

（3）基础剖（断）面详图的剖切符号和编号。

（4）尺寸标注。

（5）文字说明。

10.3.2　基础剖（断）面详图

（1）基础详图是用较大的比例（如1∶20）画出的基础局部构造图。

（2）基础详图的图示内容如下。

① 图名。基础详图的图名是根据基础平面图中的剖（断）面剖切符号的编号命名的。

② 基础各组成部分的具体结构构造。基础详图一般采用垂直断面图来表示。

③ 尺寸标注和标高。

10.4　楼（屋）盖结构施工图

楼（屋）盖结构施工图是表示建筑物楼层和屋顶结构的梁、板等结构构件的组合和布置以及构造等情况的施工图。

10.4.1　楼层结构平面图的形成和用途

（1）楼层结构平面图是假设用一个紧贴楼面的水平剖切平面在所要表明的结构层面上

部剖开，向下作正投影而得到水平投影。

（2）楼层结构平面图是表示各层楼面和屋面的承重构件（如梁、楼板、墙、柱、圈梁和门窗过梁等）布置情况的图纸，是施工时布置、安装梁、板等构件的重要依据。

10.4.2 楼层结构平面图的图示内容

（1）图名、比例与定位轴线。楼层结构平面图应分层绘制，比例、定位轴线与建筑平面图一致。

（2）现浇钢筋混凝土楼板在楼层结构平面图的表示。

（3）梁的平面布置、编号。

（4）楼梯间。

（5）各节点详图的剖切符号与编号。

（6）尺寸标注。在楼层结构平面图中一般只标注墙厚及轴线间的距离。

（7）构件统计表和文字说明。

10.5 钢筋混凝土构件详图

10.5.1 钢筋混凝土基本知识

混凝土的定义：混凝土是由水泥、砂、石等和水按一定比例混合，经搅拌、浇筑、凝固、养护而制成的一种人造石材料。

混凝土的强度等级：混凝土的抗压强度很高，共分为 C20、C25、C30、C35、C40、C45、C50、C55、C60、C65、C70、C75、C80 十三个等级，数字越大，混凝土抗压强度越高。

钢筋混凝土构件的分类如表 10-4 所示。

表 10-4 钢筋混凝土构件的分类

名 称	分 类	概 念
钢筋混凝土构件	现浇钢筋混凝土构件	在施工现场支模板、绑扎钢筋、浇筑混凝土而形成的构件
	预制钢筋构件混凝土构件	在工厂成批生产，再运到现场安装的构件
	预应力钢筋混凝土构件	在制作时通过张拉钢筋对混凝土预加一定的压力，以提高构件的抗拉和抗裂能力的构件

常用钢筋的种类与符号如表 10-5 所示。

表 10-5 常用钢筋的种类与符号

钢筋种类	钢筋符号	符号含义
HPB 300 级钢筋	Φ	一级光圆钢筋
HRB400 级钢筋	Φ	三级螺纹钢筋
HRB500 级钢筋	Φ	四级螺纹钢筋
RRB400 级钢筋	Φ	冷轧带肋三级钢筋

钢筋混凝土构件中钢筋的分类和作用如表 10-6 所示。

表 10-6　钢筋的分类和作用

钢筋的分类		配置的位置	起到的作用
受力筋	直筋	在梁、板、柱等各种钢筋混凝土构件中	也称主筋，是构件中根据计算确定的主要受力钢筋，承受拉力或压力
箍筋		多用于梁和柱中	也称钢箍，在构件中用于固定受力筋的位置，并承担部分剪力和扭矩
架立筋		多配置在梁的上部	与受力筋和箍筋一起构成钢筋的整体骨架
分布筋		与受力筋垂直布置，多用于板中	固定受力筋的位置，同时使承受的荷载均匀地分布到受力筋上，防止混凝土开裂
其他		如用于高断面梁上的腰筋；用于柱上与墙砌在一起的预埋锚固筋；用于吊装的吊环	因构件的构造要求和施工安装需要而配置的构造筋

钢筋的弯钩种类：半圆形弯钩、直角弯钩、斜弯钩和箍筋的弯钩。弯钩的作用：以加强钢筋在混凝土构件中的锚固能力，避免钢筋在受力时滑动。

钢筋保护层的作用：保护钢筋不锈蚀，加强钢筋与混凝土的黏结力。

常见的钢筋连接方法如表 10-7 所示。

表 10-7　常见的钢筋连接方法

钢筋连接方法		适 用 范 围	特 点
绑扎连接		主要用于较细钢筋及要求不高的结构钢筋连接，目前已较少使用	需要较长的搭接长度，浪费钢筋，且连接不可靠
焊接	电渣压力焊	一般优先选用	成本较低，质量可靠
	气压焊		
	闪光对焊		
	电阻点焊		
机械连接		目前被广泛用于建筑工程粗直径钢筋的连接中	无明火作业，设备简单，节约能源，不受气候条件影响，可全天候作业，且连接可靠

10.5.2　钢筋混凝土构件详图

钢筋混凝土构件详图通常由模板图、配筋图和钢筋表等几部分组成。

模板图又称外形图，它主要表明结构构件的外形、预埋铁件、预留插件、预留孔洞等的位置、各部分尺寸、有关标高及构件与定位轴线的关系等。

模板图中构件的可见轮廓线，用中或细实线表示；不可见轮廓线用中或细虚线表示。模板图是制作和安装模板的依据，外形简单的构件可不画模板图。

配筋图表示构件内部各种钢筋的形状、位置、直径、数量、长度以及布置等情况，是构件详图中最主要的图样，是钢筋下料绑扎钢筋骨架的重要依据。配筋图一般由立面图、断面图和钢筋详图组成，有时还列出钢筋表。

（1）图线。在配筋图中，假定钢筋混凝土是透明的，混凝土材料图例不画。构件的轮廓线用细实线画出，钢筋用粗实线画出，钢筋的横断面用小黑点表示。普通钢筋在配筋图中的表示方法如表 10-8 所示。钢筋的画法如表 10-9 所示。

表 10-8　普通钢筋在配筋图中的表示方法

序　号	名　　称	图　例	说　　明
1	钢筋横断面	•	—
2	无弯钩的钢筋端部		表示长短钢筋投影重叠时，短钢筋的端部用 45°斜画线表示
3	带半圆形弯钩的钢筋端部		—
4	带直钩的钢筋端部		—
5	带丝扣的钢筋端部		—
6	无弯钩的钢筋搭接		—
7	带半圆弯钩的钢筋搭接		—
8	带直钩的钢筋搭接		—
9	花篮螺丝钢筋接头		—
10	机械连接的钢筋接头		用文字说明机械连接的方式（如冷挤压或直螺纹等）

表 10-9　钢筋的画法

序　号	说　　明	图　例
1	在结构楼板中配置双层钢筋时，底层钢筋的弯钩应向上或向左、顶层钢筋的弯钩则向下或向右	（底层）　（顶层）
2	钢筋混凝土墙体配双层钢筋时，在配筋立面图中，远面钢筋的弯钩应向上或向左，而近面钢筋的弯钩应向下或向右（JM 表示近面，YM 表示远面）	
3	若是断面图中不能表达清楚钢筋布置，应在断面图外增加钢筋大样图（如钢筋混凝土墙、楼梯等）	
4	图中所表示的箍筋、环筋等，若布置复杂，可加画钢筋大样图及说明	
5	每组相同的钢筋、箍筋或环筋，可用一根粗实线表示，同时用一根两端带斜短画线的横穿细线，表示其钢筋及起止范围	

　　（2）钢筋的编号。在配筋图中，由于钢筋数量较多，品种、规格、形状、尺寸不一，为了防止混淆，便于看图，构件中的钢筋都应统一编号，编号应用阿拉伯数字顺序编写，将数字注写在直径 6mm 的细实线圆内，并用引出线指到所编号的钢筋。

　　（3）钢筋的标注。在配筋图中，要标注出钢筋的编号、数量、级别、直径、间距等。

　　（4）钢筋详图。又称钢筋大样图。钢筋的形状在配筋图中一般已表达清楚，但在配筋比较复杂，钢筋重叠无法看清时，应在配筋图外另画钢筋详图。

　　（5）钢筋表。为了便于编制施工预算、统计用料，对配筋复杂的构件还要列出钢筋表。钢筋表的内容有构件名称、钢筋编号、钢筋简图、钢筋规格、钢筋根数、钢筋长度、钢筋重量等。

10.6　钢筋混凝土结构施工图平面整体表示方法

10.6.1　概述

钢筋混凝土结构施工图平面整体表示方法，简称平法，是把结构构件的尺寸和配筋等，按照平面整体表示方法制图规则，整体直接地表达在各类构件的结构平面布置图上，再与标准构造详图相配合，即构成一套完整的结构施工图。

10.6.2　柱平法施工图

（1）柱平法施工图的形成：柱平法施工图是在柱平面布置图上采用列表注写方式或截面注写方式来表达现浇钢筋混凝土柱的施工图。

（2）柱平法施工图注写方式如图 10-1 所示。

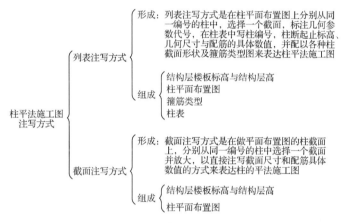

图 10-1　柱平法施工图注写方式

10.6.3　梁平法施工图

（1）梁平法施工图的形成：梁平法施工图是在梁平面布置图上采用平面注写方式或截面注写方式来表达钢筋混凝土梁的施工图。

（2）梁平法施工图注写方式如图 10-2 所示。

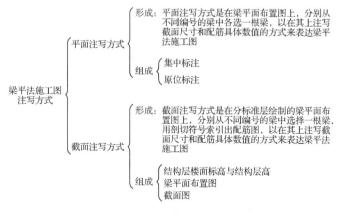

图 10-2　梁平法施工图注写方式

 例题解析

一、选择题（每小题中只有一个选项是正确的）

1．下列不是结构施工图组成部分的是（　　）。
   A．首页图　　　　　　　　　B．基础结构施工图
   C．楼（屋）盖结构施工图　　D．结构构件详图

答案：A

解析：高考题，分值 3 分。本题考查的知识点是建筑施工图和结构施工图的组成部分。建筑施工图主要包括施工设计说明、门窗表、工程做法表、建筑总平面图、建筑平面图、建筑立面图、建筑剖面图、建筑详图等。结构施工图主要包括结构设计说明、基础结构图、楼（屋）盖结构图、构件详图等。这两种图纸容易混在一起考，建筑施工图相当于是建筑物的肉体，结构施工图相当于是建筑物的骨架。

2．下列不是细单点长画线的用途是（　　）。
   A．定位轴线　　　　　　　　B．对称线
   C．预应力钢筋线　　　　　　D．重心线

答案：C

解析：高考题，分值 3 分。本题考查的是各种图线的用途。细单点长画线是图纸中最常见的图线之一。它的用途也比较重要的，细单点长画线用途有四个，分别是定位轴线、对称线、中心线和重心线，所以本题中 A、B、D 选项都是它的用途，而 C 选项预应力钢筋线应该用粗双点长画线绘制。

3．基础平面图的比例与定位轴线的平面位置及编号应与（　　）一致。
   A．建筑总平面图　　　　　　B．建筑平面图
   C．建筑立面图　　　　　　　D．建筑剖面图

答案：B

解析：高考题，分值 3 分。本题主要考查基础平面图的图示内容。基础平面图的比例与定位轴线的平面位置及编号应与建筑施工图的平面图一致。A 选项建筑总平面图根本就没有定位轴线，而 C、D 选项可根据前面的建筑立面图和建筑剖面图的图示内容可知，这两种图也是在建筑平面图的基础上设计的，都要和建筑平面图的定位轴线及比例保持完全一致。

4．查阅楼层各节点、详图的剖切符号与编号应该在（　　）中找到。
   A．基础平面图　　　　　　　B．楼层结构平面图
   C．屋顶结构平面图　　　　　D．建筑详图

答案：B

解析：高考题，分值 3 分。此题主要考查楼层结构平面图的图示内容。题干中既然问的是和楼层详图相关的信息一定是和楼层的结构图相关。本题很容易选择 D 选项。其实此题应该先排除的就是建筑详图，因为它是建筑施工图中的组成部分根本不是结构施工图中的，只有结构施工图中才有楼层相关的详图剖切符号。

5．柱平法施工图的注写方式包括（　　）。
   A．平面注写方式和截面注写方式　B．截面注写方式和列表注写方式
   C．原位注写方式和列表注写方式　D．原位注写方式和集中标注方式

答案：B

解析：高考题，分值 3 分。本题考查的是柱和梁的标注方式。它们两个的注写方式既有相似之处，也有区别之处，非常容易混淆。柱平法施工图的注写方式是截面注写方式和列表注写方式，所以 B 选项是正确答案。A 选项是梁平法施工图的注写方式；C 选项是谁的都不是，是一个错误的组合；D 选项是梁平法施工图中平面注写方式组成的两部分。

6. 某框架梁集中标注 ϕ10@100（4）/200（2），意义表示错误的是（　　　）。

    A．箍筋为 HPB300 钢筋，直径为 10mm

    B．加密区间距为 100，非加密区间距为 200，均为双肢箍

    C．加密区间距为 100，为四肢箍

    D．非加密区间距为 200，为双肢箍

答案：B

解析：高考题，分值 3 分。本题考查的是梁集中标注的平法识读。"ϕ"表示箍筋为一级光圆钢筋 HPB300；"10"表示钢筋直径为 10mm；"@100"表示加密区的箍筋间距为 100mm；"（4）"表示加密区的箍筋为四肢箍；"200"表示非加密区的箍筋间距为 200mm；"（2）"表示非加密区的箍筋为双肢箍。故本题只有 B 选项是错误的。其实做本题是有技巧的，因为 B 和 C 选项是矛盾的，这两项中间肯定要选择一个，再看 D 选项，就能想出来一定要选择 B 选项。

二、判断题（每小题 A 选项代表正确，B 选项代表错误）

1. 基础结构施工图一般包括基础平面图、基础剖（断）面图、结构构件详图及文字说明四部分。　　　　　　　　　　　　　　　　　　　　　　　　　　　（　　　）

答案：B

解析：高考题，分值 1 分。本题主要考查基础结构施工图的组成部分。基础结构施工图由三部分组成，分别是基础平面图、基础剖（断）面图及文字说明。多出来的"结构构件详图"是结构施工图的组成部分。也就是说结构构件详图的地位和基础结构施工图的地位一样高，和它是并列关系，而不是包含与被包含的关系。

2. 楼层结构平面图是用一个真实的垂直剖切平面在所要表明的结构层面上部剖开，向下作正投影而得到的水平投影。　　　　　　　　　　　　　　　　　　　（　　　）

答案：B

解析：高考题，分值 1 分。本题主要考查的是楼层结构平面图的形成。本题错误点主要在它不是一个真实的剖切面，也不是垂直的剖切面，而是一个假设的水平剖切面。

3. 钢筋的标注，2ϕ16 中的 2 表示钢筋的编号。　　　　　　　　　　（　　　）

答案：B

解析：高考题，分值 1 分。本题考查的是钢筋的标注，2ϕ16 中，"2"表示钢筋根数，"ϕ"表示钢筋级别为一级光圆钢筋，"16"表示钢筋直径。这里面根本就没有标注钢筋编号。钢筋编号应写在 2ϕ16 的前面，并且还要带圆圈。2ϕ16 的意思是两根直径为 16 毫米的一级钢筋。

4. 在钢筋混凝土构件详图中，构件轮廓线应画成粗实线。　　　　　　（　　　）

答案：B

解析：高考题，分值 1 分。此题考查的是配筋图中的图线要求，构件外轮廓线的线型是个易错点。在《房屋建筑制图统一标准》（GB/T 50001—2017）中规定，一般涉及到外轮

廓线的图线都是粗实线，但这里说的可是建筑施工图中的标准，而配筋图却是结构施工图中的图纸，用的标准是《建筑结构制图标准》，所以不能把所有图线混淆在一起，不然本题就很容易认为是正确的。

三、简答题

简述结构施工图的组成。

答案：结构施工图的组成部分：结构设计说明、基础结构施工图、楼（屋）盖结构施工图和结构构件（如梁、板、柱、楼梯等）详图。

解析：高考题，分值 5 分。本题考查的知识点，要求学生记忆准确，也是常见知识点。结构施工图的组成部分要与建筑施工图的组成部分进行比较记忆，这样就不容易混淆。高考题也很容易把这两种图纸的组成部分放在一起考选择题和判断题。

基础过关

一、选择题（每小题中只有一个选项是正确的）

1. 按（　　）的结果绘制成的图纸称为结构施工图。
   A. 建筑设计　　　　B. 结构设计　　　　C. 基础设计　　　　D. 梁板设计

2. 下列（　　）不是结构施工图的作用。
   A. 浇筑混凝土　　　　　　　　B. 安装预制构件
   C. 设置预埋件　　　　　　　　D. 安装门窗

3. 下列不是用粗实线绘制的是（　　）。
   A. 钢筋线　　　　B. 螺栓线　　　　C. 尺寸线　　　　D. 剖切线

4. 下列可以作断开界线的是（　　）。
   A. 虚线　　　　B. 粗线　　　　C. 单点长画线　　　　D. 波浪线

5. 下列不是结构平面图常用比例的是（　　）。
   A. 1：50　　　　B. 1：60　　　　C. 1：100　　　　D. 1：150

6. 下列表示屋面板的构件代号是（　　）。
   A. W　　　　B. WB　　　　C. B　　　　D. WMB

7. 下列表示圈梁的构件代号的是（　　）。
   A. GL　　　　B. QL　　　　C. LL　　　　D. JL

8. 下列不是基础结构施工图的作用的是（　　）。
   A. 施工时放灰线　　　　　　　　B. 开挖基槽
   C. 安装梁板　　　　　　　　　　D. 砌筑（浇筑）基础

9. 基础详图常用的比例是（　　）。
   A. 1：1　　　　B. 1：5　　　　C. 1：10　　　　D. 1：20

10. 在楼层结构平面图中，钢筋混凝土柱用（　　）表示。
    A. 中粗实线　　　B. 可涂黑　　　C. 细线　　　D. 单点长画线

11. 由泥土、砂、石等和水按一定比例混合，经搅拌、浇筑、凝固、养护而制成的一种人造材料称为（　　）。
    A. 钢筋混凝土　　　B. 混凝土　　　C. 构件　　　D. 普通砖

12. 下列不是混凝土抗压强度等级的是（　　　）。

    A．C40   B．C50   C．C75   D．C90

13. 在施工现场支模板、绑扎钢筋、浇筑混凝土而形成的构件称为（　　　）。

    A．预制钢筋混凝土构件   B．现浇钢筋混凝土构件

    C．素混凝土梁   D．预应力构件

14. 在钢筋种类中，HPB300 级钢筋为（　　　）。

    A．ϕ B．C   C．D   D．CR

15. 目前被广泛用于建筑工程中粗直径钢筋的连接是（　　　）。

    A．绑扎连接   B．焊接   C．机械连接   D．气压焊

二、判断题（每小题 A 选项代表正确，B 选项代表错误）

1. 基础详图是用较大的比例画出的基础局部构造图。 （　　）

2. 对于条形基础一般用垂直剖（断）面图表示。 （　　）

3. 对于独立基础，除用水平剖（断）面图表示外，还可用平面详图。 （　　）

4. 定位轴线不是确定各承重构件位置的依据。 （　　）

5. 楼层结构平面图的定位轴线布置不用与基础平面图的定位轴线一致。 （　　）

6. ① 2 ϕ 16 表示编号为①的钢筋为两根直径 16mm 的 I 级钢筋。 （　　）

7. ④ ϕ 8@300 表示编号为④的钢筋为直径为 8mm 的 I 级钢筋，其中心间距为 300mm。

                                                                  （　　）

8. 建筑工程图的各种图样大多数是按正投影法画出来的。 （　　）

三、简答题

1. 简述结构施工图的用途。

2. 简述结构施工图的组成部分。

3. 简述基础结构施工图的概念。

4. 简述基础结构施工图的作用。

5. 简述基础平面图的形成。

6. 简述楼（屋）盖结构施工图的概念。

7. 简述楼层结构平面图的形成。

8. 简述混凝土的抗压强度等级。

9. 简述常用的钢筋种类。

10. 简述受力筋的作用。

11. 简述箍筋的作用。

12. 简述分布筋的作用。

13. 简述钢筋保护层的作用。

14. 简述常用的钢筋连接方法及其特点。

15. 简述钢筋混凝土构件详图的组成。

16. 简述什么是平法。

17. 柱平法施工图的形成。

18. 梁平法施工图的形成。

单元测试

一、选择题（每小题中只有一个选项是正确的，每小题 2 分，共 40 分）

1. 下列不是基础结构图纸的组成部分是（ ）。
   A．基础平面图   B．基础剖（断）面详图
   C．文字说明   D．构件详图

2. 下列关于楼层结构平面图的图示内容说法错误的是（ ）。
   A．图名、比例与定位轴线
   B．现浇钢筋混凝土楼板在楼层结构平面图的表示
   C．梁的平面布置、编号
   D．门窗所在位置及编号

3. 字母 KL 是（ ）构件代号。
   A．框支梁   B．框架梁   C．屋面框架梁   D．屋面梁

4. 用一假想的水平剖切面，在地面与基础之间将整幢房屋剖开，移去剖切平面以上的房屋和基础回填土，向下作正投影而得到的水平投影图称为（ ）。
   A．建筑平面图   B．结构平面图
   C．基础平面图   D．楼层结构平面图

5. 关于基础平面图的识读说法错误的是（ ）。
   A．了解图名、比例以及比例是否与建筑立面图一致
   B．了解基础平面图的定位轴线是否与建筑施工图的平面图一致
   C．了解基础中的垫层、基础墙、柱、基础梁等的平面布置、形状、尺寸等
   D．了解基础剖（断）面详图的剖切符号和编号

6. 如查阅房屋预制楼板的位置、种类、数量，应在（ ）。
   A．基础平面图   B．楼层结构平面图   C．建筑平面图   D．结构构件详图

7. 基础详图对应的详图剖切符号的编号绘制在（ ）中。
   A．建筑平面图   B．结构平面图
   C．首层平面图   D．基础平面图

8. 要了解基础的埋置深度，应查阅（ ）。
   A．结构平面图   B．基础平面图   C．基础详图   D．首层平面图

9. 下列不是配筋图的组成部分的是（ ）。
   A．平面图   B．立面图   C．断面图   D．钢筋详图

10. 要了解基础梁的尺寸及配筋情况应查阅（ ）。
    A．结构平面图   B．基础平面图
    C．结构构件详图   D．基础详图

11. 用一假想的水平剖切面在所要表明结构层面上部剖开，向下作正投影而得到的水平投影图称为（ ）。
    A．建筑平面图   B．结构平面图   C．基础平面图   D．楼层结构平面图

12. （ ）是表示各层楼面的承重构件，如梁、楼板、柱、墙、圈梁、门窗过梁等的布置情况的图纸。
    A．结构平面图   B．基础平面图   C．建筑平面图   D．楼层结构平面图

13. 要想了解各楼层节点详图的剖切位置应查阅（　　　）。
　　A．建筑平面图　　　　　　　　　　B．结构平面图
　　C．楼层结构平面图　　　　　　　　D．基础平面图

14. 下列不属于钢筋混凝土梁构件详图的组成内容的是（　　　）。
　　A．钢筋明细表　　　　　　　　　　B．定位轴线及其编号
　　C．施工说明　　　　　　　　　　　D．现浇板配筋及断面形状

15. 在柱平面布置图上采用列表注写方式或截面注写方式来表达的现浇钢筋混凝土柱的施工图称为（　　　）。
　　A．柱平法施工图　　　　　　　　　B．梁平法施工图
　　C．钢筋平面图　　　　　　　　　　D．楼层平面图

16. 钢筋混凝土梁结构详图中，配筋图中的断面图采用的是（　　　）。
　　A．移出断面图　　B．中断断面图　　C．重合断面图　　D．剖视图

17. 在结构楼板中配置双层钢筋时，底层钢筋的弯钩（　　　）。
　　A．应向下或向右　　　　　　　　　B．应向上或向右
　　C．应向上或向左　　　　　　　　　D．应向下或向左

18. 在平面注写方式中，梁集中标注的内容中，（　　　）为选注值。
　　A．梁顶面标高差值
　　B．梁编号及梁截面尺寸
　　C．梁上部通长筋或架立筋配置
　　D．梁箍筋、侧面纵向构造钢筋或受扭钢筋

19. 钢筋的编号应用阿拉伯数字顺序编写，并将数字注写在直径为（　　　）mm 的细实线圆圈中。
　　A．8　　　　　　　B．10　　　　　　　C．6　　　　　　　D．14

20. 梁平法施工图是用（　　　）方式来表达的梁平面布置图。
　　A．平面注写　　　　　　　　　　　B．截面注写
　　C．平面注写方式或截面注写　　　　D．列表注写

二、判断题（每小题 A 选项代表正确，B 选项代表错误，每小题 1 分，共 20 分）

1. 基础详图的尺寸用来表示基础底的宽度及与轴线的关系，不能反映基础的深度和大放脚的尺寸。　　　　　　　　　　　　　　　　　　　　　　　　　（　　）

2. 对于条形基础一般用水平剖（断）面图表示。　　　　　　　　　　（　　）

3. 对于独立基础，除用垂直剖（断）面图表示外，还可用平面详图。　（　　）

4. 楼层结构平面图是施工时安装梁、板的依据。　　　　　　　　　　（　　）

5. 楼层结构平面图应分层绘制，比例、定位轴线与建筑平面图一致。　（　　）

6. 定位轴线是确定各承重构件位置的依据。　　　　　　　　　　　　（　　）

7. 楼层结构平面图的定位轴线布置应与基础平面图的定位轴线一致。　（　　）

8. 了解楼板的平面布置和组合情况应查阅楼层结构平面图。　　　　　（　　）

9. 钢筋混凝土构件详图由模板图、配筋图、预埋件详图和钢筋用量表组成。（　　）

10. ① 2ϕ12 表示编号为①的钢筋为两根直径 12mm 的 I 级钢筋。　　（　　）

11. ④ ϕ6@200 表示编号为④的钢筋为直径为 6mm 的 I 级钢筋，其中心间距为 200mm。
　　　　　　　　　　　　　　　　　　　　　　　　　　　　　　　（　　）

12．若构件外形比较简单，可只画出表示构件形状的配筋图。　　　　　　　　（　　）

13．梁的配筋图一般只画出它的平面图、重合断面图；而板的配筋图一般由立面图和断面图组成。　　　　　　　　　　　　　　　　　　　　　　　　　　　　　　　　（　　）

14．结构楼层楼（地）面标高是指扣除建筑面层及垫层厚度后的标高，结构层应含地下及地上各层。　　　　　　　　　　　　　　　　　　　　　　　　　　　　　　　（　　）

15．在识读整套建筑工程施工图图纸时，应按照"了解总体，顺序看图，前后对照，重点细读"的原则来读图。　　　　　　　　　　　　　　　　　　　　　　　　　（　　）

16．施工时，集中标注取值优先。　　　　　　　　　　　　　　　　　　　　（　　）

17．平面注写方式是在梁平面布置图上分别在不同编号的梁中各选一根梁，通过在其上注写截面尺寸和配筋具体数值的方式来表达梁平法施工图。　　　　　　　　　　（　　）

18．在梁的平法施工图中，截面注写方式既可以单独使用，也可与平面注写方式结合使用。　　　　　　　　　　　　　　　　　　　　　　　　　　　　　　　　　　（　　）

19．钢筋混凝土构件详图通常由模板图、配筋图和钢筋表等几部分组成。　　　（　　）

20．在建筑施工中，如果发现建筑施工图与结构施工图之间有矛盾，则以建筑尺寸为准。　　　　　　　　　　　　　　　　　　　　　　　　　　　　　　　　　　　（　　）

三、简答题（4 小题，共 30 分）

1．简述结构施工图的组成和作用。（10 分）

2．简述钢筋混凝土墙体配双层钢筋时，在配筋立面图中，钢筋的图示方法。（10 分）

3．简述钢筋混凝土结构施工图平面整体表示方法。（5 分）

4．简述梁平法施工图的形成。（5 分）

四、综合题（共 10 分）

指出如图 10-3 所示梁平法施工图平面注写方式中的集中标注和原位标注，并解释其标注。

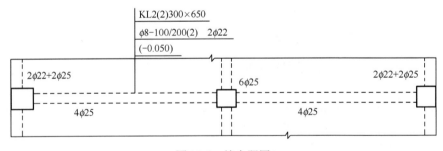

图 10-3　综合题图

第二部分
建筑工程测量

第一章　绪论

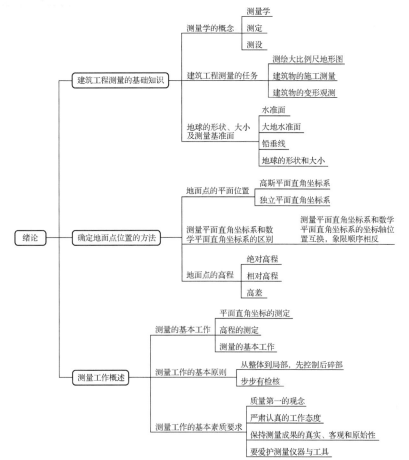

 **复习要求**

1．了解测量学和建筑测量学的概念，以及建筑测量的主要任务。

2．了解地球形状和大小，理解地面点平面位置的表示方法（独立平面直角坐标系），地面点位置高程表示方法，以及绝对高程、相对高程和高差的概念。

3．掌握测量的基准面和基准线的概念。

4．掌握测量的三项基本工作的内容：角度测量、距离测量（平面直角坐标的测定）、高程测量。

5．理解测量工作应遵循的基本原则。

 **考点详解**

一、建筑工程测量的基础知识

1．测量学的概念

（1）测量学是研究地球的形状和大小及确定地面点位置的科学。

（2）测量学的内容。

测定：使用测量仪器和工具，通过测量和计算，得到一系列测量数据和成果，将地球表面的地物和地貌缩绘成地形图，供经济建设、国防建设、规划设计及科学研究使用。

测设：用一定的测量方法，将设计图纸上规划设计好的建筑位置在实地标定出来，作为施工的依据。

测定和测设是测量工作的两个相反过程。

2．建筑工程测量的任务

建筑工程测量是测量学的一个组成部分。它是研究建筑工程在勘测设计、施工和运营管理阶段所进行的各种测量工作的理论、技术和方法的学科。

建筑工程测量的主要任务有测绘大比例尺地形图、建筑物的施工测量、建筑物的变形观测。

3．地球的形状、大小及测量基准面

（1）水准面：人们设想有一个静止不动的海水面延伸穿越陆地，形成一个闭合的曲面，该曲面包围了整个地球，这个闭合曲面称为水准面。水准面的特点是其上任意一点的铅垂线都垂直于该点的曲面。

（2）水平面：与水准面相切的平面称为水平面。

（3）大地水准面：水准面有无数个，其中与平均海水面相吻合的水准面称为大地水准面，它是测量工作的基准面。

（4）铅垂线：用一条细绳系一个垂球，细绳在重力作用下形成的垂线（重力方向线）称为铅垂线，它是测量工作的基准线。

（5）地球的形状和大小。

地球的自然形状：不规则的近似球体。

大地体：由大地水准面所包围的形体称为大地体，它代表地球的自然形状和大小。

地球椭球体：用一个扁平椭圆（椭圆参数 a、b 一定）旋转以后得到的球体。

球体：在要求精度不高时，可以把地球当作一个规则的球体看待。

局部平面：在小范围（以 10km 为半径的范围）内进行测量时，可以用水平面代替球面的局部，这样做的目的是简化计算。

对地球认识过程：地球的自然形状→大地体→地球椭球体→球体→局部平面。

二、确定地面点位置的方法

测量工作的实质是确定地面点的空间位置。地面点的空间位置须由三个参数来确定，即该点的平面位置（两个参数 x、y）和该点的高程 H。

1．地面点的平面位置

地面点的平面位置是地面点在大地水准面上的投影位置，可用地理坐标和平面直角坐标表示。

平面直角坐标的表示可采用高斯平面直角坐标系和独立平面直角坐标系这两种测量平面直角坐标系。

（1）高斯平面直角坐标系。

定义：利用高斯投影法建立的平面直角坐标系（分带投影）。

建立：以每一带中央子午线的投影为高斯平面直角坐标系的纵轴 x，以赤道的投影为高斯平面直角坐标系的横轴 y，两坐标轴的交点为坐标原点 O，并令 x 轴向北为正，y 轴向东为正，如图 1-1（a）所示。

我国位于北半球，x 坐标均为正值，y 坐标有正有负，为了避免 y 为负值，将每带的坐标原点向西平移 500km，如图 1-1（b）所示。为了正确区分某点所处投影带的位置，规定在 y 坐标前加上投影带号。

如图 1-1（a）中 A 点的坐标 X_A=4896.375，Y_A=5329.123，该坐标称为自然坐标。若坐标平移 500km 后，如图 1-1（b）所示，加上投影带号，则 A 点的坐标 X_A=4896.375，Y_A=28505329.123，该坐标称为通用坐标。

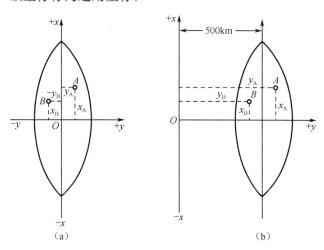

图 1-1 高斯平面直角坐标系

应用：一般在较大范围的测区内确定点的平面位置时采用高斯平面直角坐标系。

（2）独立平面直角坐标系。

定义：当测区范围较小时，可将测区球面看作水平面，在这个水平面上建立测区平面直角坐标系，称为独立平面直角坐标系。

建立：规定南北方向为纵坐标轴，记作 x 轴，x 轴向北为正，向南为负，以东西方向为横坐标轴，记作 y 轴，y 轴向东为正，向西为负；坐标轴原点 O 一般选在测区的西南角，使测区内各点的 x、y 坐标均为正值；坐标象限按顺时针方向编号，如图 1-2 所示。

应用：在局部区域内确定点的平面位置时可以采用。

2．测量平面直角坐标系和数学平面直角坐标系的区别

图 1-3 为数学平面直角坐标系。由图 1-1、图 1-2 及图 1-3 可知：测量平面直角坐标系和数学平面直角坐标系的坐标轴位置互换，象限顺序相反。

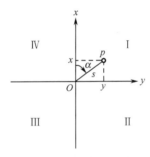

图 1-2　独立平面直角坐标系

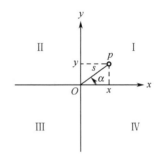

图 1-3　数学平面直角坐标系

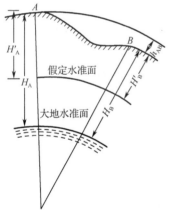

图 1-4　绝对高程与相对高程

3．地面点的高程

（1）绝对高程：地面点到大地水准面的铅垂距离称为该点的绝对高程，又称海拔，测量中习惯称绝对高程为高程，用 H_A 表示，如图 1-4 所示。

（2）相对高程：地面点到假定水准面的铅垂距离称为该点的相对高程或假定高程，用 H'_A 表示，如图 1-4 所示。

（3）高差：地面上任意两点间的高程之差，用 h 表示。高差有方向，以及正负之分。

A 点和 B 两点的高差为：$h_{AB}=H_B-H_A$。由公式可知，当高差为正时，表示 B 点高于 A 点；高差为负时，表示 B 点低于 A 点。（高差前的正号不能省略）

$h_{AB}=-h_{BA}$，即 A、B 两点的高差与 B、A 两点的高差的绝对值相等，符号相反。

三、测量工作概述

1．测量的基本工作

地面点的位置可以用它的平面直角坐标和高程来确定。在实际测量工作中，地面点的平面直角坐标和高程一般不是直接测定，而是间接测定的。通常是测出待定点与已知点（已

知平面直角坐标和高程的点）之间的几何关系，然后推算出待定点的平面直角坐标和高程。

（1）平面直角坐标的测定。

地面点平面直角坐标的主要测量工作是测量水平角和水平距离，根据它们之间的几何关系，推算点的平面直角坐标。

（2）高程的测定。

地面点高程的主要测量工作是测量高差。

（3）测量的基本工作。

测量的基本工作包括高差测量、水平角测量、水平距离测量。通常，将水平角（方向）、水平距离和高程称为地面点位置的三要素。

2．测量工作的基本原则

（1）从整体到局部，先控制后碎部。

（2）前一步工作未做检核不进行下一步工作（步步有检核）。

3．测量工作的基本素质要求

（1）质量第一的观念。

（2）严肃认真的工作态度。

（3）保持测量成果的真实、客观和原始性。

（4）要爱护测量仪器与工具。

4．测量的计量单位

（1）长度单位：km、m、dm、cm、mm。

（2）面积单位：m^2、公顷，或者km^2、市亩。

（3）体积单位：m^3，在工程上简称"立方"或"方"。

（4）角度单位：度、分、秒制，或者弧度制。

 例 题 解 析

1．测量工作的基本原则是什么？

答：（1）从整体到局部，先控制后碎部。

（2）前一步工作未做检核不进行下一步工作（步步有检核）。

解析：本题考核测量工作应遵循的原则，从布局上应当遵循"从整体到局部"，并且做到"步步有检核"；从工作步骤上应当"先控制后碎部"。考试时，尽量把两条答全，并注意文字应用。

2．什么是高差？

答：高差是地面上任意两点间的高程之差，用 h 表示。高差有方向，并有正负之分。

解析：本题考核的是高差的概念，只写"高差是地面上任意两点间的高程之差"，不够完美，若是"高差是地面上任意两点间的高程之差，用 h 表示。高差有方向，并有正负之分。"这样就比较完善。

3．已知某点通用坐标为 $X_B=3897.335$，$Y_B=32495647.875$，问该点位于第几投影带？自然坐标是多少？

答：该点位于第 32 投影带；自然坐标是 X_B=3897.335，Y_B=-4352.875。

解析：本题考核测量通用坐标和自然坐标的关系，通用坐标和自然坐标中，X 坐标不变，Y 的自然坐标是在通用坐标上去掉前面投影带号，再减去 500km。所以本题的坐标带号是 32，自然坐标：X_B=3897.335，Y_B=495647.875-500000=-4352.875。

4．选择题：

地面点的高差与测量基准面的选择（　　　）。

A．有关　　　　　　B．无关　　　　　　C．关系不大　　　　　　D．有时有关有时无关

答：B。

解析：本题考核测量基准面和高差的关系。高差是指地面两点间的高低的变化，与选择的基准面无关。高差例如人的"身高"，不管人站在什么位置，"身高"都不会变。

一、名词解释

1．测设。

2．测定。

3．测量学。

4．大地水准面。

5．大地体。

6．高差。

7．绝对高程。

8．相对高程。

二、选择题

1．点的位置是通过测定三个定位元素来实现的，下列不是定位元素的是（　　　）。

A．距离　　　　　　B．方位角　　　　　　C．角度　　　　　　D．高差

2．A、B 两点的高差 h_{AB} 为正值，说明（　　　）。

A．A 点高　　　　　　　　　　B．B 点高

C．A、B 两点高度相等　　　　　　D．不详

3．地面点的高差与测量基准面的选择（　　　）。

A．无关　　　　　　　　　　B．有关

C．关系不大　　　　　　　　D．有时有关有时无关

4．在测量平面直角坐标系中（　　　）。

A．x 轴为纵坐标轴，y 轴为横坐标轴

B．象限与数学平面直角坐标系象限编号及顺序方向一致

C．方位角由纵坐标轴逆时针量测 0°～360°

D．东西方向为 x 轴，南北方向为 y 轴

5．在高斯平面直角坐标系中，纵坐标轴为（　　　）。

A．x 轴，向东为正　　　　　　　　B．y 轴，向东为正

C．x 轴，向北为正　　　　　　　　D．y 轴，向北为正

6．地面点的绝对高程是地面点到（　　　）的距离。

　　A．大地水准面　　　B．任意水准面　　C．水平面　　　　D．海平面

7．在测量平面直角坐标系中，y 轴表示（　　　）方向。

　　A．东西　　　　　　B．左右　　　　　C．南北　　　　　D．前后

8．（　　　）测量的基准面是大地水准面。

　　A．竖直角　　　　　B．绝对高程　　　C．水平距离　　　D．水平角

三、判断题

1．A、B 两点的高差与 B、A 两点的高差绝对值相等，符号相反。　　　　（　　　）

2．测量学的内容只包括测绘地形图。　　　　　　　　　　　　　　　　　（　　　）

3．任意一水平面都是大地水准面。　　　　　　　　　　　　　　　　　　（　　　）

4．测量工作中采用的独立平面直角坐标系规定南北方向为 x 轴，东西方向为 y 轴，象限按逆时针方向编号。　　　　　　　　　　　　　　　　　　　　　　　（　　　）

5．测量学是研究地球的形状和大小，以及确定地面点位置的科学。　　　　（　　　）

6．在实际测量工作中，地面点的平面直角坐标和高程一般可以直接测定。　（　　　）

7．在局部小范围（以 10km 为半径的区域）内进行测量工作时，可以用水平面代替大地水准面。　　　　　　　　　　　　　　　　　　　　　　　　　　　　　（　　　）

8．地面点平面直角坐标系的主要测量工作是测量水平距离和水平角。　　　（　　　）

9．在局部区域内确定点的平面位置时，可以采用独立平面直角坐标系。　　（　　　）

四、简答题

1．建筑工程测量的任务是什么？

2．确定地面点位置需要进行哪三项基本测量工作？

3．测量平面直角坐标系与数学平面直角坐标系有何不同？

4．测量工作的基本原则是什么？

5．测量工作者应该以什么样的态度对待每一项工作？

第二章 水准测量

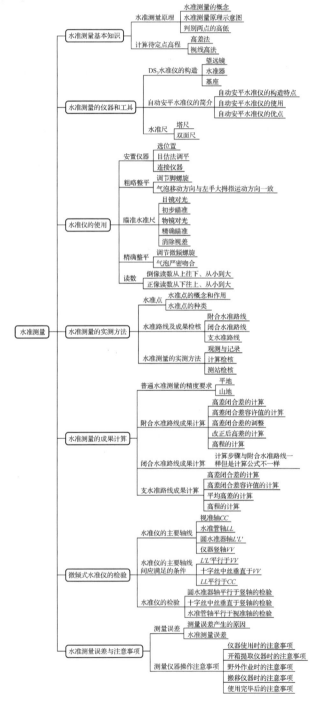

复习要求

1. 能够理解水准测量的基本原理。
2. 能够掌握 DS_3 型微倾式水准仪的基本构造及各个部件的名称和作用。
3. 初步掌握水准仪的基本使用方法。
4. 掌握计算待定点高程的两种方法。
5. 理解水准点的概念，掌握单一水准路线的三种布设形式。
6. 掌握等外水准测量的外业施测方法、高程计算方法，会用记录设计表格。
7. 了解水准测量误差产生的原因和应注意事项。
8. 能够独立完成单一闭合（或符合）等外水准路线的观测与记录计算，以及高程计算。

考点详解

一、水准测量的原理

水准测量：利用水准仪提供的水平视线测定地面两点间的高差，然后根据已知点的高程求出未知点的高程。

水准测量的原理如图 2-1 所示。设已知 A 点的高程为 H_A，欲测定 B 点的高程 H_B。在 A、B 两点分别竖立水准尺，并在 A、B 两点之间安置水准仪。根据水准仪提供的水平视线在 A 点水准尺上读数，设为 a；在 B 点水准尺上读数，设为 b；则 B 点相对于 A 点的高差为

$$h_{AB}= a-b$$

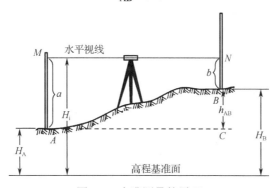

图 2-1　水准测量的原理

如果水准测量是由 A 点到 B 点进行的，那么称 A 点为后视点，A 点水准尺上读数 a 为后视读数；称 B 点为前视点，B 点水准尺上读数 b 为前视读数。高差等于后视读数减去前视读数。

如果 $a>b$，高差为正（高差前面的正号不能省略），表明前视点高于后视点；如果 $a<b$，高差为负，表明前视点低于后视点。注意：在计算高程时，高差应连同其符号一并运算。

若已知 A 点的高程为 H_A，则用高差法求 B 点的高程为

$$H_B=H_A+h_{AB}$$

该种方法称作高差法求高程。

从图 2-1 中可看出，B 点的高程 H_B 也可以通过水准仪的视线高程 H_i 求得，即先求视线高程

$$H_i=H_A+a$$

再求 B 点高程

$$由\ H_i=H_B+b$$
$$得\ H_B=H_i-b$$

该种方法称作视线法求高程。

在场地平整和施工放样时，安置一次仪器要求测出若干个点的高程点，常采用视线高法。

【例 1】如图 2-1 所示，设 H_A=125.664m，a=2.571m，b=1.244m，用如下两种方法计算高程。

（1）高差法求高程：

$$h_{AB}=a-b=2.571-1.244=+1.327（m）$$
$$H_B=H_A+h_{AB}=125.664+1.327=126.991（m）$$

（2）视线高法求高程：

$$H_i=H_A+a=125.664+2.571=128.235（m）$$
$$H_B=H_i-b=128.235-1.244=126.991（m）$$

二、水准测量的仪器和工具

水准测量主要使用的仪器是水准仪，工具是水准尺和尺垫。

1．水准仪

水准仪的型号很多，在建筑工程测量中一般使用 DS₃ 水准仪，它主要由望远镜、水准器和基座三部分组成，如图 2-2 所示。

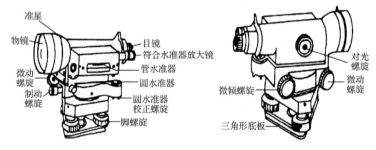

图 2-2　DS₃ 水准仪

1）望远镜

望远镜的作用是照准远处目标并对水准尺进行读数，它主要由物镜、对光透镜、十字丝分划板及目镜组成。

物镜对光：转动物镜上的物镜对光螺旋可使目标影像清晰。

十字丝分划板：用来瞄准和读数。十字丝分划板上刻有十字丝，竖直的一条称为竖丝（又称纵丝），水平的一条称为横丝（又称中丝）。横丝的上下刻有两条对称的短丝，称为视距丝（上丝和下丝），用于测量仪器到目标的距离。

视准轴：十字丝交点和物镜光心的连线。

目镜：转动目镜上的目镜对光螺旋可使十字丝影像清晰。

2）水准器

水准器是整平仪器。水准器有圆水准器和管水准器两种。

（1）圆水准器：用于粗略整平仪器，使仪器的竖轴处于铅垂位置。

如图 2-3 所示，通过圆水准器零点的球面法线 $L'L'$称为圆水准器轴。当圆水准器气泡居中时，圆水准器轴处于铅垂位置，仪器的竖轴处于铅垂位置。

（2）管水准器：用于精确整平仪器，使视准轴处于水平位置。

如图 2-4 所示，通过管水准器零点的圆弧切线 LL 称为水准管轴。当管水准器气泡居中时，管水准器处于水平位置，视准轴也处于水平位置。

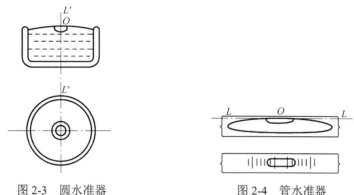

图 2-3　圆水准器　　　　　　　　图 2-4　管水准器

3）基座

基座的作用是支撑仪器的上部，并通过连接螺旋将仪器与三脚架相连。基座主要由轴座、脚螺旋和三角形底板组成，转动脚螺旋可使圆水准器气泡居中。

2．水准尺与尺垫

1）水准尺

（1）塔尺：仅用于普通水准测量。塔尺的长度有 3m 和 5m 两种，有两节或三节套接在一起。塔尺的底部为零点，每分米注有数字，分米数上的红色或黑色圆点表示米数。

（2）双面水准直尺：用于三、四等水准测量。双面水准尺的长度为 3m，两根尺为一对。双面水准尺的两面均有刻划线，一面黑白相间称为黑面尺；另一面红白相间称为红面尺，两面最短刻划线均为 1cm，并在分米处进行注记。两根尺的黑面均由零开始；而一根尺红面起点为 4.687m，另一根尺红面起点为 4.787m。4.687 或 4.787 称为尺常数，通常用 K 来表示。

2）尺垫

尺垫用在转点处放置水准尺。尺垫是由生铁铸成，一般为三角形底板，其下方有三个支脚，用时要将支脚牢固地插入土中，以防下沉和移位。尺垫上部有一凸起的半球体，水准尺立在半球体的顶面。

三、水准仪的使用

1．安置仪器

（1）将水准仪放置在两个立尺点的中间位置。

（2）打开三脚架将高度调至适中，使架头大致水平，并踩实三脚架。

（3）打开仪器箱取出水准仪，用中心连接螺旋将水准仪连接在三脚架上。

2．粗略整平

粗略整平简称粗平，通过调整圆水准器的气泡居中，使仪器竖轴大致铅直，从而使视准轴粗略水平。通过调节脚螺旋，使圆水准器气泡居中。

3．瞄准水准尺

（1）目镜对光。

松开制动螺旋，将望远镜对向明亮背景（如白墙），转动目镜对光螺旋，使十字丝影像清晰。

（2）初步瞄准。

通过望远镜筒上方的照门和准星瞄准水准尺，旋紧制动螺旋。

（3）物镜对光。

转动物镜对光螺旋，使水准尺的影像清晰。

（4）精确瞄准。

转动水平微动螺旋，使十字丝的竖丝瞄准水准尺边缘或中央。

（5）消除视差。

眼睛在目镜端上下移动，若发现十字丝的横丝在水准尺上的位置随之变动，这种现象称为视差。视差产生的原因是水准尺的影像与十字丝平面不重合，视差的存在将影响读数的正确性，应消除视差。消除视差的方法是仔细调节物镜对光螺旋，直至视差消除。

4．精确整平

精确整平简称精平。通过气泡观察窗观察管水准器气泡，用右手缓慢而均匀地转动微倾螺旋，使气泡两端的影像严密吻合，此时视线处于水平位置。

5．读数

精确整平后直接读取横丝在水准尺上影像对应的读数。先估读出毫米，然后读出米、分米、厘米，共 4 位数。读数显微镜无论成倒像还是正像，读数都应从小到大读取。

水准仪使用操作程序为：安置仪器→粗略整平→瞄准水准尺→精确整平→读数。

四、水准测量的实测方法

1．水准点

用水准测量方法测定的高程控制点称为水准点，常用 BM 表示，它是用引测高程的依据。

水准点分为永久性水准点和临时性水准点两种。

2．水准路线

水准路线是进行水准测量的测量路线。单一水准路线基本布设形式有附合水准路线、闭合水准路线和支水准路线三种。

1）附合水准路线

（1）附合水准路线如图 2-5 所示。从已知高程水准点 BM_A 开始，沿待定高程点 1、2、3 进行水准测量，最后附合到另外一个已知高程水准点 BM_B 上构成的水准路线称为附合水准路线。

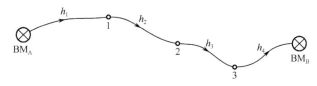

图 2-5　附合水准路线

（2）成果检核。理论上，附合水准路线各测段高差代数和应等于两个已知高程水准点 A、B 之间的高差，即

$$\sum h_{理} = H_B - H_A$$

2）闭合水准路线

（1）闭合水准路线如图 2-6 所示。从已知高程水准点 BM_A 出发，沿各个待定高程点 1、2、3、4 进行水准测量，最后又回到已知高程水准点 BM_A 的环形路线称为闭合水准路线。

（2）成果检核。理论上，闭合水准路线各测段高差代数和应等于零，即

$$\sum h_{理} = 0$$

3）支水准路线

（1）支水准路线如图 2-7 所示。从已知高程水准点 BM_A 开始，沿待定高程点 1、2 进行水准测量，既不闭合又不附合的水准路线称为支水准路线。支水准路线要进行往返测量。

（2）成果检核。理论上，支水准路线往测高差与返测高差代数和应等于零，即

$$\sum h_{往测} + \sum h_{返测} = 0$$

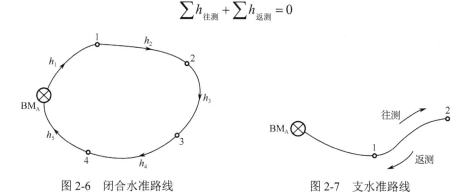

图 2-6　闭合水准路线　　　　　　图 2-7　支水准路线

3．水准测量的实测步骤

水准点设置完毕后即可按选定的水准路线进行水准测量。

如图 2-8 所示，已知水准点 BM_A 的高程 $H_A=99.856m$，欲测定 B 点的高程。

由于 A、B 两点相距较远，安置一次仪器不能测出两点间高差，因此必须分成若干站来测量，具体观测步骤如下。

1）观测与记录

（1）在距 A 点适当距离处，选择 TP_1 点，放置尺垫，在 A 点和 TP_1 点尺垫上分别竖立水准尺。

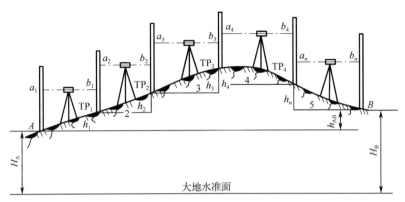

图 2-8　水准测量

（2）在 A、TP_1 两点中间安置水准仪，调节脚螺旋，使圆水准器气泡居中。

（3）瞄准后视点 A 的水准尺，转动微倾螺旋，使管水准器气泡居中，读取后视读数 $a_1=1.401m$，记入水准测量记录手簿（见表 2-1）相应栏内。

（4）转动望远镜，瞄准前视点 TP_1 的水准尺，精确整平之后，读取前视读数 $b_1=1.183m$，记入水准测量记录手簿。

（5）计算 A、TP_1 两点间的高差，即

$$h_{A1}=1.401-1.183=+0.218（m）$$

将计算出来的高差记入水准测量记录手簿相应栏内。

以上为一个测站的工作。

第一测站测完后，TP_1 点的水准尺不动，A 点的水准尺与水准仪向前移动。沿前进方向，在距 TP_1 点适当距离处选择 TP_2 点，水准尺立于 TP_2 点，在 TP_1、TP_2 两点中间安置水准仪，用与第一测站相同的方法观测和计算，依次测至 B 点。

在观测过程中，TP_1、TP_2、TP_3、TP_4、…、TP_n 点作为临时立尺点，起到了传递高程的作用，这些点称为转点，常用 TP 表示。

表 2-1　水准测量记录手簿

测站	点号	水准尺读数（m）		高差（m）		高程（m）	备注
		后视	前视	+	−		
1	BM_A	1.401		0.218		99.856	已知
	TP_1		1.183				
2	TP_1	1.425			0.159		
	TP_2		1.584				
3	TP_2	1.901		1.022			
	TP_3		0.879				
4	TP_3	1.332			0.215		
	TP_4		1.547				
5	TP_4	1.421			0.338		
	BM_B		1.759			100.384	
计算、检核	$\sum$	7.480	6.952	1.240	0.712		
		$\sum a - \sum b = +0.528$			$\sum h = +0.528$		

2）计算、检核

（1）计算。每一测站可测得前后视两点的高差，即

$$h_1=a_1-b_1$$
$$h_2=a_2-b_2$$
$$\vdots$$
$$h_n=a_n-b_n$$

将各式相加，得

$$h_{AB}=\sum h=\sum a-\sum b$$

则 B 点的高程为

$$H_B=H_A+\sum h$$

（2）检核。为了保证水准测量记录手簿中数据的正确性，应对手簿中的高差和高程进行检核，即后视读数之和减前视读数之和应等于各测站测得的高差代数；否则，说明计算有错。

3）测站检核

对于每一个测站，为了保证观测数据的正确性，必须进行测站检核，测站检核的方法有双面尺法和变换仪器高法。

五、水准测量的成果计算

普通水准测量外业观测结束后，首先对外业的观测记录手簿进行计算检核，检查无误后才能按水准路线布设形式进行成果计算。

1．普通水准测量的精度要求

不同等级的水准测量，高差闭合差容许值的规定不同。对于普通水准测量，高差闭合差的容许值 f_h 按下面公式计算。

$$f_{h容}=\pm40\sqrt{L}\quad（mm）（平地）$$
$$f_{h容}=\pm12\sqrt{n}\quad（mm）（山地）$$

式中，L——水准路线长度，单位为 km；

n——水准路线测站数。

2．成果计算（结合实例讲解）

1）附合水准路线成果计算

【例 2】附合水准路线图如图 2-9 所示，A、B 两点为已知高程的水准点，A 点的高程 H_A=85.376m，B 点的高程 H_B=88.623m；1、2、3 为高程待定点；h_1、h_2、h_3、h_4 为各测段高差观测值；n_1、n_2、n_3、n_4 为各测段测站数。

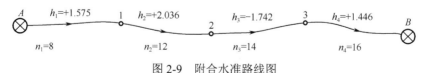

图 2-9　附合水准路线图

计算步骤如下。

（1）填写观测数据和已知数据。将图 2-9 中的观测数据（各测段的测站数、实测高差）

及已知数据（A、B两点已知高程）填入表 2-2 相应的栏内。

（2）计算高差闭合差

$$f_h = \sum h_{测} - (H_B - H_A) = +3.315 - (88.623 - 85.376) = +0.068（m）$$

（3）高差闭合差的容许值为

$$f_{h容} = \pm 12\sqrt{n} = \pm 12\sqrt{50} = \pm 85（mm）$$

由上述内容可知，$|f_h| < |f_{h容}|$，高差闭合差在限差范围内，说明观测成果的精度符合要求。

（4）高差闭合差调整。

高差闭合差调整的方法：按与测段距离或测站数成正比例的原则反其符号进行分配，其调整值称为改正数，即

$$v_i = -\frac{f_h}{\sum n} L_i \ \text{或}\ v_i = -\frac{f_h}{\sum n} n_i$$

本例是按测站数进行改正数计算的，各测段改正数为

$$v_1 = -\frac{f_h}{\sum n} n_1 = -\frac{68}{50} \times 8 = -11（mm），\quad v_2 = -\frac{f_h}{\sum n} n_2 = -\frac{68}{50} \times 12 = -16（mm）$$

$$v_3 = -\frac{f_h}{\sum n} n_3 = -\frac{68}{50} \times 14 = -19（mm），\quad v_4 = -\frac{f_h}{\sum n} n_4 = -\frac{68}{50} \times 16 = -22（mm）$$

将各测段改正数分别填入表 2-2 中的第 5 列。

表 2-2　水准路线高差闭合差调整与高程计算

测 段 编 号	点　　名	测 站 数	实测高差（m）	改正数（m）	改正后高差（m）	高程（m）
1	2	3	4	5	6	7
1	A	8	+1.575	−0.011	+1.564	85.376
2	1	12	+2.036	−0.016	+2.020	86.940
3	2	14	−1.742	−0.019	−1.761	88.960
4	3	16	+1.446	−0.022	+1.424	87.199
	B					88.623
$\sum$		50	+3.315	−0.068	+3.247	
辅助计算	f_h=+68mm　　　　n=50					
	f_h/n=−1.36mm/站　　$f_{h容}$=$\pm 12\sqrt{50}$mm = ± 85mm					

（5）改正后高差的计算。各测段改正后的高差等于实测高差加上相应的改正数，即

$$\bar{h} = h_{i测} + v_i$$

各测段改正后的高差为

$$\bar{h}_1 = h_1 + v_1 = +1.564（m）$$

$$\bar{h}_2 = h_2 + v_2 = +2.020（m）$$

$$\bar{h}_3 = h_3 + v_3 = -1.761（m）$$

$$\bar{h}_4 = h_4 + v_4 = +1.424（m）$$

将各测段改正后的高差填入表 2-2 中第 6 列。

注意：改正后的各测段高差代数和应与水准点 A、B 的高差 $H_B - H_A$ 相等，据此对改正后的各测段高差进行检核。

$$\sum \overline{h} = H_B - H_A = +3.247（\text{m}）$$

（6）高程的计算。根据已知水准点 A 的高程和改正后高差，按顺序逐点推算各点的高程，即

$$H_1 = H_A + \overline{h}_1 = 85.376 + 1.564 = 86.940（\text{m}）$$

$$H_2 = H_1 + \overline{h}_2 = 86.940 + 2.020 = 88.960（\text{m}）$$

$$H_3 = H_1 + \overline{h}_3 = 88.960 - 1.761 = 87.199（\text{m}）$$

最后推算的 B 点高程应等于 B 点的已知高程，即

$$H_{\text{算}} = H_B（\text{已知}） = 88.623（\text{m}）$$

以此来检核高程推算的正确性。将推算出的各点高程填入表 2-2 中的第 7 列。

2）闭合水准路线成果计算

【例 3】闭合水准路线图如图 2-10 所示，BM_1 为已知水准点，1、2、3、4 点为待测高程的水准点。

计算步骤如下。

（1）将已知数据和观测数据填入闭合水准路线成果计算表（见表 2-3）中。

（2）高差闭合差的计算。

$$f_h = \sum h_{\text{测}} = +0.039（\text{m}）$$

（3）高差闭合差容许值的计算。

$$f_{h容} = \pm 12\sqrt{n} = \pm 12\sqrt{49} = \pm 84（\text{mm}）$$

由上述内容可知，$|f_h| \leqslant |f_{h容}|$，外业观测成果合格。

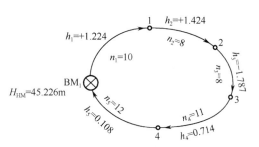

图 2-10　闭合水准路线图

表 2-3　闭合水准路线成果计算表

测段编号	点　名	测站数	实测高差（m）	改正数（m）	改正后高差（m）	高程（m）	点　名
1	2	3	4	5	6	7	8
1	BM_1	10	+1.224	-0.008	+1.216	45.226	BM_1
2	1	8	+1.424	-0.006	+1.418	46.442	1
3	2	8	-1.787	-0.006	-1.793	47.860	2
4	3	11	-0.714	-0.009	-0.723	46.067	3
5	4	12	-0.108	-0.010	-0.118	45.344	4
	BM_1					45.226	BM_1
$\sum$		49	+0.039	-0.039	0.000		
辅助计算	$f_h = \sum h_{\text{测}} = +0.039\text{m}$		$f_{h容} = \pm 12\sqrt{n} = \pm 84\text{mm}$		$\sum v = -39\text{mm}$		

（4）高差闭合差的调整。

高差闭合差的调整方法：按与测段距离或测站数成正比的原则，反其符号进行分配，即

$$v_i = -\frac{f_h}{\sum l}l_i \text{ 或 } v_i = -\frac{f_h}{\sum n}n_i$$

本例是按测站数来计算各测段改正数的，则

$$v_1 = -\frac{f_h}{\sum n}n_1 = -\frac{39}{49}\times10 = -8 \text{（mm）}, \quad v_2 = -\frac{f_h}{\sum n}n_2 = -\frac{39}{49}\times8 = -6 \text{（mm）}$$

$$v_3 = -\frac{f_h}{\sum n}n_3 = -\frac{39}{49}\times8 = -6 \text{（mm）}, \quad v_4 = -\frac{f_h}{\sum n}n_4 = -\frac{39}{49}\times11 = -9 \text{（mm）}$$

$$v_5 = -\frac{f_h}{\sum n}n_5 = -\frac{39}{49}\times12 = -10 \text{（mm）}$$

检核。

$$\sum v = -f_h = -39 \text{（mm）}$$

将各测段改正数分别填入表 2-3 中的第 5 列。

（5）改正后高差的计算。

各测段改正后的高差等于实测高差加上相应的改正数，即

$$\overline{h} = h_{i测} + v_i$$

将各测段改正后高差填入表 2-3 中第 6 列。

（6）高程的计算。

根据已知水准点 A 的高程和各测段改正后的高差，依次逐点推算出各点的高程，将推算出的各点高程填入表 2-3 中第 7 列。

最后推算的 BM_1 点高程应等于已知高程；否则，说明高程计算有误。

3）支水准路线成果计算

（1）计算高差闭合差：$f_h = \sum h_{往} + \sum h_{返}$。

（2）计算高差闭合差容许值：$f_{h容} = \pm40\sqrt{L}$（mm）或 $f_{h容} = \pm12\sqrt{n}$（mm）比较 $|f_h| \le |f_{h容}|$，外业观测成果合格。

（3）计算平均高差：$\quad h_{平均} = 往测符号\dfrac{|h_{往}| + |h_{返}|}{2}$

（4）计算高程：$\qquad\qquad\qquad H_{终} = H_{起} + h_{平均}$

【例 4】如图 2-11 所示，已知水准点 A 的高程为 77.665m，每往、返测站共为 16 站。试求：（1）该水准路线的高差闭合差；（2）该水准路线的高差闭合差容许值；（3）如果高差闭合差不超过限差，试求 1 点的高程。

计算步骤如下。

（1）计算高差闭合差。

$$f_h = \sum h_{往} + \sum h_{返} = -1.379 + 1.393 = +0.014 \text{（m）}$$

（2）计算高差闭合差的容许值。

$$f_{h容} = \pm12\sqrt{n} = \pm12\sqrt{16} = \pm48 \text{（mm）}$$

因为 $|f_h| \le |f_{h容}|$，外业观测成果合格。

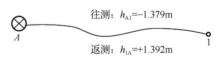

往测：$h_{A1} = -1.379\text{m}$

返测：$h_{1A} = +1.392\text{m}$

图 2-11　支线水准路线

（3）计算平均高差。

$$h_{A1} = -\frac{\left|h_{往}\right| + \left|h_{返}\right|}{2} = -\frac{\left|-1.379\right| + \left|1.393\right|}{2} = -1.386（m）$$

（4）计算高程。

$$H_1 = H_A + h_{A1} = 77.665 + (-1.386) = 76.279（m）$$

1 点的高程为 76.279m。

六、微倾式水准仪的检验

如图 2-12 所示，水准仪的主要轴线有四个：视准轴 CC（水平）、水准管轴 LL（水平）、圆水准器轴 $L'L'$（铅直）和仪器竖轴 VV（铅直）。

水准仪的主要轴线间应满足的条件：①圆水准器轴 $L'L'$ 应平行于仪器竖轴 VV；②十字丝中丝应垂直于仪器竖轴 VV；③水准管轴 LL 应平行于视准轴 CC（主要条件）。

圆水准器轴 $L'L'$ 平行于仪器竖轴 VV 的检验方法。①安置水准仪，转动脚螺旋使圆水准器气泡居中；②将仪器绕竖轴旋转 180°，如果气泡仍居中，说明此条件满足，否则需要校正。

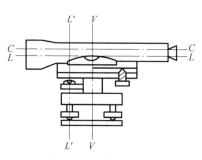

图 2-12　水准仪的轴线

十字丝中丝垂直于仪器竖轴 VV 的检验方法。①将水准器整平；②用十字丝交点瞄准一明显点状目标，拧紧制动螺旋；③转动微动螺旋，使望远镜在水平方向上转动，如果点状目标始终在中丝上移动，说明此条件满足，否则需要校正。

水准管轴 LL 平行于视准轴 CC 的检验方法。①在平坦地面上→相距 80～100m 选择两点 A、B→打入木桩或放置尺垫→皮尺丈量定出中点 O→$D_{AO}=D_{OB}$；②在 O 点安置水准仪→在 A、B 两点竖立水准尺→瞄准、精平、读出 a_1 和 b_1→因 $D_{AO}=D_{OB}$，故 $x_1=x_2$→$h_{AB}=(a_1-x_1)-(b_1-x_2)=a_1-b_1$→采用两次仪高法观测→高差之差应小于 3mm→取平均值作为最后结果；③将水准仪安置在靠近 A 点处→粗平、瞄准、精平、读出 a_2 和 b_2→$h'_{AB}=a_2-b_2$，如果 $h_{AB}=h'_{AB}$，说明此条件满足；如果 $h_{AB}\neq h'_{AB}$，且相差在 5mm 以上，则需要校正。

（1）关于水准仪的四个主要轴线和它们之间应满足的条件，只要能分清哪条是水平的，哪条是铅直的，水平的和水平的只能平行，铅直的和铅直的只能平行，水平的和铅直的只能垂直，这样理解的话会比较容易分清它们之间的空间位置关系。要注意的是在三个满足条件中有一个主要条件是水准管轴 LL 应平行于视准轴 CC，这个知识点经常考选择题。

（2）关于水准仪的检验只要能理解它们的基本过程就可以。

七、水准测量误差与注意事项

1．测量误差产生的原因

（1）人的原因。观测者感觉器官的鉴别能力有限，无论如何仔细工作，在安置仪器、瞄准目标及读数等方面均会产生误差。

（2）仪器原因。由于仪器的构造不可能十分完善，或仪器使用一段时间后，仪器结构发生变化，导致观测值的精度受到一定的影响，不可避免地存在误差。

（3）外界条件。在观测过程中，外界条件（如温度、风力及亮度等）的变化，必然给观测结果带来误差。

2．水准测量误差

水准测量误差包括仪器误差、观测误差及由于外界条件的影响产生的误差。

1）仪器误差

（1）水准管轴与视准轴不平行的误差。

水准管轴与视准轴不平行，虽然经过校正，但仍存在残差。减弱措施：在观测时尽量保持前后视距基本相等。

（2）水准尺误差。

水准尺误差是水准尺刻线不准确、尺长变化、弯曲、尺底磨损等原因造成的，因此水准尺要经过检核才能使用。水准尺底部磨损会引起水准尺零点误差，使测段的测站数为偶数可消除该项误差。

2）观测误差

（1）管水准器气泡的居中误差。

管水准器气泡的居中误差是由管水准器气泡没有居中引起的。减弱措施：每次在读数时，都要使气泡严格居中。

（2）读数误差。

读数误差是由在水准尺上估读毫米数不准确引起的，可以根据观测精度，选择相应等级的水准仪和视线长度来削弱该项误差。应熟练掌握水准尺的读数方法和技巧，提高读数精度。

（3）视差。

视差是由十字丝平面与水准尺影像不重合引起的。减弱措施：在观测时要仔细调焦，严格消除视差。

（4）水准尺倾斜误差。

水准尺倾斜误差是由水准尺倾斜使尺上读数增大引起的。减弱措施：水准尺必须扶直。

3）外界条件影响产生的误差

（1）水准仪下沉误差。

水准仪下沉，视线降低，从而引起高差误差。减弱措施：采用"后→前→前→后"的观测顺序。

（2）尺垫下沉误差。

尺垫下沉误差是由尺垫下沉引起的。减弱措施：采用往返观测的方法。

（3）地球曲率、大气折光的影响误差。

该误差是由地球曲率、大气折光引起的。减弱措施：在观测时，保持前后视距基本相等。精度要求较高的水准测量，在观测时还应选择良好的观测时间，一般认为在日出后或日落前 2 小时较好。

（4）温度的影响误差。

温度的影响误差是由温度变化引起的。减弱措施：可以采用撑伞遮阳的方法；避免在强烈的阳光下观测。

 例题解析

1．A 点尺子读数为 a，B 点尺子读数为 b。如果 $a>b$，则高差 h_{AB} 为正，表示 B 点比 A 点低。（　　）

【答案与解析】本题错误。此判断题就是考查了两点的高低问题，遇到这种类型的题，只要记清尺子读数大的，说明此点低，读数小说明此点高。考题中说 $a>b$，所以 B 点比 A 点高。

2．管水准器用于粗略整平仪器，圆水准器用于精确整平仪器。（　　）

【答案与解析】此题错误。本题就考查了两种水准器的作用，一定要分清圆水准器是用于粗略整平仪器，管水准器是用于精确整平仪器。

3．水准仪在粗略整平过程中，气泡的移动方向与（　　）运动方向一致。
　　A．右手食指　　　B．左手食指　　　C．右手拇指　　　D．左手拇指

【答案与解析】答案 D。本题就考查了圆水准器气泡的调节方法，气泡的移动方向是和左手拇指的移动方向一致，如果使用不规范会影响整平效率。

4．可用大木桩打入地下，桩顶钉一半球形金属钉，作为（　　）的标志。
　　A．半永久性水准点　　　　　　　B．永久性水准点
　　C．半临时性水准点　　　　　　　D．临时性水准点

【答案与解析】答案是 D。本题考查了永久性水准点和临时性水准点的概念，区别永久性水准点和临时性水准点的概念最好的方法是记清它们的制作材料。永久性水准点一般用混凝土制成；临时性水准点一般用木桩。

5．水准仪的（　　）与仪器竖轴平行。
　　A．水准管轴　　　B．十字丝横丝　　　C．圆水准器轴　　　D．视准轴

【答案与解析】答案为 C。本题考查了水准仪的主要轴线间应满足的条件，水准仪的圆水准器轴应平行于仪器竖轴。它的三条轴线应满足的条件也是常考点，一定要分清它们之间的关系，千万不能混淆。

6．在水准仪测量中，注意前、后视距相等可消除对（　　）高差的影响。
　　A．水准管轴不平行于视准轴　　　　B．整平误差
　　C．温度变化　　　　　　　　　　　D．圆水准器轴不平行于竖轴

【答案与解析】答案为 A。本题考查的是水准测量的误差消除方法，并且还是逆向思维出题。这就要求知识必须活学活用。采用前、后视距相等可消除水准管轴不平行于视准轴和地球曲率和大气折光，答案并没有地球曲率和大气折光，所以选水准管轴不平行于视准轴。

 单元练习

一、选择题

1．在用微倾式水准仪进行水准测量时，每次读数前都要（　　）。
　　A．重新转动脚螺旋整平仪器
　　B．转动脚螺旋使管水准器气泡居中
　　C．转动微倾螺旋使管水准器气泡居中

D．重新调平圆水准器气泡和管水准器气泡

2．下列说法正确的是（　　）。

A．水准仪必须安置在两点的连线上，且使前后视距相等

B．水准仪不一定安置在两点的连线上，但应使前后视距相等

C．水准仪可安置在任何位置，前后视距不一定相等

D．水准仪必须安置在两点的连线上，但前后视距不一定相等

3．在进行普通水准测量时，在同一测站上，读完后视读数后发现管水准器气泡不居中，可（　　）后继续读数。

A．转动脚螺旋使气泡居中　　　　　B．转动微倾螺旋使气泡居中

C．转动脚架使气泡居中　　　　　　D．转动微动螺旋使气泡居中

4．在水准测量中，尺垫应放在（　　）上。

A．转点　　　　B．已知点　　　　C．待测点　　　　D．测站点

5．视差产生的原因是（　　）。

A．十字丝平面与水准尺影像不重合　B．标尺倾斜

C．没有瞄准目标　　　　　　　　　D．观测者视力差

6．单一水准路线无法进行自身检核的是（　　）。

A．闭合水准路线　　　　　　　　　B．附合水准路线

C．支水准路线　　　　　　　　　　D．水准路线网

7．水准仪的主要作用是（　　）。

A．照准目标　　　　　　　　　　　B．提供一条水平视线

C．看水准尺　　　　　　　　　　　D．读数

8．高差闭合差按（　　）成正比例的原则进行分配。

A．与测站数　　　　　　　　　　　B．与高差的大小

C．与测段距离或测站数　　　　　　D．与高程的大小

9．在进行水准测量时，若水准尺竖立不直，则其读数（　　）。

A．变大　　　　B．变小　　　　C．不变　　　　D．不能确定

10．在水准测量中，设 A 为后视点，B 为前视点，A 点水准尺读数为1.653m，B 点水准尺读数为1.762m，已知 A 点高程为90.000m，则视线高程为（　　）m。

A．91.762　　　B．89.891　　　C．89.401　　　D．91.653

11．在进行水准测量时，要求每测段设置偶数测站，这是为了消除（　　）。

A．水准尺分划误差影响　　　　　　B．仪器下沉的影响

C．尺底零点误差的影响　　　　　　D．水准尺下沉的影响

12．水准仪望远镜的视准轴是（　　）。

A．物镜光心与目镜光心　　　　　　B．目镜光心与十字丝交点

C．物镜光心与十字丝交点　　　　　D．对光透镜与十字丝交点

13．在水准测量中，转点的作用是传递（　　）。

A．方向　　　　B．高程　　　　C．距离　　　　D．角度

14．在进行普通水准测量时，水准尺上的读数通常应读至（　　）。

A．0.1mm　　　B．5mm　　　C．1mm　　　D．10mm

15．水准仪的操作步骤是（　　）。

A．瞄准水准尺→粗平→精平→读数

B．粗平→瞄准水准尺→精平→读数

C．粗平→精平→瞄准水准尺→读数

D．瞄准水准尺→精平→读数→粗平

16．在进行水准测量时，视线高程是（　　）。

    A．后视读数减前视读数   B．后视点高程加后视读数

    C．前视点高程加后视读数   D．地面到水准仪目镜中心的高度

17．水准仪应满足的主要条件是（　　）。

    A．横丝应垂直于仪器的竖轴

    B．望远镜的视准轴不因调焦而变动位置

    C．水准管轴应与望远镜的视准轴平行

    D．圆水准器轴应平行于仪器的竖轴

18．水准仪的（　　）与仪器竖轴平行。

    A．视准轴   B．圆水准器轴   C．横丝   D．水准管轴

19．水准测量的目的是（　　）。

    A．测定点的平面位置   B．测定两点间的高差

    C．读取水准尺读数   D．测定点的高程

20．由水准测量的原理可知，水准测量必需的仪器和工具是（　　）。

    A．水准仪、垂球   B．经纬仪、觇牌

    C．水准仪、水准尺   D．经纬仪、钢尺

二、判断题

1．塔尺上黑白（或红白）格相间，每格宽度为 1cm。　　　　　　　　　　　（　　）

2．如果测站高差为负值，则后视立尺点位置高于前视立尺点位置。　　　　（　　）

3．高差等于前视读数减后视读数。　　　　　　　　　　　　　　　　　　（　　）

4．圆水准器用于精确整平仪器。　　　　　　　　　　　　　　　　　　　（　　）

5．产生视差的原因是望远镜的性能有缺陷。　　　　　　　　　　　　　　（　　）

6．如果 $a>b$，则高差 h_{AB} 为正，表示 B 点比 A 点高；如果 $a<b$，则高差 h_{AB} 为负，表示 B 点比 A 点低。　　　　　　　　　　　　　　　　　　　　　　　　　　　　（　　）

7．在进行水准测量时，后视读数前调管水准器，而读前视读数不再调管水准器。

（　　）

8．视准轴是望远镜物镜的光心和十字丝中心的连线。　　　　　　　　　　（　　）

9．转点是用来传递高程的，在转点上不应放尺垫。　　　　　　　　　　　（　　）

10．通过水准管零点的圆弧切线 LL，称为水准管轴。当管水准器气泡居中时，水准管轴处于水平位置。　　　　　　　　　　　　　　　　　　　　　　　　　　　　　（　　）

11．转动物镜对光螺旋，可以使水准尺的影像清晰。　　　　　　　　　　　（　　）

12．通过圆水准器零点的球面法线 $L'L'$ 称为圆水准器轴。当圆水准器气泡居中时，圆水准器轴处于铅垂位置。　　　　　　　　　　　　　　　　　　　　　　　　　　　（　　）

13．基座的作用是支撑仪器的上部，并通过连接螺旋将仪器与三脚架相连。　（　　）

14．在水准测量中，初步瞄准是通过望远镜筒上方的照门和准星瞄准水准尺的。（　　）

15．水准仪的仪器误差是由水准管轴与视准轴不平行引起的，可以使水准气泡严格居中来削弱这项误差。　　　　　　　　　　　　　　　　　　　　　　　　　　　　（　　）

16．水准尺零点误差可以采用使测段的测站数为偶数的方式消除。　　　（　　）

17．水准仪在测站安置好并粗略整平后，瞄准水准尺即可进行读数。　　（　　）

18．仪器下沉误差可以采用后→前→前→后的观测顺序来削弱。　　　　（　　）

19．对于普通水准测量，高差闭合差的容许值计算公式一般采用 $f_{h容}=\pm 40\sqrt{n}$ （mm）。

（　　）

20．由尺垫下沉引起的误差可以采用往返观测的方法削弱。　　　　　　（　　）

三、名词解释

1．水准测量。

2．水准点。

3．附合水准路线。

4．闭合水准路线。

5．支水准路线。

四、简答题

1．水准仪由哪几部分组成？各部分的作用是什么？

2．简述望远镜瞄准水准尺的步骤。

3．圆水准器和管水准器各有什么作用？

4．如何进行精确整平？

5．什么是视差？怎样消除视差？

6．在水准测量中，采用前后视距相等的方法可以消除哪些误差？

五、计算题

1．设 A 点为后视点，B 点为前视点，A 点高程为 75.328m，当后视读数为 1.552m，前视读数为 1.202m 时，问高差 h_{AB} 是多少？B 点比 A 点高还是低？B 点高程是多少？

2．水准测量的观测数据已填入该表格中，试计算各测站的高差和各点的高程，已知 A 点的高程为 60.000m，完成表 2-4 中的计算。

表 2-4　题 2 表

测　站	测　　点	水准尺读数（m）		高差（m）	高程（m）
		后视	前视		
1	BM$_A$	0.856	1.737		60.000
	TP$_1$				
2	TP$_1$	1.562	1.645		
	TP$_2$				
3	TP$_2$	1.278	0.805		
	TP$_3$				
4	TP$_3$	1.567	1.448		
	BM$_B$				
检核计算		$\sum a-\sum b=$			$\sum h=$

3．如图 2-13 所示，A、B 为已知高程水准点，1、2、3 点为待测高程水准点，采用普通水准测量方法观测，其已知数据和观测数据如表 2-5 所示。试求该水准路线的高差闭合差，如果符合限差要求，进行高差闭合差的调整，求出改正的各段高差，以及 1、2、3 点的高程，将计算结果填入表 2-5，要求有相关的计算步骤。

图 2-13　附合水准路线图

H_A=100.00；h_1=+1.253；L_1=0.8km；h_2=+2.206；L_2=0.6km；h_3=-1.699；L_3=1.2km；H_B=102.504；h_4=+0.724；L_4=1.4km

表 2-5　题 3 表

测段编号	点　　名	距离（km）	实测高差（m）	改正数（m）	改正后高差（m）	高程（m）
1	A	0.8	+1.253			100.000
	1					
2		0.6	+2.206			
	2					
3		1.2	-1.699			
	3					
4		1.4	+0.724			
	B					102.504
$\sum$						
辅助计算	$f_h=\sum h_{测}-(H_B-H_A)=$ 每千米改正数$-f_h/L=$		$f_{h容}=\pm 40\sqrt{L}=$ $\sum v=$			

4．如图 2-14 所示，已知水准点 A 的高程为 115.665m，采用普通水准测量方法观测，每往、返测站共为 4 站。

试求：（1）该水准路线的高差闭合差；

（2）该水准路线的高差闭合差容许值；

（3）若高差闭合差不超过限差，则试求 1 点的高程。

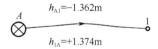

图 2-14　支线水准路线图

第三章　角度测量

知识导图

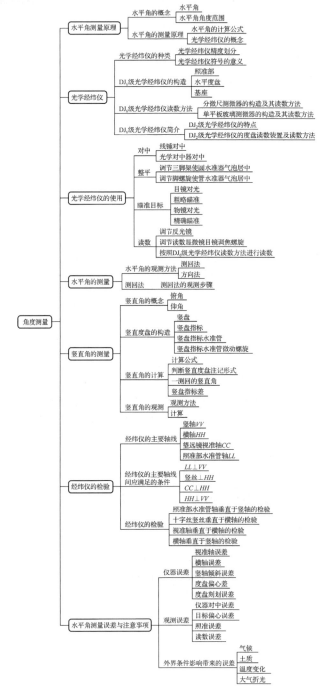

复习要求

1. 掌握水平角的概念，了解水平角测量原理。
2. 了解 DJ_6 级光学经纬仪的构造及各个部件名称和作用。
3. 能够正确使用光学经纬仪进行角度测量。
4. 掌握用 DJ_6 级光学经纬仪按测回法测量水平角的方法与步骤。
5. 掌握竖直角的概念、光学经纬仪竖直度盘的刻划形式及竖直角的计算方法。
6. 了解光学经纬仪主要轴线间应满足的条件。
7. 了解角度测量应注意事项。
8. 会用 DJ_6 级光学经纬仪按测回法观测要求测量的水平角。

考点详解

一、水平角测量原理

1. 水平角的概念

水平角：是指空间相交的两条直线在同一水平面上的投影所夹的角，用 β 表示。水平角的角度范围为 $0°\sim360°$。

2. 水平角测量原理

为了测定水平角的大小，如图 3-1 所示，设想在 O 点铅垂线上任一处 O' 点，水平安置一个按顺时针 $0°\sim360°$ 均匀分划的水平刻度圆盘，使刻度圆盘圆心正好位于 O 点的铅垂线上，通过 OB、OA 的竖直平面相交，在水平刻度圆盘上的相交读数分别为 b 和 a，则水平角 $\beta=b-a$。

光学经纬仪就是根据水平角测量原理设计的一种测角仪器。

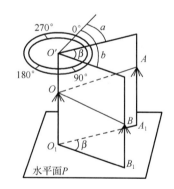

图 3-1 水平角测量原理

二、光学经纬仪

光学经纬仪（简称经纬仪）的种类很多，但基本结构大致相同，按其测角精度划分为 DJ_{07}、DJ_1、DJ_2、DJ_6、DJ_{15} 等几个等级，下标数字为该等级仪器一测回方向观测中误差的秒数。在建筑工程测量中，常用的是 DJ_6 级光学经纬仪和 DJ_2 级光学经纬仪。

1. DJ_6 级光学经纬仪的基本构造

DJ_6 级光学经纬仪如图 3-2 所示。

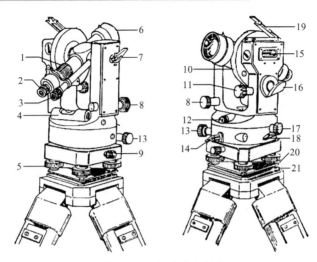

图 3-2　DJ₆ 级光学经纬仪

1—对光螺旋；2—目镜；3—读数显微镜；4—照准部管水准器；5—脚螺旋；6—望远镜物镜；7—望远镜制动螺旋；

8—望远镜微动螺旋；9—中心锁紧螺旋；10—竖直度盘；11—竖直度盘指标管水准器微动螺旋；12—光学对中器目镜；

13—水平微动螺旋；14—水平制动螺旋；15—竖直度盘指标管水准器；16—反光镜；17—水平度盘变换手轮；

18—保险手柄；19—竖直度盘指标管水准器反光镜；20—托板；21—底板

（1）照准部。

照准部是指水平度盘以上能转动的部分。照准部的旋转轴称为仪器的竖轴。通过调节水平制动螺旋和水平微动螺旋，可以控制照准部在水平方向上转动。

照准部主要由望远镜、竖直度盘、照准部管水准器、读数装置、支架和光学对中器组成。

① 望远镜：望远镜用于瞄准目标。望远镜的旋转轴称为横轴，望远镜通过横轴安装在支架上，通过调节望远镜制动螺旋和望远镜微动螺旋，可以控制望远镜在竖直面内转动。

② 竖直度盘：竖直度盘用于测量竖直角，竖直度盘固定在横轴的一端，随望远镜一起转动。与竖直度盘配套的有竖直度盘指标管水准器和竖直度盘指标管水准器微动螺旋。

③ 照准部管水准器：照准部管水准器用来精确整平仪器。

④ 读数装置：读数装置用于读取水平度盘和竖直度盘的读数。

⑤ 支架：支架用于支撑望远镜的横轴。

⑥ 光学对中器：光学对中器用于使水平度盘中心位于测站点的铅垂线上。

（2）水平度盘。

水平度盘用于测量水平角，它是由光学玻璃制成的刻有度数分划线的圆盘，按顺时针方向由 0°注记至 360°，相邻两分划线之间的格值为 1°或 30′。

照准部在转动时，水平度盘并不随之转动。若需要改变水平度盘的位置，则可用照准部的水平度盘变换手轮或复测扳手将水平度盘变换到所需位置。

（3）基座。

基座用于支撑整个仪器，并通过中心螺旋使光学经纬仪固定在三脚架上。基座上有三个脚螺旋用来整平仪器。

2. 读数装置与读数方法

如图 3-3 所示，DJ₆ 级光学经纬仪的水平度盘分划线和竖直度盘分划线通过一系列棱镜和透镜，成像于读数显微镜内，观测者通过读数显微镜读取度盘读数。各种光学经纬仪因读数装置不同，读数方法也不一样。对于 DJ$_6$ 级光学经纬仪，常用分微尺测微器。

在读数显微镜中可以看到水平度盘（注有 H 或水平）和竖直度盘（注有 V 或竖直）两个读数窗。每个读数窗上刻有分成 60 小格的分微尺，分微尺长度等于度盘间隔 1° 的两分划线之间的影像宽度，因此分微尺上 1 小格代表 1′，可估读到 0.1′（6″）。

在读数时，先调节读数显微镜目镜，以能清晰地看到读数窗内度盘的影像；然后直接读取分微尺上度盘分划线的注记度数；再以度盘分划线为指标，在分微尺上读取不足 1° 的分数，并估读秒数（秒数只能是 6 的倍数），即得光学经纬仪照准方向的读数。

如图 3-3 所示，水平度盘读数 213°01′24″，垂直度盘读数 95°55′30″。

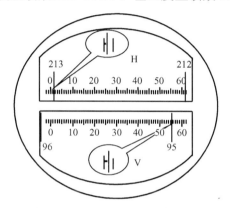

图 3-3　DJ$_6$ 级光学经纬仪读数装置

三、光学经纬仪的使用

光学经纬仪的使用包括对中、整平、瞄准、读数。

1. 对中

对中的目的是使仪器的中心（水平度盘的中心）与测站点（标志中心）位于同一铅垂线上。

（1）线锤对中。

① 将三脚架安置在测站上，使架头的中心大致对准测站点标志中心，调节脚架腿使三脚架高度适中，架头大致水平。

② 踩紧三脚架，将仪器从箱中取出，用连接螺旋将仪器装在三脚架上，挂上线锤。

③ 如果线锤尖距测站点标志中心较远，则平移三脚架，使线锤尖大致对准测站点标志中心，然后将脚架尖踩入土中。

④ 稍旋松中心螺旋，在架头上平移仪器，使线锤尖精确对准测站点标志中心，最后将连接螺旋拧紧。

线锤对中误差一般不应大于 3mm。

（2）光学对中器对中。

① 打开三脚架，使三脚架高度适中（齐胸），架头大致水平，用线锤（或目估）初步对中。

② 调节光学对中器，使测站标志的影像清晰。

③ 转动脚螺旋，使光学对中器对准测站标志。

④ 升降三脚架，使圆水准器气泡居中。

⑤ 转动脚螺旋，使照准部管水准器气泡精确居中。

⑥ 检查光学对中器是否对准测站标志，若对中有小的偏差，可略微旋松中心螺旋，在架头上平移仪器，精确对中后将连接螺旋拧紧。

光学对中器对中的误差可控制在 1mm 以内。

光学对中比线锤对中精度高，并且受其他因素影响较小，建筑工地大多采用光学对中器对中。

2．整平

整平的目的是使仪器竖轴竖直，水平度盘处于水平位置。

具体整平步骤如下。

（1）转动照准部使照准部管水准器与任意两个脚螺旋连线平行。

（2）两手同时反向转动这两个脚螺旋，使管水准器气泡居中（气泡移动方向与左手大拇指移动方向一致）。

（3）将照准部旋转 90°，使管水准器垂直于原两脚螺旋的连线，调整第三个脚螺旋使气泡居中。

整平误差一般不得大于一格。

反复进行对中和整平，直到照准部转至任意位置水准管气泡偏离零点都不超过一格，且地面标志在光学对中器照准标志中心为止。

3．瞄准目标

在测量水平角时，要用望远镜十字丝分划板的竖丝精确地瞄准（竖丝平分或夹准）目标，具体操作步骤如下。

（1）目镜对光。将望远镜朝向天空或明亮背景，调节目镜调焦螺旋，使十字丝分划清晰。

（2）粗略瞄准。利用望远镜上的照门和准星粗略对准目标，在望远镜内能够看到物像，再拧紧水平制动螺旋和望远镜制动螺旋。

（3）物镜对光。转动物镜对光螺旋，使目标清晰。

（4）精确瞄准并消除视差。转动水平微动螺旋和望远镜微动螺旋，精确地瞄准目标。眼睛微微上下移动，检查有无视差，若有，转动物镜对光螺旋、目镜对光螺旋予以消除。注意尽量瞄准目标的底部。

4．读数

（1）先将反光镜打开使其处于适当角度，让读数窗明亮且亮度适中。

（2）旋转读数显微镜目镜调焦螺旋，使分划和注记清晰。

（3）按前面介绍的 DJ_6 级光学经纬仪的读数方法进行读数。

光学经纬仪的使用步骤为对中→整平→瞄准→读数。

四、水平角的测量

1．水平角的观测方法

常用的水平角的观测方法有测回法和方向法。

（1）测回法是测角的基本方法，用于两个目标方向之间的水平角的观测。

（2）方向法又称全圆测回法，用于多于两个目标方向之间的水平角的观测。

建筑工程测量中常采用测回法。

2．测回法的观测步骤

如表 3-1 中的示意图所示，设要观测 $\angle AOB$ 的水平角。

表 3-1　水平角测回法记录表

测站	测回	竖直度盘位置	目标	水平度盘读数 （°′″）	半测回角值 （°′″）	一测回角值 （°′″）	各测回平均值 （°′″）	示　意　图
O	1	左	A 点	0　00　15	90　05　20	90 05 23	90　05　24	
			B 点	90　05　35				
		右	B 点	270　08　32	90　05　26			
			A 点	180　03　06				
O	2	左	A 点	90　03　18	90　05　24	90 05 25		
			B 点	180　08　42				
		右	B 点	0　08　44	90　05　26			
			A 点	270　03　18				

（1）在测站点 O 安置经纬仪，对中、整平，在 A、B 两点设置目标标志。

（2）在盘左（竖直度盘在望远镜的左侧，也称正镜）位置，先精确瞄准左目标 A 点，消除视差，读取水平度盘读数 $a_{左}$，记入表 3-1 中。

（3）顺时针旋转照准部，精确照准右目标 B 点，读取水平度盘读数 $b_{左}$，记入表 3-1 中。以上观测称为上半测回，上半测回的角值 $\beta_{左}=b_{左}-a_{左}$。

（4）盘右（竖直度盘在望远镜的右侧，也称倒镜）位置，先照准右目标 B 点，读取水平度盘读数 $b_{右}$，记入表 3-1 中。

（5）逆时针旋转照准部，照准左目标 A 点，读取水平度盘读数 $a_{右}$，记入表 3-1 中。

（4）（5）观测称为下半测回，下半测回的角值 $\beta_{右}=b_{右}-a_{右}$。

上下半测回合称为一测回。

对于 DJ$_6$ 级光学经纬仪，若半测回角差值小于 40″，则认为观测合格。取上下两个半测回角值的平均值作为一测回的角值。

注意：由于水平度盘是顺时针注记的，因此在计算水平角时，总用右目标的读数减去左目标的读数。如果不够减，则应右目标的读数加上 360°，再减去左目标的读数。

为了提高测角精度，同时削弱度盘分划误差的影响，对角度往往需要观测几个测回，各测回的观测方法相同，但起始方向（见表 3-1 示意图中的 A 点方向）置数不同。若需要观测的测回数为 n，则各测回起始方向的置数应按 180°/n 递增。但应注意，不论观测多少个测回，第一测回的置数均应当为 0°。

五、竖直角的测量

1．竖直角的概念

竖直角：在同一竖直面内，倾斜视线与水平线之间的夹角。

若倾斜视线在水平线的上方，则竖直角称为仰角，取值为正；若倾斜视线在水平线的下方，则竖直角称为俯角，取值为负。竖直角的取值范围为-90°～+90°。

2．竖直度盘的构造

DJ_6 级光学经纬仪竖直度盘主要包括竖直度盘指标管水准器、竖直度盘指标管水准器反光镜和竖直度盘指标水准管微动螺旋。

竖直度盘固定在横轴一端，可随望远镜在竖直面内转动。读取竖直度盘读数的指标不随望远镜转动，通过调节竖直度盘指标管水准器微动螺旋，可使竖直度盘指标管水准器气泡居中。此时，竖直度盘指标就处于正确位置，所以每次在进行竖直度盘读数前，均应先调节竖直度盘指标管水准器气泡使气泡居中或打开竖直度盘指标自动归零补偿器。

竖直度盘是一个用玻璃制作的 360°分划圆盘，注记形式有顺时针和逆时针两种。DJ_6 级光学经纬仪的竖直度盘的注记形式为：当视线水平时，竖直度盘指标管水准器气泡居中，盘左位置的竖直度盘读数为90°，盘右位置的竖直度盘读数为270°，如图3-4所示。

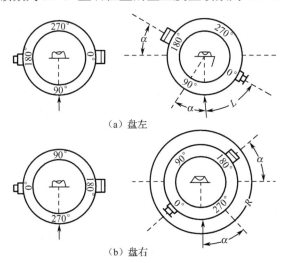

（a）盘左

（b）盘右

图 3-4　DJ_6 级光学经纬仪竖直度盘注记形式

3．竖直角的计算

1）判断竖直度盘注记形式的方法

先使望远镜处于盘左位置，然后将望远镜视线抬高，使视线处于明显的仰角位置：如果此时竖直度盘读数小于 90°，则该竖直度盘为顺时针分划注记；如果此时竖直度盘读数大于90°，则该竖直度盘为逆时针分划注记。

2）竖直角计算公式

竖直角的计算公式因竖直度盘的注记形式不同而不同。对于 DJ_6 级光学经纬仪，设在观测某一目标时，盘左竖直度盘读数为 L，盘右竖直度盘读数为 R。

（1）如果竖直度盘为顺时针方向注记，则竖直角的计算公式为

$$\alpha_{左}=90°-L, \quad \alpha_{右}=R-270°$$

（2）如果竖直度盘为逆时针方向注记，则竖直角的计算公式为

$$\alpha_{左}=L-90°, \quad a_{右}=270°-R$$

（3）一测回的竖直角。

$$\alpha = \frac{1}{2}(\alpha_{左} + \alpha_{右})$$

（4）竖盘指标差。

当望远镜视线水平，竖直度盘指标管水准器气泡居中时，竖直度盘读数应为90°或270°，但实际竖直度盘指标并不指在90°或270°上，而是与其相差 x 角，该角度值称为竖盘指标差，其计算公式为

$$x = \frac{1}{2}(\alpha_{左} - \alpha_{右})$$

盘左、盘右（一个测回）观测取平均值的方法可以消除指标差的影响。

六、经纬仪的检验

1. 经纬仪的主要轴线

经纬仪的主要轴线有竖轴 VV、横轴 HH、视准轴 CC、水准管轴 LL，如图3-5所示。

2. 经纬仪的主要轴线间应满足的条件

为了保证角度观测精确，根据角度测量原理，经纬仪的主要轴线间应满足以下条件。

（1）水准管轴 LL 应垂直于竖轴 VV。

（2）十字丝竖丝应垂直于横轴 HH。

（3）视准轴 CC 应垂直于横轴 HH。

（4）横轴 HH 应垂直于竖轴 VV。

在使用经纬仪前，必须检查经纬仪主要轴线之间是否满足上述条件，若不满足则需要校正。

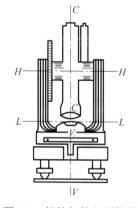

图3-5　经纬仪的主要轴线

七、水平角测量误差与注意事项

在水平角的测量中，影响测角精度的因素很多，主要有仪器误差、观测误差、外界条件影响带来的误差。

1. 仪器误差

仪器虽然经过检验及校正，但总会有残余的误差存在。仪器误差的影响，可以在仪器的工作过程中通过一定的方法予以消除或减小。

主要的仪器误差包括视准轴误差、横轴误差、竖轴倾斜误差、度盘偏心差、度盘刻划误差。

（1）视准轴误差，横轴误差，度盘偏心差。采用盘左、盘右观测取平均值的方法消除

或削弱这些误差。

（2）竖轴倾斜误差。测量前应严格检校仪器，在观测时仔细整平可以消除或削弱该误差。

（3）度盘刻划误差。采取各测回间变换度盘位置的方法消除或减弱该误差。

2．观测误差

观测误差包括仪器对中误差、目标偏心误差、照准误差和读数误差。

（1）仪器对中误差。严格对中可以消除或减弱该误差。

（2）目标偏心误差。尽可能瞄准目标底部可以消除或减弱该误差。

（3）照准误差。选择适宜的观测标志及有利的观测时间可以消除或减弱该误差。

（4）读数误差。选择有利的观测条件，尽量避免不利因素的影响就可以消除或减弱该误差。

3．外界条件影响带来的误差

外界条件影响也会带来测量误差，主要是由气候、松软的土质、温度的变化和大气折光引起的。选择有利的观测条件，尽量避免不利因素的影响可以消除或减弱该误差。

 例题解析

1．水平角的角值范围是（　　　）。

 A．0°～+90°　　　　　　　　　　B．-90°～+90°

 C．-180°～+180°　　　　　　　　D．0°～360°

【答案与解析】答案是 D。本题考查了水平角的角值范围，水平角的角值范围为 0°～360°。本题千万不能选择选项 B，因为它是竖直角的角值范围-90°～+90°。

2．不属于经纬仪照准部组成部分的是（　　　）。

 A．望远镜　　　　B．竖直度盘　　　　C．水平度盘　　　　D．读数装置

【答案与解析】答案是 C。本题考查了经纬仪不同部分的组成部分。照准部的组成部分为望远镜、竖直度盘、照准部管水准器、读数装置、支架和光学对中器。经纬仪的组成部分为照准部、水平度盘、基座。所以选项 C 水平度盘是经纬仪的组成部分，不是经纬仪照准部的组成部分。

3．经纬仪的操作步骤是（　　　）。

 A．对中、整平、瞄准、读数　　　　B．整平、对中、瞄准、读数

 C．对中、精平、瞄准、读数　　　　D．整平、瞄准、读数、记录

【答案与解析】答案是 A。本题考查经纬仪的操作步骤的顺序。按道理讲本题并不难，但是如果本知识点没有掌握牢的话，很容易感觉每个答案都像对的，本题的经典在于选项，四个选项非常相似，只有把经纬仪的操作步骤掌握的很熟练才会不被迷惑。

4．在使用经纬仪对中时，用线锤进行对中的误差一般可控制在 3mm 以内。（　　　）

【答案与解析】正确。本题考查的是线锤对中误差和光学对中器对中误差的数值差别。用线锤对中误差可控制在 3mm 内，光学对中器对中误差可控制在 1mm 内。

5．在一测回观测过程中，发现水准管气泡偏移了 1 格以上，这时需调整气泡后继续观

测。（　　）

【答案与解析】错误。本题是一个延伸的知识点，考查测回法的操作过程，在水平角观测时，一测回内不得重新对中、整平，所以本题错误。在一测回观测过程中，发现水准管气泡偏移了1格以上，这时要继续观测，等到本测回完毕后，才可以重新对中、整平仪器，再进行下测回观测。

6．根据表3-2中数据计算，并将答案填入表中空格，竖直度盘为顺时针注记。

表3-2　例题6表

测站	目标	竖直度盘位置	竖直度盘读数 (°′″)	半测回角值 (°′″)	竖直指标差 (″)	一测回角值 (°′″)
O	A	左	81　18　42			
		右	278　41　30			
	B	左	124　03　30			
		右	235　56　54			

【答案与解析】

测站	目标	竖直度盘位置	竖直度盘读数 (°′″)	半测回角值 (°′″)	竖直指标差 (″)	一测回角值 (°′″)
O	A	左	81　18　42	+8　41　18	-6	+8　41　24
		右	278　41　30	+8　41　30		
	B	左	124　03　30	-34　03　30	-12	-34　03　18
		右	235　56　54	-34　03　06		

像这种表格的计算题，首先要看题目中是哪一种注记方式，本题是顺时针注记方式；其次就可以把顺时针注记时竖直角的一套计算公式写出来，竖直角的计算公式为 $\alpha_左=90°-L$，$\alpha_右=R-270°$；一测回的竖直角计算公式 $\alpha=(\alpha_左+\alpha_右)/2$；竖直指标差计算公式 $x=(\alpha_左-\alpha_右)/2$。最后套公式计算角度。特别要注意的是角度中的"+""−"正负号千万不能丢。一测回的竖直角计算公式中是 $\alpha_左$ 和 $\alpha_右$ 相加，而竖直指标差计算公式中是 $\alpha_左$ 和 $\alpha_右$ 相减，千万别记混淆了。

 单元练习

一、选择题

1．空间相交的两条直线在同一水平面上的投影所夹的角称为（　　）。
　　A．竖直角　　　　　B．水平角　　　　　C．方位角　　　　　D．象限角

2．水平角测量的主要目的是（　　）。
　　A．确定点的平面位置　　　　　　B．确定点的高程
　　C．确定水平距离　　　　　　　　D．确定高差

3．竖直角（　　）。
　　A．只能为正　　　　　　　　　　B．只能为负
　　C．可为正，也可为负　　　　　　D．不能为零

4．在用经纬仪测量水平角时，正倒镜瞄准同一方向所读的水平方向值理论上应相差（　　）。

    A．0°   B．90°   C．180°   D．270°

5．经纬仪整平的目的是使（　　）处于铅垂位置。

    A．仪器竖轴   B．仪器横轴   C．水准管轴   D．视线

6．DJ$_6$级光学经纬仪的主要组成部分是（　　）。

    A．望远镜、水准管、度盘   B．基座、照准部、水平度盘

    C．三脚架、基座、照准部   D．仪器箱、照准部、三脚架

7．经纬仪对中和整平的操作关系是（　　）。

    A．互相影响，应反复进行   B．先对中，后整平，不能反复进行

    C．相互独立进行，没有影响   D．先整平，后对中，不能反复进行

8．经纬仪精平操作应（　　）。

    A．升降脚架   B．调节脚螺旋

    C．调整脚架位置   D．平移仪器

9．经纬仪粗平操作应（　　）。

    A．升降脚架   B．调节脚螺旋

    C．调整脚架位置   D．平移仪器

10．经纬仪的管水准器和圆水准器整平仪器的精确度关系为（　　）。

    A．管水准器精度高   B．圆水准器精度高

    C．精度相同   D．不确定

11．经纬仪十字丝分划板视距丝的作用是（　　）。

    A．防止倾斜   B．消除视差   C．瞄准目标   D．测量视距

12．下列关于经纬仪的螺旋使用，说法错误的是（　　）。

    A．制动螺旋未拧紧，微动螺旋将不起作用

    B．旋转螺旋时注意用力均匀，手轻心细

    C．瞄准目标前应先将微动螺旋调至中间位置

    D．仪器装箱时应先将制动螺旋锁紧

13．经纬仪望远镜的纵转是望远镜绕（　　）旋转。

    A．竖轴   B．横轴   C．管水准轴   D．视准轴

14．经纬仪水平度盘与读数指标的关系是（　　）。

    A．水平度盘随照准部转动，读数指标不动

    B．水平度盘与读数指标都随照准部转动

    C．水平度盘不动，读数指标随照准部转动

    D．水平度盘与读数指标都不随照准部转动

15．旋转经纬仪的望远镜时，竖直度盘（　　）。

    A．随望远镜旋转，竖直度盘读数指标不动

    B．不动，竖直度盘读数指标随望远镜旋转

    C．不动，竖直度盘读数指标也不动

    D．与竖直度盘读数指标都随望远镜旋转

16．在测量水平角时，（　　）误差不能用盘左、盘右观测取平均值的方法消减。

    A．照准部偏心   B．视准轴   C．横轴   D．竖轴

17. 在用测回法观测水平角时，照准不同方向的目标，照准部应（　　）旋转。

　　　A．盘左顺时针、盘右逆时针方向　　　B．盘左逆时针、盘右顺时针方向

　　　C．总是顺时针方向　　　　　　　　　D．总是逆时针方向

18. 在观测水平角时，各测回间改变零方向度盘位置是为了削减（　　）误差的影响。

　　　A．视准轴　　　　B．横轴　　　　C．指标差　　　　D．度盘分划

19. 适用于观测两个方向之间的单个水平角的方法是（　　）。

　　　A．测回法　　　B．方向法　　　C．全圆方向法　　　D．任意选用

20. 通常采用测回法测量水平角，取符合限差要求的上、下半测回平均值作为最终角度测量值，这一操作可以消除（　　）。

　　　A．对中误差　　　B．整平误差　　　C．视准轴误差　　　D．读数误差

21. 在测量水平角时，角值 $\beta=b-a$。现已知 a 为 $155°28'33''$，b 为 $122°12'22''$，则角值 β 是（　　）。

　　　A．$-33°16'11''$　　B．$326°43'49''$　　C．$33°16'11''$　　D．$-326°43'49''$

22. 经纬仪的主要轴线为竖轴 VV，横轴 HH，水准管轴 LL，视准轴 CC，在进行检校时，应先使（　　）。

　　　A．$LL \perp VV$　　　B．$HH \perp VV$　　　C．$CC \perp HH$　　　D．$CC \perp VV$

23. 在下列关系中，（　　）不是经纬仪应满足的条件。

　　　A．横轴垂直于竖轴　　　　　　　　B．视准轴垂直于横轴

　　　C．水准管轴垂直于竖轴　　　　　　D．视准轴垂直于竖轴

24. 在实际测量中，根据角度测量原理，竖轴必须处于铅垂位置，而当仪器轴线的几何关系正确时，这个条件满足的主要前提是（　　）。

　　　A．垂球线所悬挂垂球对准地面点　　　B．圆水准器气泡居中

　　　C．光学对中器对准地面点　　　　　　D．管水准器气泡居中

25. 上、下两个半测回所得角值差，应满足有关规范规定的要求，DJ_6 级光学经纬仪的限差一般为（　　）。

　　　A．$\pm20''$　　　　　B．$\pm30''$　　　　　C．$\pm40''$　　　　　D．$\pm60''$

二、判断题

1. 在用经纬仪观测水平角时，对中的作用是将水平度盘中心安放在测站点铅垂线上。

（　　）

2. DJ_6 表示水平方向测量一测回的方向中误差不超过 $\pm6''$ 的大地测量经纬仪。　（　　）

3. 经纬仪的水平度盘是用玻璃制作的圆盘，其上刻有分划线，从 $0°$ 到 $360°$ 逆时针方向注记。

（　　）

4. 当用经纬仪观测水平角时，在同一测回，盘左位置瞄目标1时的读数为 $0°02'00''$，盘右位置瞄目标1时的读数不考虑误差的理论值为 $180°02'00''$。

（　　）

5. 在观测水平角时，为了提高精度需要观测多个测回，各测回的度盘配置应按 $360°/n$ 的值递增。

（　　）

6. 竖直角是指同一竖直面内视线与水平线间的夹角，因此在竖直角观测中只需要观测目标点一个方向的竖直度盘读数。

（　　）

7. 当用经纬仪观测竖直角时，如果在盘左观测时计算竖直角的公式为 $\alpha_左=90°-L$，那么在盘右观测时计算竖直角的公式为 $\alpha_右=270°-R$。

（　　）

8．如果经纬仪在盘左位置时竖直度盘的读数为90°，当望远镜向上抬起时，读数减小，那么这时竖直角计算公式为$\alpha_{左}=90°-L$。（　　）

9．在竖直角的观测中，即使利用正倒镜观测取平均值也不能消除竖直度盘的指标差，只有通过检校才能消除竖直度盘的指标差。（　　）

10．在使用光学对中器或垂球进行对中时，均要求经纬仪竖轴必须竖直。（　　）

11．经纬仪的水平度盘刻划不均匀误差，可以通过盘左、盘右观测取平均值的方法消除。（　　）

12．望远镜视准轴与横轴不垂直的误差主要是由十字丝交点位置不正确造成的。（　　）

13．水平角就是地面上两条直线之间的夹角。（　　）

14．经纬仪就是根据竖直角测量原理设计的一种测角仪器。（　　）

15．光学对中器的作用是使水平度盘中心位于测站点的铅垂线上。（　　）

16．光学对中受其他因素影响较小，建筑工地大多采用光学对中器对中。（　　）

17．DJ_6级光学经纬仪的下标数字为该仪器一测回方向观测中误差的秒数。（　　）

18．经纬仪的读数装置是用于读取度盘读数的。（　　）

19．虽然各种经纬仪的读数装置不同，但其读数方法是一样的。（　　）

20．经纬仪的水平度盘在测角时随照准部相应转动。（　　）

21．经纬仪望远镜用于瞄准目标且进行读数。（　　）

22．竖直度盘用于测量竖直角，水平度盘用于测量水平角。（　　）

23．在用经纬仪进行观测时，选择适宜的观测标志及有利的观测时间可以消除或减弱照准误差。（　　）

24．经纬仪竖直度盘指标差对所测的竖直角无影响。（　　）

25．在用经纬仪进行测量前，必须检查各主要轴线之间是否满足相应的条件，若不满足则需要检验校正。（　　）

三、名词解释

1．水平角。

2．竖直角。

3．竖直度盘指标差。

4．测回法。

四、简答题

1．对于同一目标，通过盘左、盘右观测取平均值可以消除哪些仪器误差对水平角的影响？

2．经纬仪有哪些主要轴线？各轴线之间应满足什么条件？

3．在观测水平角时，对中和整平的目的是什么？

4．简述用光学对中器对中的步骤。

5．在水平角的观测过程中，若右目标读数小于左目标读数，那么应如何计算水平角？

6．经纬仪主要由哪几部分组成？试说明各部分的功能。

7．简述经纬仪整平的步骤。

8．如何判断竖直度盘的注记形式？

五、计算题

1. 完成表 3-3 中测回法观测水平角的计算。

表 3-3　计算题 1 表

测　　回	度 盘 位 置	目　　标	水平度盘读数	半测回角值	一测回角值	各测回平均值
			(°　′　″)	(°　′　″)	(°　′　″)	(°　′　″)
一测回	左	A 点	0　02　02			
		B 点	96　10　28			
	右	A 点	180　02　20			
		B 点	276　10　50			
二测回	左	A 点	90　02　02			
		B 点	186　10　29			
	右	A 点	270　02　20			
		B 点	6　10　45			

2. 根据竖直角观测手簿中表 3-4 记录的观测数据，计算竖直角（竖直度盘为顺时针注记）。

表 3-4　计算题 2 表

测　　站	目　　标	竖直度盘位置	竖直度盘读数	半测回竖直角	一测回竖直角
O	B 点	左	65°22′00″		
		右	294°37′48″		
O	A 点	左	98°42′18″		
		右	261°18′06″		

第四章　距离测量与直线定向

 知识导图

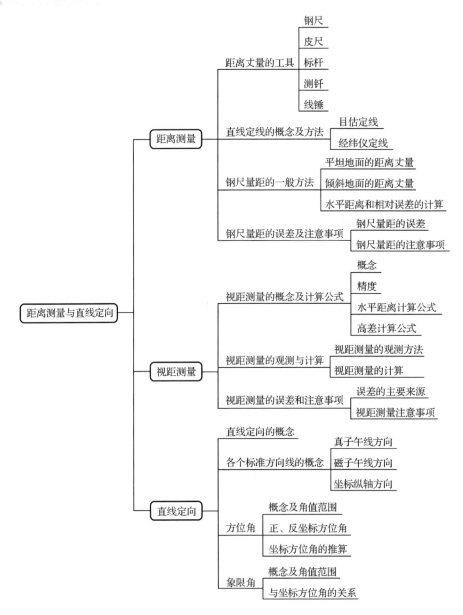

复习要求

1. 掌握直线定向、方位角、象限角的概念。
2. 掌握方位角与象限角的换算关系，能够根据已知边的方位角推算未知边的方位角。
3. 了解距离丈量的各种工具（钢尺、皮尺、标杆、测钎、线锤）的使用方法。
4. 掌握距离丈量的一般方法及相对精度计算方法。
5. 掌握经纬仪定线的方法。
6. 掌握视距测量的观测步骤与计算方法。
7. 能够进行支导线方位角的推算。

考点详解

一、距离测量

距离测量的目的是测定地面两点之间的水平距离。水平距离是指地面上两点垂直投影到水平面上的直线距离。

距离测量的方法包括距离丈量、视距测量和光电测距仪测量。

1. 距离丈量的工具

距离丈量常用工具有钢尺、皮尺、标杆、测钎及线锤等。

（1）钢尺（又称钢卷尺，常用于精度较高的距离丈量）。

钢尺是由薄钢片制成的带状尺，长度通常为20m、30m、50m，其基本分划为cm，在分米和米处注有数字。有的钢尺在起点10cm内刻有毫米分划，有的钢尺全长都刻有毫米分划。

钢尺按其零点位置分为端点尺和刻线尺两种。端点尺是以钢尺的最外端为零点的尺子。刻线尺是前端刻有零分划线的尺子。

（2）皮尺（用于精度较低的距离丈量）。

皮尺是由麻线和金属丝织成的带状尺，长度一般有15m、20m、30m、50m等几种，其基本分划为cm。

（3）标杆（又称花杆）。

标杆上涂有相间20cm的红白油漆，杆长有2m、2.5m、3m等几种，主要用于标点和定线。

（4）测钎。

测钎用于标定尺段端点位置和计算丈量尺段数。

（5）线锤。

线锤用于对点、标点和投点。

2. 直线定线

在距离测量中，地面两点间的距离一般都大于一个整尺段，需要在直线方向上标定若干分段点，使各分段点在同一直线上，以便分段丈量，这项工作称为直线定线。直线定线一般采用目估定线和经纬仪定线两种方法。

采用经纬仪定线方法，如图4-1所示，在 AB 直线内精确定出1、2分段点的位置，步骤如下。

第一步，由甲将经纬仪安置于 A 点，用望远镜瞄准 B 点，固定照准部制动螺旋。

第二步，甲将望远镜向下俯视，用手势指挥乙移动标杆，使标杆与十字丝竖丝重合，在标杆的位置打下木桩，再根据十字丝竖丝在木桩上钉小钉，准确定出1分段点的位置。

用同样的方法，定出2分段点的位置。

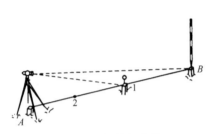

图4-1　经纬仪定线

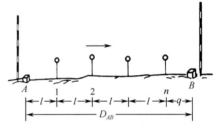

图4-2　平坦地面钢尺量距

3．钢尺量距的一般方法

（1）平坦地面钢尺量距，如图4-2所示。

① 先在直线两端点 A、B 外侧各竖立一标杆。

② 从 A 点出发，到一整尺处停下，进行直线定线，量距时将钢尺零点对准 A 点，在尺末端刻线处竖直插入一测钎，定出1点位置，完成第一整尺段 l。

③ 继续丈量，直到不足一整尺段，量出不足整尺段长度 q。记录量过的整尺段数 n，计算出 A、B 两点的水平距离 $D_{往} = n \times l + q$。

④ 往测完成后，进行返测（从 B 点量至 A 点），并计算返测距离 $D_{返}$。

⑤ 计算 A、B 两点的水平距离 $D_{平均}$ 和相对误差 K（衡量距离丈量精度）。

$$D_{平均} = \frac{1}{2}(D_{往} + D_{返})$$

$$K = \frac{|D_{往} - D_{返}|}{D_{平均}} = \frac{|\Delta D|}{D_{平均}} = \frac{1}{\dfrac{D_{平均}}{|\Delta D|}}$$

注意：距离丈量的精度用相对误差 K 来衡量，相对误差分母越大，相对误差 K 越小，精度越高；反之，精度越低。

平坦地面钢尺量距的相对误差一般不应大于 1/3000；量距困难地区，相对误差不应大于 1/1000。

（2）倾斜地面钢尺量距。

① 平量法：沿斜坡由高向低用钢尺分段丈量。钢尺一端靠地，将尺子拉平，另一端用线锤线紧靠钢尺，读出钢尺分划。用同样的方法量出各段水平距离，各段丈量的水平距离的总和即 A、B 两点的水平距离。

② 斜量法：当地面坡度较大时，可先量出 A、B 两点的斜距 L，再测出 A、B 两点的高差 h，则 A、B 两点的水平距离为

$$D = \sqrt{L^2 - h^2} \text{ 或 } D = L - \frac{h^2}{2L}$$

4．钢尺量距的误差及注意事项

（1）钢尺量距的误差。

钢尺量距的误差主要包括钢尺误差、丈量误差及由于外界条件影响产生的误差。

（2）钢尺量距的注意事项。

① 量距前应仔细检查钢尺，查看钢尺零端、末端的位置，查看钢尺有无损伤。应采用经过鉴定的钢尺。

② 钢尺性脆，容易折断和生锈，在使用时要避免打环、扭曲、拖拉，严禁车碾、人踏。钢尺用毕需要擦干净、涂油。

③ 固定前后尺时手上动作要配合好，定线要直，尺子要拉平、拉直、拉稳，当尺子稳定时再读数或插测钎，测钎要竖直插下。

④ 读数要细心。

二、视距测量

视距测量是利用望远镜中的视距丝（上丝和下丝）装置，根据几何光学原理同时测定水平距离和高差的一种方法，测量精度为 1/300～1/200。由于视距测量操作简便，不受地形起伏限制，因此广泛用于对测距精度要求不高的地形测量。

1．视距测量计算公式

（1）水平距离计算公式。

$$D = kl(\cos\alpha)^2$$

式中，k——视距常数，一般为 100；

l——尺间隔，下丝读数 n 与上丝读数 m 之差；

α——竖直角。

（2）高差计算公式。

$$h = \frac{1}{2}kl\sin 2\alpha + i - v$$

式中，i——仪器高度，即桩顶到仪器水平轴的高度，单位为 m；

v——十字丝横丝在视距尺或水准尺上的读数，单位为 m。

2．视距测量的观测与计算

用视距测量的方法求出 A、B 两点的水平距离和高差。

① 将经纬仪安置于 A 点，量取仪器高度 i，在 B 点竖立视距尺。

② 盘左位置，瞄准 B 点视距尺，分别读取上丝、下丝、横丝的读数为 m、n、v，算出尺间隔 $l = n - m$（倒像仪器用此公式，正像仪器用 $l = m - n$）。

③ 使竖直度盘指标管水准器气泡居中，读取竖直度盘读数，计算竖直角 α。

④ 根据尺间隔 l、竖直角 α、仪器高度 i 及横丝读数 v，计算出水平距离 D 和高差 h。

3．视距测量的误差和注意事项

（1）视距测量的误差。

① 大气竖直折光的影响。

② 视距丝的读数误差。

③ 视距尺倾斜的影响。

（2）视距测量的注意事项。

① 视距丝在视距尺上的读数误差是影响视距测量的主要因素，尽量读准上、下丝读数，同时视距长度不要超过一定的限度。

② 作业前，应检验校正仪器，严格测定视距常数；应校正竖直度盘指标差不超过±1′。

③ 视距丝读数不宜过小，同时应快读上、下丝读数，减小大气折光的影响。

④ 标尺应竖直，尽量使用装有圆水准器的标尺。

三、直线定向

确定直线与标准方向线之间水平夹角的工作称为直线定向。

1．标准方向

（1）真子午线方向。

过地面某点指向地球南北两极的方向称为该点的真子午线方向。

（2）磁子午线方向。

磁针在某点上自由静止时所指的方向称为该点的磁子午线方向。

（3）坐标纵轴方向。

测量中常以通过测区坐标原点的坐标纵轴（x 轴）为标准，过测区内某点与坐标纵轴平行的方向线就是该点的坐标纵轴方向。

2．方位角

从直线起点的标准方向北端起，顺时针方向量取的直线的水平角称为该直线的方位角（坐标方位角角值范围为 $0°\sim360°$）。

测量中常采用方位角表示直线方向。

（1）方位角的分类。

① 真方位角：以真子午线方向为标准方向的方位角，用 A 表示。

② 磁方位角：以磁子午线方向为标准方向的方位角，用 A_m 表示。

③ 坐标方位角：以坐标纵轴为标准方向的方位角，用 α 表示。

（2）正、反坐标方位角的关系。

正、反坐标方位角的关系为 $\alpha_{BA}=\alpha_{AB}\pm180°$。

当 $\alpha_{AB}>180°$ 时，$\alpha_{BA}=\alpha_{AB}-180°$；当 $\alpha_{AB}<180°$ 时，$\alpha_{BA}=\alpha_{AB}+180°$。

（3）坐标方位角的推算。

用已知边的坐标方位角及已知边和未知边的夹角推算未知边方位角，称为坐标方位角的推算。

推算公式

$$\alpha_{前}=\alpha_{后}+180°+\beta_{左}$$

$$\alpha_{\text{前}}=\alpha_{\text{后}}+180°-\beta_{\text{右}}$$

在推算方位角时应注意，首先分清左右角（线前进方向左侧或右侧的水平角）；其次当计算出的方位角大于 $360°$ 时，应减去 $360°$；如果 $\alpha_{\text{后}}+180°<\beta_{\text{右}}$，则先加上 $360°$ 再减去 $\beta_{\text{右}}$。

【例 1】如图 4-3 所示，根据图中数据，试求 α_{23}、α_{34}（按 1～4 的计算顺序，2 点观测角为右角，3 点观测角为左角）。

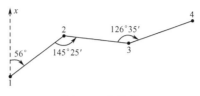

图 4-3　方位角

解：

$$\alpha_{23} = \alpha_{12} +180° -\beta_{1}$$
$$= 56° +180° -145°25'$$
$$= 90°35'$$
$$\alpha_{34} = \alpha_{23} +180° +\beta_{2}$$
$$= 90°35' +180° +126°35'$$
$$= 397°10' （>360°）$$
$$= 397°10' -360°$$
$$= 37°10'$$

3．象限角

从坐标纵轴的北端或南端起，沿顺时针或逆时针方向量至与某直线所成的锐角，称为该直线的象限角（用 R 表示，并注出象限名称，角值范围为 $0°\sim90°$）。

4．坐标方位角与象限角的换算关系

坐标方位角和象限角的换算关系表如表 4-1 所示。

表 4-1　坐标方位角和象限角的换算关系表

直 线 方 向	由坐标方位角推算象限角	由象限角推算坐标方位角
东北第一象限	$R=\alpha$	$\alpha=R$
东南第二象限	$R=180°-\alpha$	$\alpha=180°-R$
西南第三象限	$R=\alpha-180°$	$\alpha=180°+R$
西北第四象限	$R=360°-\alpha$	$\alpha=360°-R$

 例 题 解 析

1．在距离丈量中，（　　）主要用于标点和定线。

　　A．标杆　　　　　B．皮尺　　　　　C．线锤　　　　　D．钢尺

【答案与解析】答案是 A。本题主要考查了各种距离丈量工具的作用。钢尺常用在精度较高的距离丈量中；皮尺只用在精度较低的距离丈量中；标杆主要用于标点和定线；线锤

用于对点，标点和投点。本题目中有"定线"两个字，选项中的皮尺和钢尺都是量距用的，线锤又不会定线，所以就可以明白此题只能选标杆。

2．在量距困难地区，钢尺量距的相对误差一般不应大于（　　　　）。

    A．1/1000　　　　　B．1/2000　　　　　C．1/3000　　　　　D．1/4000

【答案与解析】答案是 A。本题主要考查了不同地形的相对误差范围。在困难地区的相对误差要比平坦地区的相对误差大，1/1000 是困难地区的相对误差范围；1/2000 是图根导线中导线全长相对闭合差的误差范围；1/3000 既是平坦地区的相对误差范围，又是图根导线边长往返丈量相对误差的范围。

3．下面不属于视距测量误差主要来源是（　　　　）。

    A．尺长误差　　　　　　　　　　B．大气竖直折光的影响

    C．视距丝的读数误差　　　　　　D．视距尺倾斜误差

【答案与解析】此题选 A。此题考查视距测量误差与钢尺量距误差的区别。视距测量的误差来源有大气竖直折光的影响、视距丝的读数误差和视距尺倾斜的影响误差；尺长误差属于钢尺量距的误差中的钢尺误差。

4．根据表 4-2 中的数据进行换算，并将有关答案填入表中空格。

表 4-2　例题 4 表

直　　线	坐标方位角	坐标象限角	在 何 象 限
AB	330°10′		
CD		南东 60°00′	
EF		南西 45°30′	III
GH	180°30′		

【答案与解析】

直　　线	坐标方位角	坐标象限角	在 何 象 限
AB	330°10′	北西 29°50′	IV
CD	120°00′	南东 60°00′	II
EF	225°30′	南西 45°30′	III
GH	180°30′	南西 0°30′	III

注意在填写坐标象限角时要注意填写象限角的方向，即北西、南西、北东或南东。

由直线 AB 的坐标方位角可以判断出直线位于第四象限，在第四象限中 $R=360°-\alpha$，所以直线 AB 的坐标象限角 $R=360°-330°10′=29°50′$

由直线 CD 的坐标象限角可以判断出直线位于第二象限，在第二象限中 $\alpha=180°-R$，所以直线 CD 的坐标方位角 $\alpha=180°-60°00′=120°00′$

由直线 EF 的坐标象限角可以判断出直线位于第三象限，在第三象限中 $\alpha=180°+R$，所以直线 EF 的坐标方位角 $\alpha=180°+45°30′=225°30′$

由直线 GH 的坐标方位角可以判断出直线位于第三象限，在第三象限中 $R=\alpha-180°$，所以直线 GH 的坐标象限角 $R=180°30′-180°=0°30′$

单元练习

一、选择题

1. 距离测量是为了测定地面两点之间的（　　　）。
    A．水平距离　　　B．倾斜距离　　　C．直线距离　　　D．相对距离

2. （　　　）不属于距离丈量常用工具。
    A．皮尺　　　　　B．水准尺　　　　C．测钎　　　　　D．线锤

3. 在钢尺的前端刻有零分划线的尺子又称（　　　）。
    A．零点尺　　　　B．端点尺　　　　C．刻线尺　　　　D．刻画尺

4. 钢尺的基本分划为（　　　）。
    A．米　　　　　　B．分米　　　　　C．毫米　　　　　D．厘米

5. 在距离大量工具中用于标点和定线的工具是（　　　）。
    A．皮尺　　　　　B．标杆　　　　　C．测钎　　　　　D．线锤

6. 在钢尺量距的一般方法中，用来计算丈量尺段数的工具是（　　　）。
    A．钢尺　　　　　B．线锤　　　　　C．测钎　　　　　D．标杆

7. 在用精密方法丈量距离时，应用（　　　）定线。
    A．目测　　　　　B．水准仪　　　　C．标杆　　　　　D．经纬仪

8. 在实际工作中，通常用（　　　）来表示距离丈量的精度。
    A．绝对误差　　　B．相对误差　　　C．零误差　　　　D．中误差

9. 平坦地面钢尺量距的相对误差一般不应大于（　　　）。
    A．1/1000　　　B．1/2000　　　C．1/3000　　　D．1/4000

10. 当采用平量法丈量倾斜地面的水平距离时，可沿斜坡（　　　）用钢尺分段丈量。
    A．由低向高　　　B．倾斜丈量　　　C．随意丈量　　　D．由高向低

11. 在测量某段距离时，往测为106.376m，返测为106.348m，则相对误差为（　　　）。
    A．1/4000　　　B．1/3798　　　C．2.406　　　　D．0.00026

12. （　　　）不属于钢尺量距的主要误差。
    A．钢尺误差　　　　　　　　　　B．丈量误差
    C．外界条件引起的误差　　　　　D．大气折光误差

13. （　　　）是由于钢尺的名义长度和实际长度不符合引起的误差。
    A．尺长误差　　　B．拉力误差　　　C．定线误差　　　D．温度误差

14. 视距测量的精度仅有（　　　）。
    A．低于钢尺　　　B．高于钢尺　　　C．1/300～1/200　D．1/4000

15. （　　　）不属于视距测量误差主要来源。
    A．尺长误差　　　　　　　　　　B．大气竖直折光的影响
    C．视距丝的读数误差　　　　　　D．视距尺倾斜的影响

16. 在直线定向中，（　　　）不是标准方向之一。
    A．真子午线方向　　　　　　　　B．磁子午线方向
    C．坐标纵轴方向　　　　　　　　D．任意方向

17. 方位角的角值范围为（　　　）。

    A．$0°\sim360°$　　　B．$-90°\sim90°$　　　C．$0°\sim180°$　　　D．$0°\sim90°$

18. 已知直线 AB 的坐标方位角为 $96°$，则直线 BA 的坐标方位角为（　　　）。

    A．$6°$　　　　　　B．$186°$　　　　　C．$276°$　　　　　D．$84°$

19. 某直线的坐标方位角为 $185°13'36''$，则反坐标方位角为（　　　）。

    A．$275°13'36''$　　B．$5°13'36''$　　　C．$95°13'36''$　　D．$-5°13'36''$

20. 如果已知某直线的坐标方位角为 $α$（第三象限），那么该直线的象限角为（　　　）。

    A．$R=α$　　　　　B．$R=180°-α$　　C．$R=α-180°$　　D．$R=360°-α$

二、判断题

1. 距离丈量的工具有钢尺、皮尺、标杆、测钎等。　　　　　　　　　　　　（　　　）

2. 根据钢尺的零点位置不同，钢尺可以分为端点尺和刻线尺。　　　　　　（　　　）

3. 钢尺又称钢卷尺，基本分划为 cm，有的钢尺全长都刻有毫米分划。　　（　　　）

4. 钢尺一般用于精度较低的距离丈量。　　　　　　　　　　　　　　　　（　　　）

5. 在距离丈量过程中，测钎用于标定尺段端点位置和计算丈量尺段数。　（　　　）

6. 在距离丈量过程中，线锤用于对点、标点和定线。　　　　　　　　　　（　　　）

7. 距离丈量的精度是用相对误差来衡量的。　　　　　　　　　　　　　　（　　　）

8. 对于量距困难地区，钢尺量距的相对误差不应大于 1/1000。　　　　　（　　　）

9. 用相对误差衡量距离丈量精度，若相对误差分母越大，则相对误差 K 越小，精度越高。　　　　　　　　　　　　　　　　　　　　　　　　　　　　　　（　　　）

10. 由钢尺的名义长度和实际长度不符引起的误差称为尺长误差。　　　　（　　　）

11. 钢尺量距的误差主要有钢尺误差、丈量误差及由于外界条件影响产生的误差。　　　　　　　　　　　　　　　　　　　　　　　　　　　　　　　　（　　　）

12. 视距测量精度较高，有 1/3000～1/2000。　　　　　　　　　　　　　（　　　）

13. 在进行视距测量时，水平距离计算公式中的视距常数 k 一般为 100。　（　　　）

14. 在进行视距测量时，尽量使用装有圆水准器的标尺。　　　　　　　　（　　　）

15. 在进行直线定向时，地面上各点的坐标纵轴方向相互是不平行的。　　（　　　）

16. 直线的方位角是从直线起点的标准方向北端起，顺时针方向量取的直线的水平角。　　　　　　　　　　　　　　　　　　　　　　　　　　　　　　　（　　　）

17. 在测量工作中通常采用象限角表示直线方向。　　　　　　　　　　　（　　　）

18. 直线的正反方位角相差 $180'$。　　　　　　　　　　　　　　　　　　（　　　）

19. 在推算坐标方位角时，如果 $α_后+180°-β_右>360°$，则应减去 $360°$。　（　　　）

20. 根据标准方向的不同，方位角分为真方位角、磁方位角和坐标方位角。（　　　）

三、名词解释

1. 水平距离。

2. 直线定线。

3. 直线定向。

4. 象限角。

5. 方位角。

四、简答题

1．简述平坦地面距离丈量的方法。
2．简述用经纬仪定线的方法。
3．钢尺量距时的注意事项。

五、计算题

1．A、B 两点经往返丈量后，测得 D_{AB}=142.392m，D_{BA}=142.364m，A、B 两点距离应为多少？试评价其质量。

2．已知直线 12 的正方位角 α_{12}=75°30′，在 2 点测得两条直线左夹角 β_2=68°20′，在 3 点测得两条直线右夹角 β_3=115°30′，求 α_{34}、α_{23} 和 34 边的反方位角 α_{43} 各为多少。

3．根据表 4-3 中的数据进行换算，并将有关答案填入表中空格。

表 4-3　题 3 表

直　　线	坐标方位角	坐标象限角	在 何 象 限
AB		北东 66°30′	
CD	172°30′		
EF		南西 25°10′	
GH	325°30′		

第五章　小区域控制测量

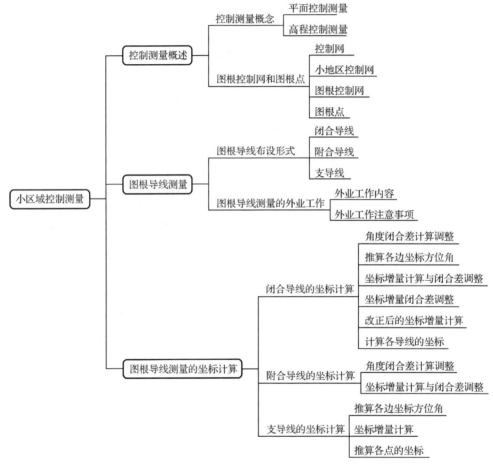

复习要求

1．了解图根导线测量的外业工作。
2．初步掌握支导线坐标计算的方法。

 考点详解

一、控制测量概述

1．控制测量的概念

控制测量即为建立测量控制网而进行的测量工作，也就是根据测量原则，在测区范围内选择若干个起控制作用的点，构成一定的几何图形，用较精密的测量仪器、工具和较严密的测量方法，精确测定这些控制点的平面位置和高程。

控制测量分为平面控制测量和高程控制测量，前者即精密测定控制点平面位置 (x, y) 的工作；后者即精密测定控制点高程（H）的工作。

2．图根控制网和图根点

由控制点组成的几何图形称为控制网。控制网分为平面控制网和高程控制网。

国家平面控制网按精度依次分为一等、二等、三等、四等。

在面积小于 $15m^2$ 范围内建立的控制网，称为小地区控制网。在测区范围内建立统一的精度最高的控制网称为首级控制网。当国家等级控制点密度不能满足测图需要时，建立直接为测图服务的控制网，称为图根控制网。

图根点：组成图根控制网的点，也就是直接用于测绘地形图的控制点。其作用为：一是直接作为测站点，进行碎部测量；二是作为临时增设测站点的依据。图根点的密度应根据测图比例尺和地形条件而定，平坦开阔地区的密度不应低于表 5-1 的规定。对于地形复杂、隐蔽及城市建筑区，可适当加大图根点的密度。

表 5-1 图根点的密度

测图比例尺	$1:500$	$1:1000$	$1:2000$
每平方千米图根点数	150	50	15
每幅图图根点数	9	12	15

图根控制测量通常采用图根导线测量来测定图根点的平面位置，采用图根水准测量或图根三角高程测量方法来测量图根点的高程。

二、图根导线测量

在地面上按作业要求选定一系列点 （导线点），将相邻点用直线连接而构成的折线称为导线。导线测量就是依次测定各导线边的边长和各转折角，根据起始数据，求出各导线点的坐标。

导线测量是建立小地区平面控制网常用的一种方法， 特别是在地物分布复杂的建筑区、地面平坦而通视条件差的隐蔽区，多采用导线测量的方法。

图根导线测量就是利用导线测量的方法测定图根点平面位置的测量工作。用经纬仪观测转折角，用钢尺丈量导线的边长，称为经纬仪导线；若用光电测距仪测定导线边长，则称为电磁波测距导线。

1．图根导线的布设形式

图根导线一般布设成以下三种形式。

1）闭合导线

闭合导线是起止于同一已知点的封闭导线，如图 5-1（a）所示，导线从已知控制点 B 出发，经过 2、3、4、5 点最后仍回到起点 B，形成一个闭合多边形。这种布设形式有严密的几何条件，具有检核观测成果作用。

2）附合导线

附合导线是起止于两个已知点间的单一导线。如图 5-1（b）所示，导线从已知控制点 B 和已知方向 BA 出发，经过 2、3、4、5 点最后附合到另已知边 CD 上。这种布设形式，也具有检核观测成果的作用。

3）支导线

支导线从一已知点和已知方向出发，是既不附合到另一已知点，又不回到原起始点的导线。如图 5-1（c）所示，AB 为已知边，2、3 为支导线点。由于支导线缺乏检核条件，不易发现错误，因此其点数一般不超过两个，它仅用于图根导线测量。

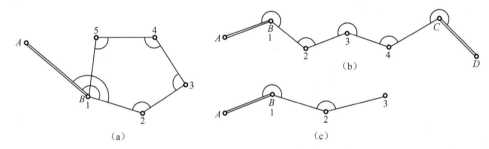

图 5-1　图根导线布设形式

2．图根导线测量的外业工作

图根导线测量的外业工作主要包括：踏勘选点、建立标志、导线边长测量、转折角测量等。

1）踏勘选点

在选点前，应先收集已有地形图和高一级控制点的成果资料，然后到现场踏勘，了解测区现状和寻找已知控制点，再拟定导线的布设方案。最后到野外踏勘，选定导线点的位置。选点时应注意的事项如下。

（1）相邻点间应相互通视良好，地势平坦，便于测角和量距。

（2）导线点应选在土质坚硬，便于安置测量仪器和保存标志的地方。

（3）导线点应选在视野开阔的地方，便于碎部测量。

（4）导线边长应大致相等。

（5）导线点数量必须满足测图的要求，分布均匀，方便控制整个测区。

2）建立标志

导线点选定后，应在地面上建立标志。一般的图根点，常在点位上打一个木桩，在桩顶钉上小钉作为点的标志。也可以在水泥地面上用红漆画一圆，在圆内钉一个小钉，作为临时标志。需要长期保存的导线点应埋设混凝土桩。为了便于寻找，应量出导线点与附近明显地物的距离并绘制草图注明尺寸，称为"点之记"。

3）导线边长测量

导线边长一般用钢尺直接丈量，或用光电测距仪直接测定。图根导线的边长丈量若采用钢尺量距的一般方法丈量，应往返丈量各一次，往返丈量相对误差应小于 1/3000。

4）转折角测量

导线转折角一般采用测回法观测，闭合导线一般测量内角，附合导线一般测量左角，对于支导线应分别观测左、右角，若用 DJ$_6$ 级光学经纬仪观测，当盘左、盘右两半测回角值相差不过±40″时，则可取平均值作为最后结果。

3．图根导线测量的外业工作注意事项

（1）布设和观测图根导线控制网应严格按照测量规范的要求来进行工作。

（2）布设和观测图根导线控制网，应尽量与测区内或附近的高级控制点连接，以便求得起始点的坐标和起始边的坐标方位角。若测区内没有高级控制点，则建立独立的控制网，用罗盘仪测起始边的磁方位角为坐标方位角，并假定起始点的坐标。

（3）城市地区图根导线测量，由于受测区条件的影响，为了方便测图，图根点应设在道路的交叉口、胡同口、主要附近建筑物等处。

（4）当选好导线点后，最好先画出图根导线草图，根据导线草图确定应测的角度，避免出错。

三、图根导线测量的坐标计算

在坐标计算之前应先检查外业记录和计算是否正确，观测成果是否符合精度要求。检查无误后，才能进行计算。

图根导线测量坐标计算主要是进行角度闭合差的计算及其调整，方位角推算，坐标增量计算，坐标增量闭合差调整，坐标推算。闭合导线、附合导线的坐标计算，教材中已有详细介绍，故在此不再讲述。这里只讲述支导线的坐标计算。

由于支导线只有一端与已知点相连，而另一端既不闭合也不附合于已知点，所以它没有任何检核条件，不存在角度闭合差和坐标增量闭合差的问题。

支导线的坐标计算步骤如下。

（1）根据观测的转折角推算各边的坐标方位角。

$$\alpha_{前} = \alpha_{后} + 180° + \beta_{左}$$
$$\alpha_{前} = \alpha_{后} + 180° - \beta_{右}$$

（2）根据各边的坐标方位角和边长计算坐标增量。

设 A 点的坐标 x_A, y_A 已知，测得 A、B 两点间的水平距离为 D_{AB}，方位角为 α_{AB}，则 A 点到 B 点的坐标增量 $\Delta x_{AB}, \Delta y_{AB}$ 可用下面公式计算

$$\Delta x_{AB} = D_{AB} \times \cos\alpha_{AB}$$
$$\Delta y_{AB} = D_{AB} \times \sin\alpha_{AB}$$

（3）根据各边的坐标增量推算各点的坐标。

$$x_B = X_A + \Delta x_{AB}$$
$$y_B = Y_A + \Delta y_{AB}$$

【例 1】如图 5-2 所示，$\alpha_{AB} = 45°30'30''$，$x_B = 100.00$，$y_B = 100.00$，$\beta_1 = 235°35'35''$，$\beta_2 = 125°25'25''$，$D_{B1} = 66.66m$，$D_{12} = 55.55m$，求 1、2 点的坐标。

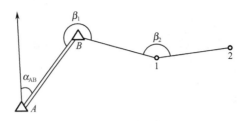

图 5-2　支导线

解：

（1）推算方位角。

$\alpha_{B1}=\alpha_{AB}+180°+\beta_1$

　　$=45°30'30''+180°+235°35'35''$

　　$=461°6'5''-360°$（方位角不得超过 360°）

　　$=101°6'5''$

$\alpha_{12}=\alpha_{B1}+180°+\beta_2$

　　$=101°6'5''+180°+125°25'25''$

　　$=406°31'30''-360°$（方位角不得超过 360°）

　　$=46°31'30''$

（2）计算坐标增量。

$\Delta x_{B1}=D_{B1}\times\cos\alpha_{B1}$

　　$=66.66\times\cos101°6'5''$

　　$=-12.835$（m）

$\Delta y_{B1}=D_{B1}\times\sin\alpha_{B1}$

　　$=66.66\times\sin101°6'5''$

　　$=+65.413$（m）

$\Delta x_{12}=D_{12}\times\cos\alpha_{12}$

　　$=55.55\times\cos46°31'30''$

　　$=+38.221$（m）

$\Delta y_{12}=D_{12}\times\sin\alpha_{12}$

　　$=55.55\times\sin46°31'30''$

　　$=+40.311$（m）

（3）推算坐标。

$X_1=X_B+\Delta x_{B1}$

　　$=100-12.835$

　　$=87.165$（m）

$Y_1=Y_B+\Delta y_{B1}$

　　$=100+65.413$

　　$=165.413$（m）

$X_2=X_1+\Delta x_{12}$

　　$=87.165+38.221$

　　$=125.386$（m）

$Y_2=Y_1+\Delta y_{12}$

$=165.413+40.311$

$=205.724$　（m）

 例题解析

1．在面积小于（　　）范围内建立的控制网称为小地区控制网。

　　A．30km^2　　　　　B．50km^2　　　　　C．10km^2　　　　　D．15km^2

答：D

解析：本题考的是图根控制网和图根点的相关知识。在面积小于 15km^2 范围内建立的控制网称为小地区控制网。熟记相关知识时区分第一章绪论时所表述的在局部小范围内（10km）进行测量工作时，可以用水平面代替大地水准面。

2．观测支导线的转折角时，必须测（　　）。

　　A．内角　　　　　　B．左角　　　　　　C．左角和右角　　D．右角

答：C

解析：本题考的是图根导线测量的外业工作中的转折角测量。导线转折角测量一般采用测回法观测。在附合导线中一般测左角；在闭合导线中一般测内角；在支导线中一般测左右角。

3．在图根导线测量作业中，用钢尺丈量导线边长的导线称为电磁波导线。　　（　　）

答：×

解析：本题考的是图根导线的基础知识部分。图根导线测量就是利用导线测量的方法测定图根点平面位置的测量工作。用经纬仪观测转折角，用钢尺丈量导线的边长，称为经纬仪导线；若用光电测距仪测定导线边长，则称为电磁波测距导线。

4．支导线的坐标计算步骤。

答：支导线的坐标计算步骤如下：根据观测的转折角推算各边的坐标方位角，根据各边的坐标方位角和边长计算坐标增量，根据各边的坐标增量推算各点的坐标。

解析：本题考的是支导线的坐标计算。有别于闭合导线和附合导线，支导线的坐标计算简单而规律，是常考题型需要掌握。

 单元练习

一、选择题

1．控制测量分为（　　）和高程控制测量。

　　A．平面控制测量　　　　　　　　　　B．导线测量

　　C．三角高程测量　　　　　　　　　　D．图根导线测量

2．直接为测图服务的控制网称为（　　）。

　　A．一级导线网　　　B．二级导线网　　　C．图根控制网　　　D．三级导线网

3．图根点的高程尽量采用（　　）方法测量。

　　A．水准测量　　　B．三角测量　　　C．导线测量　　　D．控制测量

4．导线测量就是依次测定各导线边的（　　　）和各转折角，根据起始数据，求出各导线点的坐标。

  A．边长   B．坡度   C．方向   D．位置

5．根据测定导线边长的方法，可把导线分为经纬仪导线和（　　　）导线。

  A．电磁波测距 B．附合   C．闭合   D．支

6．图根导线一般可布设的三种形式有闭合导线、附合导线和（　　　）。

  A．导线网   B．一级导线 C．三级导线 D．支导线

7．在布设导线时，为了便于寻找，应量出导线点与附近明显地物的距离并绘制草图，注明尺寸，这称为（　　　）。

  A．草图   B．略图   C．点之记   D．点位图

8．图根导线的边长采用钢尺量距的一般方法丈量，应往返丈量各一次，往返丈量相对误差应小于（　　　）。

  A．1/3000   B．1/6000   C．1/5000   D．1/1000

9．导线从已知控制点出发，经过各个未知控制点，最后仍回到已知控制点，形成一个闭合多边形，这样的导线称为（　　　）。

  A．闭合导线 B．附合导线 C．图根导线 D．支导线

10．图根导线转折角一般采用（　　　）法观测。

  A．全圆   B．方向   C．测回   D．横丝

11．图根支导线的转折角常用 DJ_6 级光学经纬仪测量，若盘左、盘右两半测回角值相差不超过（　　　），则可取平均值作为最后结果。

  A．±30″   B．±40″   C．±20″   D．±60″

12．支导线缺乏检核条件，其点数一般不得超过（　　　）点。

  A．2   B．3   C．4   D．5

二、判断题

1．在面积小于 $15km^2$ 范围内建立的控制网称为小地区控制网。   （　　　）

2．国家平面控制网按精度分为一等、二等、三等、四等国家平面控制网。 （　　　）

3．图根点的密度应根据测图比例尺和地形条件而定，对于地形复杂、隐蔽及城市建筑区，可适当加大图根点的密度。   （　　　）

4．导线测量是建立小地区平面控制网常用的一种方法，特别是在地物分布复杂的建筑区、平坦而通视条件差的隐蔽区，基本都采用导线测量。   （　　　）

5．图根导线的布设形式有闭合导线、附合导线和支导线三种，它们都有检核条件。

                           （　　　）

6．在踏勘选点时，相邻点间不必相互通视良好。   （　　　）

7．在计算导线坐标之前，应先检查外业记录和计算是否正确，观测成果是否符合精度要求，检查无误后，才能进行计算。   （　　　）

8．在布设导线时，各导线边长应尽量大致相等。   （　　　）

9．在图根导线测量作业中，用钢尺丈量导线边长应往返测量，其相对误差不大于1/3000。   （　　　）

10．导线点选定后，应在地面上建立标志，临时标志一般需要埋设混凝土桩。（　　　）

11．平面控制测量就是测定控制点平面位置（x, y）；高程控制测量就是测定控制点高称（H）。　　　　　　　　　　　　　　　　　　　　　　　　　　　　　（　）

12．支导线坐标计算第一步，是进行角度闭合差的计算和调整。　　　　　（　）

13．控制网的精度越高，点位越密，测量的工作量越大，施测工期也就越长。（　）

14．对于图根导线，导线全长相对闭合差的容许值为 $K=1/2000$。　　　（　）

15．导线的角度闭合差不受起始边方位角误差的影响。　　　　　　　　　（　）

三、名词解释

1．图根点。

2．导线。

3．控制网。

4．导线测量。

四、简答题

1．简述图根点的作用。

2．什么是支导线?支导线有什么优、缺点?

3．图根导线外业测量工作主要包括什么?

4．图根导线测量选点时的注意事项。

五、计算题

1．已知 A 点坐标 X_A=300.00，Y_A=300.00，α_{AB}=30°00′，D_{AB}=50.00m，求 B 点坐标。

2．如图 5-3 所示为支导线测量，根据表 5-2 中的已知数据，完成表格的计算。

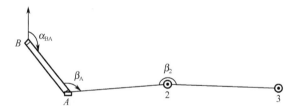

图 5-3　题 2 图

表 5-2　题 2 表

点号	观测角 （°′″）	坐标方位角 （°′″）	边长（m）	坐标增量（m）		坐标值（m）	
				x	y	x	y
B		136　30　00					
A	155　29　18					1000.00	1000.00
			126.10				
2	140　22　32						
			129.34				
3							

第六章　大比例尺地形图的测绘和应用

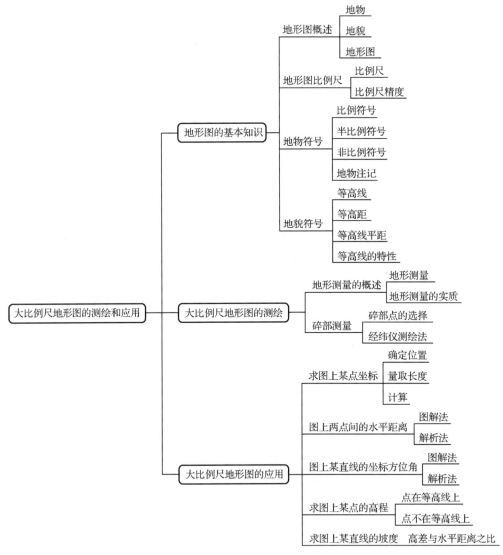

1. 掌握地形图比例尺、地物、地貌和等高线的概念。

2．能说出地物符号的类型、等高线的种类。

3．了解大比例尺地形图的测绘方法。

4．会利用地形图确定其上一点的坐标（直接量取给定点坐标）和高程、利用所量取两点的坐标计算出两点的距离。

5．能够在地形图上确定一点的坐标 （直接量取给定点坐标）和高程、量取地形图上两点之间的距离。

 考点详解

一、地形图的基本知识

1．地形图概述

（1）地貌。

地物：地面上自然形成或人工建（构）筑的各种物体，如江河、湖泊、房屋、道路、森林等。

地貌：地面高低起伏的自然形态，如高山、平原、丘陵、洼地等。

地物和地貌总称为地形。

（2）地形图。

将地面上各种地物和地貌的平面位置和高程垂直投影到水平面上，按照一定比例，用规定的符号将其缩绘到图纸上，这种表示地物平面位置和地貌情况的图称为地形图。

2．地形图比例尺

（1）比例尺。

地形图上任一线段的长度 d 与地面上相应线段的水平距离 D 之比称为地形图的比例尺。比例尺常用分子为1，分母为整数的分数式来表示。例如，地形图上的线段长度为d，相应的实际水平距离为D，则比例尺为：

$$\frac{d}{D}=\frac{1}{d/D}=\frac{1}{M}$$

这种分子为 1 的分数式比例尺称为数字比例尺。数字比例尺分母越大，比值越小，比例尺越小；数字比例尺分母越小，比值越大，比例尺越大。例如：$\frac{1}{1000}>\frac{1}{2000}$

除数字比例尺外，还有直线比例尺（也称图示比例尺）。

（2）比例尺精度。

地形图上 0.1mm 所代表的实际水平距离称为比例尺精度。例如。1∶100 地形图的比例尺精度为 0.1mm×100=0.01m；1∶2000 地形图的比例尺精度为 0.1mm×2000=0.20m。利用比例尺精度不但可以精确测量距离，还可以按照测量地面距离的规定精度来确定测图比例尺。

3．地物符号

地物符号是指地形图上表示各种地物的形状、大小、位置的符号。根据地物大小和表示方法的不同，地物符号分为比例符号、半比例符号、非比例符号、地物注记。

（1）比例符号。

地物的形状和大小按照比例尺缩绘在图的相应位置上的轮廓符号称为比例符号，又称面妆符号。如房屋、湖泊、农田等。比例符号不仅要表示地物的形状和大小，又要表示其平面位置。

（2）半比例符号。

地物的长度可按比例尺缩绘，但宽度不能按比例尺缩绘，这种符号称为半比例符号，又称线形符号。半比例符号的中心线就是实际地物的中心线。用半比例符号表示的地物都是一些带状地物，如管线、公路、铁路、围墙、通信线路等。

（3）非比例符号。

有些地物的轮廓较小，无法将其形状和大小按比例缩绘到图上，而用相应的规定符号表示，这种符号称为非比例符号，又称点状符号。非比例符号只能表示地物的中心或中线位置，不能表示其大小和形状，如三角点、消火栓等。

（4）地物注记。

对地物加以说明的文字、数字或特有符号称为地物注记。例如，城镇、工厂、河流的名称的注记；江河的流向及深度，房屋的层数等的注记；用特定符号表示的地面植被种类。

4．地貌符号

地形图上通常用等高线来表示地貌。

（1）等高线的含义。

等高线是地面上高程相同的相邻点所连成的闭合曲线。

（2）等高距和等高线平距。

相邻等高线的高差称为等高距，常用 h 表示。等高距越小，地形图上的等高线越密，地貌显示越详细；等高距越大，地形图上的等高线就越稀，地貌显示就越简略。相邻等高线之间的水平距离称为等高线平距，常用 d 表示。相邻等高线之间的地面坡度 i 为：

$$i=\frac{h}{d \cdot M}$$

式中，M 为比例尺分母。

在同一幅地形图中等高距是相同的，所以地面坡度与等高线平距的大小有关。地面坡度越陡，等高线平距越小，相反坡度越缓，等高线平距越大，地面坡度均匀，则等高线平距相等。

（3）等高线的分类。

地形图上的等高线分为首曲线、计曲线、间曲线和助曲线四种。

① 首曲线：按规定的基本等高距描绘的等高线。

② 计曲线：为了计算和用图方便，每隔四根首曲线加宽绘制并注上高程的等高线称为计曲线。

③ 间曲线：为了表示首曲线不能反映而又重要的局部地貌，按二分之一基本等高距绘制的等高线称为间曲线。

④ 助曲线：为了表示别的等高线都不能表示的重要的局部地貌，按四分之一基本等高距描绘的等高线称为助曲线。

等高线图如图 6-1 所示，图中①表示首曲线；②表示计曲线；③表示间曲线；④表示助曲线。

图 6-1　等高线图

（4）几种典型地貌的等高线。

① 山头和洼地。表示山头和洼地的等高线都是一组闭合的曲线，形状相似。山头等高线图如图 6-2 所示。高程注记由外圈向内圈数值递增的表示山头；相反，由外圈向内圈数值递减的表示洼地。

② 山脊和山谷。山顶向山脚延伸的凸起部分称为山脊。山脊等高线图如图 6-3 所示。山脊处等高线和山脊线正交，并凸向低处。两山脊之间向一个方向延伸的低凹部分称为山谷。山谷的等高线和山谷线正交，并凸向高处。

③ 鞍部。相邻两个山头之间的低凹部位（形似马鞍状的地貌）称为鞍部。鞍部等高线图如图 6-4 所示。

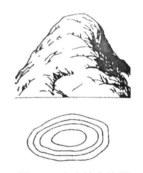

图 6-2　山头等高线图

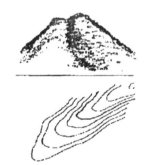

图 6-3　山脊等高线图

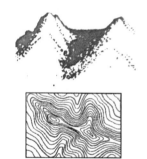

图 6-4　鞍部等高线图

此外，还有一些特殊地貌，如陡坎、悬崖、冲沟等，难以用等高线表示，可用《地形图图式》中规定的符号表示。

（5）等高线的特性。

① 同一条等高线上各点的高程相同。

② 等高线是闭合的曲线，若不在本幅图内闭合，则必在图外闭合。

③ 除在断崖、绝壁处，等高线在图上不能相交或重合。

④ 在同一幅地形图上，等高线的平距小，表示坡度陡；平距大，表示坡度缓；平距相等，表示坡度相同。

⑤ 山脊线、山谷线均与等高线正交。

二、大比例尺地形图的测绘

1．地形测量的概述

（1）地形测量。

测绘地形图的过程称为地形测量。地形测量以控制点为测站，将周围的地物、地貌的特征点测出，再绘制成图，又称为碎部测量。

表示坡度变化的点称为地貌特征点，也称为地形点。

地物特征点和地貌特征点总称为碎部点。

（2）地形测量的实质。

地形测量的实质就是测定碎部点的平面位置和高程。

2．碎部测量

（1）碎部点的选择。

碎部点应选在地物和地貌的特征点上。地物特征点就是决定地物形状的地物轮廓线上的转折点、交叉点、弯曲点、独立地物的中心点等。地貌特征点应选择在最能反映地貌特征的山脊线、山谷线等地性线上。

（2）经纬仪测绘法。

如图 6-5 所示，经纬仪测绘法在一个测站上的操作步骤简述如下。

① 安置仪器。在控制点 A 安置经纬仪，对中、整平，量出仪器高度 i，记入地形测量手簿；后视另一控制点 B，置水平度盘为 $0°00'00''$则 AB 方向称为起始方向；测定竖直度盘指标差。

② 立尺。立尺员依次将标尺立在地物特征点和地貌特征点上。

③ 观测。照准碎部点 1 的标尺，读出视距间隔 l，读竖直度盘读数和水平角 β。

④ 记录与计算。根据视距测量计算公式计算水平距离 D 和高程 H。

⑤ 展会碎部点。将量角器上等于 β 角值的刻画线，按所测得的水平距离，定出 1 点的位置，在点 1 的右侧注明其高程 H_1。

⑥ 绘图。在测绘地物时，应对照地物外轮廓，随测随绘。在测绘地貌时，应对照实际地貌勾绘等高线。

同法，测绘出其他碎部点。

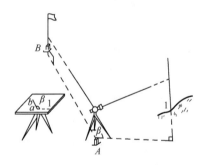

图 6-5 经纬仪测绘法

三、大比例尺地形图的应用

1．求图上某点的坐标

【例 1】在大比例尺地形图上面有 10cm×10cm 的坐标方格网，在图廓的四个角上注有方格网的纵横坐标值（以 km 为单位）如图 6-6 所示。欲求图上 A 点的坐标，可根据图上坐标方格网来确定，方法如下。

首先确定 A 点所在的小方格 $abcd$，并求 a 点的坐标，由图 6-5 可知。a 点坐标为

$x_a=25100m$

$y_a=35000m$

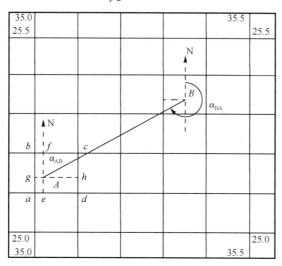

$1:1000$

图6-6 地形图的应用

通过 A 点分别作 x 轴和 y 轴的平行线与 A 点所在方格相交于 e、f、g、h，在图上量出 $\overline{ag}$、$\overline{ae}$ 的长度分别为 4mm、2mm，再乘以比例尺分母 M（1000）ag、ae 所代表的实际长度为

$$ag=\overline{ag}\times M=40（m）$$

$$ae=\overline{ae}\times M=20（m）$$

则 A 点坐标为

$$y_A=y_a+ae=35000+20=35020（m）$$

$$x_A=x_a+ag=25100+40=25140（m）$$

2．确定图上两点间的水平距离

欲求 A、B 两点的水平距离，有下列两种方法。

（1）图解法。

直接用比例尺在图上量出 A、B 两点的水平距离，或者用直尺量出图上 AB 的长度 $\overline{AB}$，再乘以比例尺的分母 M，即 $AB=\overline{AB}\times M$

（2）解析法。

根据坐标方格网求出 A、B 两点的坐标，A、B 两点的水平距离可按下式计算，即

$$D_{AB}=\sqrt{(x_B-x_A)^2+(y_B-y_A)^2}$$

3．确定图上某点的高程

根据等高线确定点的高程。若某点恰好在某一等高线上，则该点的高程等于该等高线的高程。若某点不在等高线上，而位于两条等高线之间，则求其高程的方法如下。

首先过 B 点作一直线，此直线应垂直于两相邻等高线，交点为 m、n，然后量取 mn 和 mB 的长度，按下式计算 B 点的高程，即

$$H_B = H_m + \frac{mb}{mn} \times h$$

式中，h 为等高距，单位为 m。

【例2】如图 6-7 所示等高线图，H_m=98m，$\frac{mB}{mn}$=0.4，h=1m，求 B 点的高程。

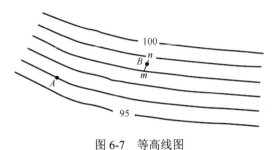

图 6-7　等高线图

解：$H_B = H_m + \dfrac{mb}{mn} \times h$

$\qquad$ = 98.0+0.4×1=98.4（m）

1．举例说明地物符号有哪几种？

答：（1）比例符号。

地物的形状和大小按比例尺缩绘在图的相应位置上的轮廓符号称为比例符号，如房屋、湖泊、农田等。

（2）半比例符号。

地物的长度可按比例尺缩绘，但宽度不能按比例尺缩绘，这种符号称为半比例符号。用半比例符号表示的地物都是一些带状地物，如管线、公路、铁路、围墙、通信线路等。

（3）非比例符号。

有些地物的轮廓较小，无法将其形状和大小按比例缩绘到图上，而用相应的规定符号表示，这种符号称为非比例符号。如三角点、消火栓等。

（4）地物注记。

对地物加以说明的文字、数字或特有符号称为地物注记。例如，城镇、工厂、河流的名称的注记；江河的流向及深度，房屋的层数等的注记；用特定符号表示的地面植被种类。

解析：本题考的是地物符号的相关知识。地物符号和地貌符号是常考的地形图表示方法。有别于地貌符号单一的等高线表示，地物符号有四种分类，需要加以区别记忆。

2．判断题：助曲线是按二分之一基本等高距描绘的等高线。　　　　　　　　　（　　）

答：×

解析：本题考核的是等高线的概念。地形图上的等高线分为首曲线、计曲线、间曲线和助曲线四种。首曲线是按规定的基本等高距描绘的等高线。计曲线是为了计算和用图方便，每隔四根首曲线加宽绘制并注上高程的等高线称为计曲线。间曲线是为了表示首曲线不能反映而又重要的局部地貌，按二分之一基本等高距绘制的等高线称为间曲线。助曲线是为了表示别的等高线都不能表示的重要的局部地貌，按四分之一基本等高距描绘的等高线称为助曲线。

3．等高距是两相邻等高线之间的（　　）。

    A．高程之差　　　　　B．平距　　　　　　C．间距　　　　　　D．垂直距离

答：A

解析：本题考的是等高距和等高线平距的相关知识。相邻等高线的高差称为等高距。相邻等高线之间的水平距离称为等高线平距。等高距是高差，等高线平距是水平距离。

4．比例尺为1：500的地形图比例尺精度是（　　）。

    A．0.5cm　　　　　　B．5cm　　　　　　　C．50cm　　　　　　D．5m

答：B

解析：本题考核比例尺精度相关知识。地形图上0.1mm所代表的实际水平距高称为比钢尺的精度。例如本题中1：500地形图的比例尺精度为0.1mm×500=5cm。

单元练习

一、选择题

1．地面上自然形成的或人工建（构）筑的各种物体称为（　　）。

    A．地物　　　　　　　B．地貌　　　　　　C．地形　　　　　　D．建筑物

2．地面高低起伏的自然形态即为（　　）。

    A．地物　　　　　　　B．地形　　　　　　C．地貌　　　　　　D．地表面

3．地形图上一线段的长度1mm，地面上相应线段的水平距离为10m，地形图的比例尺为（　　）。

    A．1/1000　　　　　B．1/500　　　　　　C．1/2000　　　　　D．1/10000

4．在地形图上，量得AB两点距离为13.1mm，地形图的比例尺为1/500，则直线AB的实地长度为（　　）。

    A．65.5m　　　　　　B．6.55m　　　　　　C．12.9m　　　　　　D．1.29m

5．比例尺为1：1000的地形图的比例尺精度是（　　）。

    A．0.1cm　　　　　　B．1cm　　　　　　　C．0.1m　　　　　　D．1m

6．比例尺为1：1000的地形图，图上1dm代表实际距离为（　　）。

    A．10cm　　　　　　B．10m　　　　　　　C．100cm　　　　　D．100m

7．地形测量时，若比例尺精度为b，测图比例尺为M，则比例尺精度与测图比例尺大小的关系为（　　）。

    A．b与M无关　　　　　　　　　　B．b与M成正比

    C．b与M成反比　　　　　　　　　D．其他

8．工程中通常采用1：500到（　　）的大比例尺地形图。

    A．1：1000　　　　　B．1：2000　　　　　C．1：10000　　　　D．1：100000

9．地形图的比例尺，分母越小，则（　　）。

    A．比例尺越小，表示地物越详细，精度越高

    B．比例尺越大，表示地物越简略，精度越低

    C．比例尺越小，表示地物越简略，精度越高

    D．比例尺越大，表示地物越详细，精度越高

10. 同样大小图幅的 1 : 500 与 1 : 2000 两张地形图，其实地面积之比是（　　）。

　　A. 1 : 4　　　　　　B. 1 : 16　　　　　C. 4 : 1　　　　　D. 16 : 1

11. 在同一地形图上按规定的一半等高距测绘的等高线，称为（　　）。

　　A. 计曲线　　　　B. 助曲线　　　　C. 间曲线　　　　D. 首曲线

12. 山脊线也叫（　　）。

　　A. 分水线　　　　B. 集水线　　　　C. 山谷线　　　　D. 示坡线

13. 按规定的基本等高距描绘的等高线，被称为（　　）。

　　A. 首曲线　　　　B. 计曲线　　　　C. 间曲线　　　　D. 助曲线

14. 为了计算和用图方便，每隔四根基本等高线加宽描绘一条并注上高程的等高线，称为（　　）。

　　A. 首曲线　　　　B. 计曲线　　　　C. 间曲线　　　　D. 助曲线

15. 在地形图上能够按比例表示地物的符号是（　　）。

　　A. 比例符号　　B. 非比例符号　　C. 半比例符号　　D. 地物注记

16. 地形图上相临等高线间的水平距离称为（　　）。

　　A. 等高线　　　　B. 等高线平距　　C. 等高距　　　　D. 平距

17. 在一张图纸上等高距不变时，等高线平距与地面坡度的关系是（　　）。

　　A. 平距大则坡度小　　　　　　　　B. 平距大则坡度大

　　C. 平距大则坡度不变　　　　　　　D. 平距与坡度成正比

18. 地形图上陡坡的等高线较为（　　）。

　　A. 稀疏　　　　　B. 汇合　　　　　C. 相交　　　　　D. 密集

二、判断题

1. 地面上自然形成的或人工建筑的各种物体称为地物，如江河、湖泊、房屋、道路、森林等。　　　　　　　　　　　　　　　　　　　　　　　　　　　　（　　）

2. 地貌也就是地面高低起伏的自然形态，如高山、平原、丘陵、洼地等。　（　　）

3. 图号注记在图幅的正上方、图名的上方。　　　　　　　　　　　　　（　　）

4. 平面图和地形图的区别是平面图仅表示地物的平面位置，而地形图仅表示地面的高低起伏。　　　　　　　　　　　　　　　　　　　　　　　　　　　　（　　）

5. 地形图比例尺越大，反映的地物、地貌越简单。　　　　　　　　　　（　　）

6. 比例尺有数字比例尺和直线比例尺，其中直线比例尺也称图示比例尺。　（　　）

7. 碎部点的正确选择是保证成图质量和提高测图效率的关键。　　　　　（　　）

8. 通常用等高线来表示地貌，对于不能用等高线表示的特殊地貌，如悬崖、峭壁、冲沟等用图式规定的符号表示。　　　　　　　　　　　　　　　　　　　（　　）

9. 等高线平距越大，地面坡度越大。　　　　　　　　　　　　　　　　（　　）

10. 地面坡度越陡，其等高线越密。　　　　　　　　　　　　　　　　（　　）

11. 同一条等高线上各点的高程都相同。　　　　　　　　　　　　　　（　　）

12. 首曲线是按规定的基本等高距描绘的等高线。　　　　　　　　　　（　　）

13. 除在断崖、绝壁处，等高线在图上不能相交或重合。　　　　　　　（　　）

14. 间曲线是按四分之一基本等高距描绘的等高线。　　　　　　　　　（　　）

15. 地形图上的等高线分为首曲线、计曲线、间曲线、助曲线四种。　　（　　）

16. 山顶向山脚延伸的突起部分，称为山谷。两山脊之间向一个方向延伸的低凹部分，称为山脊。 （　　）

17. 在同一幅地形图上，等高线的平距小，表示坡度陡，平距大表示坡度缓。平距相等，则坡度相同。 （　　）

18. 高程注记由外圈向内圈递增的表示山头；相反，由外圈向内圈递减的表示洼地。 （　　）

19. 山脊线、山谷线均与等高线正交。 （　　）

20. 助曲线可以不闭合。 （　　）

三、名词解释

1. 地物。
2. 地貌。
3. 比例尺。
4. 等高线。
5. 碎部点。
6. 等高距。

四、简答题

1. 等高线有哪些特性？
2. 简述经纬仪测绘法在一个测站上的操作步骤。

五、综合题

1. 如图 6-8 所示等高线图，$\dfrac{mB}{mn}=0.7$，$h=1$m，求 A、B 点的高程。

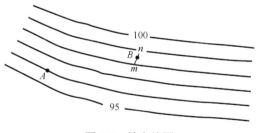

图 6-8　等高线图

2. 某地形图中，等高距 $h=2$m，等高线平距为 0.4mm，比例尺为 1：1000，求坡度 i。

第七章 建筑施工测量

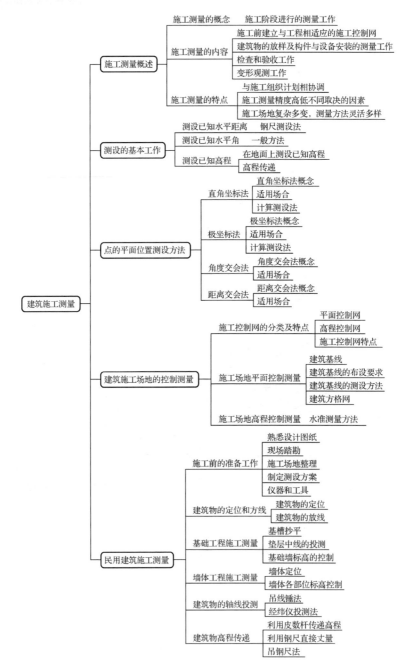

1．了解施工测量的概念、任务、主要内容，以及施工测量的特点。

2．掌握测设的基本工作：已知水平距离测设、已知水平角测设和已知高程测设。

3．掌握点的平面位置的测设方法：直角坐标法、极坐标法、角度交会法、距离交会法。

4．了解施工控制网的分类，建筑基线的定义、布设要求、测设方法，建筑方格网的特点。

5．了解施工前的准备工作，理解建筑物的定位和放线、基础工程施工测量、墙体工程施工测量、建筑物轴线投测、建筑物高程传递。

考点详解

一、施工测量概述

施工测量是指在施工阶段所进行的测量工作，其任务是把图纸上设计的建筑物（构筑物）的平面位置和高程，按设计和施工要求放样（测设）到相应的地点，作为施工的依据。

1．施工测量的内容

（1）施工前建立与工程相适应的施工控制网。

（2）建（构）筑物的放样及构件与设备安装的测量工作。

（3）检查和验收工作。

（4）变形观测工作。

2．施工测量的特点

（1）测量应与施工组织计划相协调，适应施工的变化。

（2）施工测量的精度高低不同，取决于建（构）筑物的大小、性质、材料等因素。

（3）施工场地复杂多变，测量标志从形式、选点到埋设均应考虑便于使用、保管和检查，如有破坏，应及时恢复。

二、测设的基本工作

测设就是根据已建立的控制点或已有建筑物，按工程设计要求，将建（构）筑物的特征点在实地标定出来。测设的基本工作包括已知水平距离测设、已知水平角测设和已知高程测设。

1．测设已知水平距离

测设已知水平距离是从一个一直点出发，沿指定的方向，用钢尺直接丈量出给定的水平距离，定出这段距离的另一端点。

一般情况下，用钢尺测设法进行测量。为了校核，应往、返丈量两次，取平均值作为终点最后位置。用这种方法测设已知水平距离，测设精度一般在 1/3000～1/5000。

当精度要求较高或测设距离较远时，也可采用光电测距仪法测设。

2．测设已知水平角

测设已知水平角是根据水平角的一个已知方向和已知水平角的角值，把该角的另一方向测设在地面上。

（1）一般方法。

当测设水平角精度要求不高时，可采用盘左、盘右取中的方法。如图 7-1 所示，设地面上已有 AB 方向线，从 AB 向右测设已知水平角 β 值。具体测设方法如下。

① 将经纬仪安置在 A 点，用盘左瞄准 B 点，使度盘读数为 $0°00'00''$。

② 旋转照准部，当度盘读数为 β 角度值时，在视线方向上定出 C' 点。

③ 用盘右瞄准 B 点，使度盘读数为 $180°00'00''$。

④ 旋转照准部，当度盘读数为 $180°00'00''+\beta$ 角度值时，在视线方向上定出另一点 C''。

⑤ 取 C' 和 C'' 的中点 C，则 $\angle BAC$ 就是要测设的 β 角。

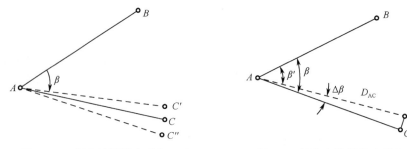

图 7-1　一般方法测设水平角　　　　图 7-2　精确方法测设水平角

（2）精确方法。

当测设精度要求较高时，可按如下步骤进行（如图 7-2 所示）。

① 先用一般方法测设出 C_0。

② 用测回法对 $\angle BAC$ 观测若干个测回，求出各测回平均值 β'，并计算出 $\Delta\beta=\beta-\beta'$。

③ 量取 AC_0 的距离。

④ 计算改正距离 C_0C。

⑤ 自 C_0 点沿 AC_0 的垂直方向量出距离 C_0C，定出 C 点，则 $\angle BAC$ 就是要测设的角度。

量取改正距离时，如 $\Delta\beta$ 为正，则沿 AC_0 的垂直方向向外量取；如 $\Delta\beta$ 为负，则沿 AC_0 的垂直方向向内量取。

3．测设已知高程

根据一直水准点，将设计高程测设到现场作业面上，称为测设已知高程。

（1）在地面上测设已知高程.

如图 7-3 所示，某建筑物的室内地坪设计高程为 45.000m，附近有一水准点 BM_A，其高程为 $H_A=44.680m$，在 BM_A 处立水准尺，测得后视读数为 1.556m。现在要求把该建筑物的室内地坪高程测设到木桩 B 上，作为施工时控制高程的依据。具体测设步骤如下。

① 求视线高程：$H_i=H_A+a=44.680+1.556=46.236m$

② 求前视读数：$b=H_i-H_B=46.236-45.000=1.236m$

③ 上下移动竖立在木桩 A 侧面的水准尺，直至水准仪在尺子上的读数为 1.236m 时，

紧靠尺底在木桩上画一水平线，其高程即为 45.000m。

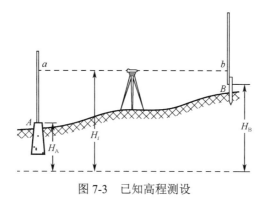

图 7-3　已知高程测设

（2）高程传递。

当向较深的基坑或较高的建筑物上测设已知高程时，如水准尺长度不够，可利用钢尺向下或向上引测。

如图 7-4 所示，欲在深基坑内设置一点 B，使其高程为 H_B。地面附近有一水准点 A，其高程为 H_A。具体测设方法如下。

① 在基坑一边架设吊杆，杆上吊一根零点向下的钢尺，尺的下端挂上 10kg 的重锤，放入油桶中。

② 在地面安置一台水准仪，设水准仪在 A 点所立水准尺上读数为 a_1，在钢尺上读数为 b_1。

③ 在坑底安置另一台水准仪，设水准仪在钢尺上读数为 a_2。

④ 计算 B 点水准尺的高程为 H_B 时，B 点处水准尺的读数为：$b_2 = H_A + a_1 - b_1 + a_2 - H_B$
用同样的方法，可从低处向高处测设已知高程的点。

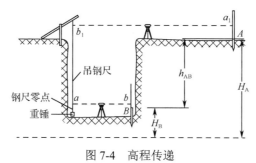

图 7-4　高程传递

三、点的平面位置测设方法

点的平面位置测设方法有直角坐标法、极坐标法、角度交会法、距离交会法，可根据控制网形式、地形情况、现场条件及精度要求灵活选择。

1. 直角坐标法

直角坐标法是根据直角坐标原理，利用纵横坐标之差，测设点的平面位置。

（1）适用场合。

适用于施工控制网为建筑方格网或建筑基线的形式，且量距方便的施工场地。

（2）计算测设数据。

【例1】如图7-5（a）所示，Ⅰ、Ⅱ、Ⅲ、Ⅳ为建筑施工场地的建筑方格网点，a、b、c、d为准备测设建筑物的四个角点，根据设计图上各点坐标值，可求出建筑物的长度、宽度及测设数据，如图7-5（b）所示。

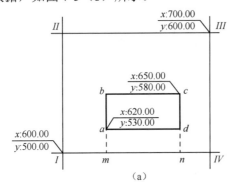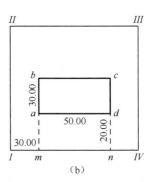

图7-5 直角坐标法

建筑物的长度=y_c-y_a=580.00-530.00=50.00m

建筑物的宽度=x_c-x_a=650.00-620.00=30.00m

测设a点的测设数据（Ⅰ点与a点的纵横坐标之差）如下：

$$\Delta x=x_a-x_Ⅰ=620.00-600.00=20.00m$$

$$\Delta y=y_a-y_Ⅰ=530.00-500.00=30.00m$$

（3）点位测设。

在Ⅰ点安置经纬仪，瞄准Ⅳ点，在Ⅰ-Ⅳ方向上以Ⅰ点为起点分别测设 $D_{Ⅰm}$=30.00m，D_{mn}=50.00m，定出m、n点。将仪器搬至m点，瞄Ⅰ准点，用盘左、盘右分别测设90°角，定出ma方向线，在此方向上由m点测设D_{ma}=20.00m，D_{ab}=30.00m，定出a、b点。再将仪器搬至n点，瞄准Ⅰ点，用同样的方法定出d、c点，这样建筑物的四个角点位置便确定了。最后检查D_{ac}、D_{bd}的长度是否为58.31m，或测四个房角是否为90°，误差是否在允许范围内。直角坐标法计算简单，测设方便，精度较高，应用广泛。

2. 极坐标法

极坐标法是根据一个水平角和一段水平距离，测设点的平面位置。

（1）适用场合。

适用于量距方便，且待测设点距控制点较近的建筑施工场地。

（2）计算测设数据。

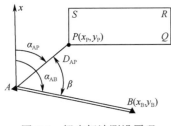

图7-6 极坐标法测设原理

如图7-6所示，A、B为已知平面控制点，其坐标值分别为（X_A，Y_A）、（X_B，Y_B），P点为建筑物的一个角点，其坐标为（X_P，Y_P）。现根据A、B两个已知点，用极坐标法测设P点，其测设数据计算方法如下：

① 计算AB、AP边的坐标方位角

$$\alpha_{AB} = \arctan\frac{\Delta y_{AB}}{\Delta x_{AB}}$$

$$\alpha_{AP} = \arctan\frac{\Delta y_{AP}}{\Delta x_{AP}}$$

② 计算 AP 与 AB 之间的夹角。

$$\beta = \alpha_{AB} - \alpha_{AP}$$

应当注意，在计算 β 时，若 $\alpha_{AP}>\alpha_{AB}$，则应将 α_{AP} 加上 360°再减去 α_{AB}。

③ 计算 A、P 两点间的水平距离。

$$D_{AP} = \sqrt{(x_P - x_A)^2 + (y_P - y_A)^2} = \sqrt{\Delta x_{AP}^2 + \Delta y_{AP}^2}$$

（3）点的测设。

在测设时，在 A 点安置经纬仪，瞄准 B 点，采用正倒镜分中法测设出 β 角以定出 AP 方向，沿此方向用钢尺测设距离 D_{AP}，即定出 P 点，做出标志。用同样方法测出 S、R、Q 点。检测四个房角是否为 90°，误差是否在允许范围内。

【例 2】如图 7-7 所示，已知 A 点坐标为（200，300），1 点坐标为（400，500），α_{AB}=105°，求测设数据 D_{A1} 和 β。（单位 m）

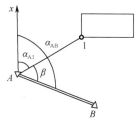

解：　$\alpha_{A1}=\arctan\dfrac{y_1 - y_A}{x_1 - x_A}=\arctan\dfrac{500-300}{400-200}=45°$

B=105°−45°=60°

$D_{A1}=\sqrt{(x_1 - x_a)^2 + (y_1 - y_a)^2}$ =282.8

图 7-7　极坐标放样图

3．角度交会法

角度交会法是用经纬仪从两个控制点，分别测设出两个已知水平角方向，交会出点的平面位置。主要适用于待测设点距控制点较远，且量距较困难的建筑施工场地。

4．距离交会法

距离交会法是根据待测设的两段水平距离，交会定出点的平面位置。主要适用于待测设点距控制点的距离不超过一尺段长，且地势平坦、量距方便的建筑施工场地。

四、建筑施工场地的控制测量

1．施工控制网的分类

施工控制网分为平面控制网和高程控制网。

（1）施工平面控制网。

施工平面控制网可布设成三角网、导线网、建筑方格网、建筑基线四种形式。

① 三角网适用于地势起伏较大，通视条件较好的施工场地。

② 导线网适用于地势平坦，通视又比较差的施工场地。

③ 建筑方格网适用于建筑物多为矩形且布置比较规则和密集的施工场地。

④ 建筑基线适用于地势平坦且又简单的小型施工场地。

（2）施工高程控制网。

施工高程控制网采用水准网。

与测图控制网相比，施工控制网具有控制范围小、控制点密度大、精度要求高及使用频繁等特点。

测量的基本工作包括高差测量、水平角测量、水平距离测量。通常，将水平角（方向）、水平距离和高程称为地面点位置的三要素。

2．建筑基线

施工场地范围不大时，可在施工场地上布置一条或几条基线，作为施工场地的平面控制，这种基线称为建筑基线。

（1）建筑基线布设形式。

建筑基线一般布设成如图 7-8 所示形式。

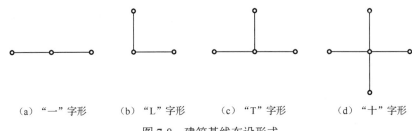

（a）"一"字形　　（b）"L"字形　　（c）"T"字形　　（d）"十"字形

图 7-8　建筑基线布设形式

（2）建筑基线布设要求。

① 建筑基线应尽可能靠近拟建的主要建筑物，并与其主要轴线平行，以便使用比较简单的直角坐标法进行建筑物的定位。

② 建筑基线上的基线点应不少于三个，以便相互检核。

③ 建筑基线应尽可能与施工场地的建筑红线相联系。

④ 基线点位应选在通视良好和不易被破坏的地方，为能长期保存，要埋设永久性的混凝土桩。

（3）建筑基线测设方法。

① 根据建筑红线测设建筑基线。由测绘部门测定的建筑用地边界线，称为建筑红线。

在城市建设区，建筑红线可用作建筑基线测设的依据。如图 7-9 所示，AB、AC 为建筑红线，1、2、3 为建筑基线点，利用建筑红线测设建筑基线的方法如下。

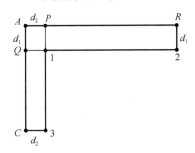

图 7-9　用建筑红线测设建筑基线

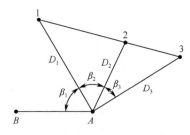

图 7-10　用控制点测设建筑基线

首先，从 A 点沿 AB 方向量取 d_2 定出 P 点，沿 AC 方向量取 d_1 定出 Q 点。

然后，过 B 点作 AB 的垂线，沿垂线量取 d_1 定出 2 点，做出标志；过 C 点作 AC 的垂线，沿垂线量取 d_2 定出 3 点，做出标志；用细线拉出直线 $P3$ 和 $Q2$，两条直线的交点即为 1 点，做出标志。

最后，在 1 点安置经纬仪，精确观测 $\angle 213$，其与 90° 的差值应小于 $\pm20''$。

② 根据附近已有控制点测设建筑基线。在新建筑区，可以利用建筑基线的设计坐标和附近已有控制点的坐标，用极坐标法测设建筑基线。如图 7-10 所示，A、B 为附近已有控制点，1、2、3 为选定的建筑基线点。测设方法如下。

首先，根据已知控制点和建筑基线点的坐标，计算出测设数据 β_1、D_1、β_2、D_2、β_3、D_3。然后，用经纬仪和钢尺按极坐标法，测设 1、2、3 点。

最后，用经纬仪检查 $\angle 123$ 是否等于 $180°$，其差值应小于 $\pm15''$；用钢尺检查 1、2 及 2、3 的距离，其误差应小于 1/10000。

3．建筑方格网

在大中型施工场地，由正方形或矩形组成的施工控制网，称为建筑方格网或矩形网（如图 7-11 所示）。其优点为可用直角坐标法进行建筑物的定位，测设比较方便，而且精度较高。其缺点是必须按照总平面图布置，其点位易被破坏，而且测设工作量也较大。

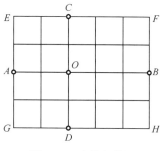

图 7-11　建筑方格网

五、民用建筑施工测量

民用建筑施工测量的主要任务是建筑物的定位和放线、基础工程施工测量、墙体工程施工测量及高层建筑施工测量等。

1．建筑物的定位和放线

（1）建筑物的定位。

建筑物的定位就是将建筑物外廓各轴线交点测设在地面上，作为基础放样和细部放样的依据。

由于定位条件不同，定位方法也不同，下面介绍根据已有建筑物测设拟建建筑物的方法。

① 如图 7-12 所示，宿舍楼为原有建筑物，教学楼为拟建建筑物，两建筑物相距 14.000m，完工后两建筑物的南墙面平齐。用钢尺沿宿舍楼的东、西墙，延长出一小段距离 l 得 a、b 两点，做出标志。

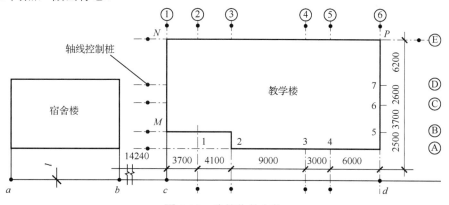

图 7-12　建筑物的定位

② 在 a 点安置经纬仪，瞄准 b 点，并从 b 沿 ab 方向量取 14.240m（因为教学楼的外墙厚 370mm，轴线偏里，离外墙皮 240mm）定出 c 点，做出标志，再继续沿 ab 方向从 c 点起量取 25.800m，定出 d 点，做出标志，cd 线就是测设教学楼平面位置的建筑基线。

③ 分别在 c、d 两点安置经纬仪，瞄准 a 点，顺时针方向测设 $90°$，沿此视线方向量取距离 $l+0.240$m，定出 M、Q 两点，做出标志，再继续量取 15.000m，定出 N、P 两点，做出标志。M、N、P、Q 四点即为教学楼外廓定位轴线的交点。

④ 检查 NP 的距离是否等于 25.800m，∠N 和 ∠P 是否等于 90°，其相对误差应在允许范围内。

（2）建筑物的放线。

建筑物的放线，是指根据已定位的外墙轴线交点桩（角桩），详细测设出建筑物各轴线交点桩（或称中心桩），然后，再根据交点桩用白灰撒出基槽开挖边界线。

建筑轴线中心桩用极坐标方法放样设置，做出标志。建筑轴线中心桩在施工过程中容易被挖掉，为了便于施工过程中恢复中心线位置常用以下两种方法。

① 设置轴线控制桩。一般设置在基槽外 2～4m 处。

② 设置龙门板。在基槽开挖边界线以外 1.5～2m 处设置龙门桩，沿龙门桩上±0.000 的标高线钉设龙门板，允许误差为±5mm。

2．基础工程施工测量

（1）基槽抄平。

建筑施工中的高程测设，又称抄平。

水平状可作为挖槽深度、修平槽底和打基础垫层的依据。

（2）垫层中线的投测：用经纬仪或吊线锤的方法，把轴线投测到垫屋面上，并用墨线弹出墙中心线和基础边线，作为砌筑基础的依据。

（3）基础墙标高的控制：是用基础皮数杆来控制的。

3．墙体工程施工测量

（1）墙体定位。

① 利用轴线控制桩或龙门板上的轴线和墙边线标志，用经纬仪或拉细绳挂线锤的方法将轴线投测到基础面上或防潮层上。

② 用墨线弹出墙中线和墙边线。

③ 检查外墙轴线交角是否等于 90°。

④ 把墙轴线延伸并画在外墙基础上，作为向上投测轴线的依据。

⑤ 把门、窗和其他洞口的边线，也在外墙基础上画出。

（2）墙体各部位标高的控制：在墙体施工中，墙体各部位标高也是用皮数杆控制的。

4．建筑物的轴线投测

（1）吊线锤法。

① 将较重的线锤悬吊在楼板或柱顶边缘，当线锤尖对准基础墙面上的轴线标志时，线在楼板或柱顶边缘的位置即为楼层轴线端点位置，并画出标志线。

② 用同样的方法，投测各轴线端点。

③ 用钢尺检核各轴线的间距，符合要求后，继续施工，并把轴线逐层自下向上传递。

吊线锤法简便易行，不受施工场地限制，一般能保证施工质量。但当有风或建筑物较高时，投测误差较大，应采用经纬仪投测法。

（2）经纬仪投测法。

① 在轴线控制桩上安置经纬仪，严格整平后，瞄准基础墙面上的轴线标志，用盘左、盘右分中投点法，将轴线投测到楼层边缘或柱顶上。

② 每层楼板应测设长轴线 1～2 条，短轴线 2～3 条。

③ 用钢尺检核各相邻两线间距，相对误差不得大于 1/2000。检查合格后，才能在楼板分间弹线，继续施工。

5．建筑物高程传递

（1）利用皮数杆传递高程。

（2）利用钢尺直接丈量。对于高程传递精度要求较高的建筑物，通常用钢尺直接丈量来传递高程。

（3）吊钢尺法。

1．施工测量的主要内容？

答：（1）施工前建立与工程相适应的施工控制网。

（2）建（构）筑物的放样及构件与设备安装的测量工作。

（3）检查和验收工作。

（4）变形观测工作。

解析：本题考核施工测量的主要内容，从施工前建立控制网到施工过程中的测量工作，以及施工过程中的检查验收工作和鉴定工程质量时需要的变形观测工作。另外，学生需注意与建筑工程测量的任务区分开来，不要混淆。

2．采用钢尺测设法测设已知水平距离时，其测设精度一般为（　　）。

  A．1/2000～1/3000   B．1/3000～1/5000

  C．1/2000～1/500   D．1/1000～1/3000

答：B。

解析：本题考核的是钢尺测设法的精度，是一个范围 1/3000～1/5000。之前学过在平坦地区钢尺量距的精度不大于 1/3000，在量距困难的地区精度不大于 1/1000，需正确区分题目中问的是什么，否则可能找不到答案。

3．在测设点的平面位置时，什么场合采用极坐标法？

答：在量距方便，且待测设点距控制点较近的建筑施工场地应采用极坐标法。

解析：本题考核极坐标法的适用场合，需熟记极坐标法的适用场合，并正确区分直角坐标法、角度交会法、距离交会法的适用场合。

4．建筑基线上的基线点不应少于（　　）个，以便相互检核。

  A．一个   B．两个   C．三个   D．四个

答：C。

解析：建筑基线的布设要求，建筑基线上的基线点不少于三个，以便相互检核。注意和第五章小地区控制测量支导线布设要求区分开，支导线是缺乏检核条件，不易发现错误，因此其点数一般不超过 2 个；第八章建筑物的变形观测水准基点的布设要求也规定，为了提高水准基点高程的正确性，水准基点最少应布设 3 个，以便相互检核。

5．简述多层建筑施工中高程的传递方法。

答：利用皮数杆传递高程；利用钢尺直接丈量；吊钢尺法。

解析：本题考核建筑物高程传递的方法：利用皮数杆传递高程；利用钢尺直接丈量；吊钢尺法。

单元练习

一、名词解释

1. 施工测量。
2. 测设已知水平距离。
3. 测设已知水平角。
4. 测设已知高程。
5. 直角坐标法。
6. 极坐标法。
7. 角度交会法。
8. 距离交会法。
9. 建筑基线。
10. 建筑红线。
11. 建筑物的定位。
12. 建筑物的放线。
13. 抄平。

二、选择题

1. 三项基本测设工作是指（　　）。
   A．角度、坐标、方位角
   B．已知水平距离、已知水平角、已知高程的测设
   C．距离、角度、竖直角
   D．已知坐标方位角、已知水平角、已知高程的测设
2. 点的平面位置的测设方法有（　　）。
   A．直角坐标法、极坐标法、角度交会法和距离交会法
   B．直角坐标法、极坐标法、直线交会法和距离交会法
   C．直角坐标法、极坐标法、角度交会法和点位交会法
   D．直角坐标法、极坐标法、方向交会法和点位交会法
3. 采用钢尺测设法测设已知水平距离，测设精度一般为（　　）。
   A．1/2000～1/5000　　　　　　B．1/3000～1/4000
   C．1/3000～1/5000　　　　　　D．1/2000～1/3000
4. 对于高程传递精度要求较高的建筑物，通常用（　　）来传递高程。
   A．水准尺　　　　　　　　　　B．皮数杆
   C．钢尺直接丈量　　　　　　　D．吊钢尺
5. 在施工阶段所进行的测量工作，称为（　　）。
   A．水准测量　　　B．导线测量　　　C．控制测量　　　D．施工测量
6. 下列不属于施工测量特点的是（　　）。
   A．测量应与施工组织计划相协调，适应施工的变化
   B．施工测量的精度高低不同，取决于建筑物的大小、性质等因素

C．施工场地复杂多变

D．技术方法单一

7．地面 A、B 两点，A 点的高程为 101.000m，放样 B 点，B 点高程为 100.500m，后视水准点 A 上立尺，读得后视读数为 1.000m，B 点立尺应有的前尺读数为（　　）。

    A．-0.500m　　　B．0.500m　　　C．1.000m　　　D．1.500m

8．根据测设的两段水平距离，交会定出点的平面位置的方法称为（　　）。

    A．直角坐标法　　B．极坐标法　　C．角度交会法　　D．距离交会法

9．由测绘部门测定的建筑用地边界线，称为（　　）。

    A．建筑红线　　　B．建筑基线　　C．边界线　　　　D．场地施工线

10．施工控制网分为平面控制网和（　　）。

    A．高程控制网　　B．导线网　　　C．水准网　　　　D．基线网

11．某待测点距控制点较近且量距方便，测设该点位置的最适合方法是（　　）。

    A．角度交会法　　B．极坐标法　　C．直角坐标法　　D．距离交会法

12．建筑基线上应至少设置（　　）个基点。

    A．2　　　　　　B．4　　　　　　C．5　　　　　　D．3

13．角度交会法测设平面点位置的根据是（　　）。

    A．一个角和一段距离　　　　　B．两个水平角

    C．两个坐标差　　　　　　　　D．两段距离

14．下列图是撒出施工灰线的依据是（　　）。

    A．建筑总平面图　　　　　　　B．建筑平面图

    C．基础平面图和基础详图　　　D．立面图和剖面图

15．建筑施工中的高程测设又称为（　　）。

    A．标定　　　　　B．测定　　　　C．测设　　　　　D．抄平

16．在墙体施工中，墙体各部位标高通常用控制（　　）。

    A．皮数杆　　　　B．钢尺　　　　C．标杆　　　　　D．线锤

17．下列不是建筑物轴线投测方法的是（　　）。

    A．吊线锤法　　　　　　　　　B．经纬仪投测法

    C．激光铅垂仪法　　　　　　　D．吊钢尺法

18．可以计算待定点高程的是（　　）。

    A．视线高法　　　B．测回法　　　C．直角坐标法　　D．极坐标法

19．对于建筑物多为矩形且布置比较规则和密集的施工场地，可采用（　　）形式的平面控制网。

    A．三角网　　　　B．导线网　　　C．建筑方格网　　D．建筑基线

三、判断题

1．测设点的平面位置时可根据控制网的形式、地形情况、现场条件及精度等条件来灵活选择适当的测设方法。　　　　　　　　　　　　　　　　　　　　　　（　　）

2．测设点平面位置时，直角坐标法使用起来计算简单，但测设不方便，精度不高。（　　）

3．钢尺测设法测设已知水平距离时，为了检核，应往、返丈量两次，取其平均值作为终点最后位置。　　　　　　　　　　　　　　　　　　　　　　　　　　　　（　　）

4．当向较深的基坑或较高的建筑物上测设已知高程点时，若水准尺长度不够，可利用

钢尺向下或向上引测。　　　　　　　　　　　　　　　　　　　　　　（　　）

5．测设就是根据已建立的控制点或已有的建筑物，按工程设计要求，将建、构筑物的特征点在实地标定出来。　　　　　　　　　　　　　　　　　　　　　　（　　）

6．直角坐标法是根据直角坐标原理，利用纵横坐标之差，测设点的平面位置。（　　）

7．建筑基线布设的位置，应尽量远离建筑物场地中的主要建筑物，且不与其轴线相平行，以便采用直角坐标法进行放样。　　　　　　　　　　　　　　　　　（　　）

8．施工测量是间接为工程施工服务的，因此它不必与施工组织计划相协调。　（　　）

9．不能根据建筑红线测设建筑基线。　　　　　　　　　　　　　　　　　（　　）

10．在进行建筑物定位时，如果施工场地只有一般的控制导线，那么我们可以采用极坐标法。　　　　　　　　　　　　　　　　　　　　　　　　　　　　　（　　）

11．龙门板的板顶标高一般为 0.500m。　　　　　　　　　　　　　　　（　　）

12．利用吊线锤法进行轴线投测，简便易行，不受施工场地的限制，一般在任何情况下均能保证施工测量。　　　　　　　　　　　　　　　　　　　　　　　（　　）

13．在设置轴线控制桩时，如果附近有建筑物，亦可把轴线投测到建筑物上，用红漆做出标志，以代替轴线控制桩。　　　　　　　　　　　　　　　　　　　（　　）

14．建筑物的定位时将建筑物外廓轴线交点测设在地面上，作为基础放样和细部放样的依据。　　　　　　　　　　　　　　　　　　　　　　　　　　　　　（　　）

15．由测绘部门测定的建筑用地边界线，称为建筑红线。　　　　　　　　（　　）

16．建筑施工中的高程测定，又称抄平。　　　　　　　　　　　　　　　（　　）

17．依据一个水平角和一段水平距离测设点的平面位置的方法是直角坐标法。（　　）

19．测设点平面位置的直角坐标法适用于施工控制网为建筑方格网，且量距方便的建筑施工。　　　　　　　　　　　　　　　　　　　　　　　　　　　　　（　　）

20．龙门桩设置在基槽开挖边界线以外 2～4m 处。　　　　　　　　　　（　　）

四、简答题

1．施工测量的主要内容有哪些？

2．简述建筑基线的布设要求。

3．简述如何利用经纬仪进行多层建筑物的轴线投测。

4．简述如何利用吊线锤法进行轴线投测。

5．简述吊线锤法的特点。

6．简述墙体工程施工测量中墙体定位的过程。

7．简述建筑物高程传递的方法。

8．简述民用建筑施工测量的主要任务。

五、计算题

1．建筑场地上水准点 A 的高程为 130.416m，欲在待建房屋近旁的电杆上测设处±0.000 的标高，±0.000 的设计高程为 130.000m。设水准仪在水准点 A 所立水准尺上的读数为 0.234m，计算测设水平桩的应读前视读数 $b_{应}$。

2．如图 7-13 所示，I、II、III、IV 为建筑施工场地的建筑方格网点，a、b、c、d 为准备测设建筑物的四个角点，请根据设计图上各点坐标值，求出建筑物的长度、宽度及 a 点的测设数据。

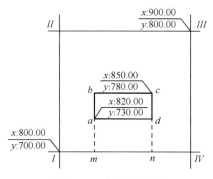

图7-13　建筑方格网

3．已知 A 点坐标为（100，300），1 点坐标为（300，100），$\alpha_{AB}=225°$，求测设数据 D_{A1} 和 β。（单位 m）

第八章　建筑物的变形观测

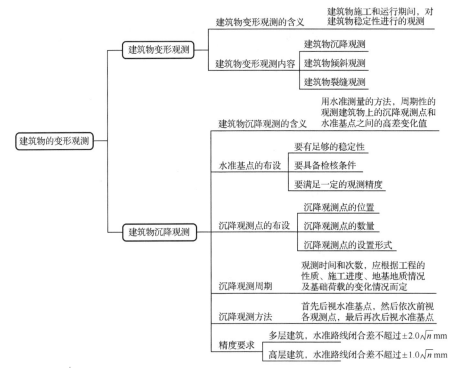

| | | | | 建筑物变形观测的含义 | 建筑物施工和运行期间，对建筑物稳定性进行的观测 |

知识导图结构：

- 建筑物的变形观测
  - 建筑物变形观测
    - 建筑物变形观测的含义：建筑物施工和运行期间，对建筑物稳定性进行的观测
    - 建筑物变形观测内容
      - 建筑物沉降观测
      - 建筑物倾斜观测
      - 建筑物裂缝观测
  - 建筑物沉降观测
    - 建筑物沉降观测的含义：用水准测量的方法，周期性的观测建筑物上的沉降观测点和水准基点之间的高差变化值
    - 水准基点的布设
      - 要有足够的稳定性
      - 要具备检核条件
      - 要满足一定的观测精度
    - 沉降观测点的布设
      - 沉降观测点的位置
      - 沉降观测点的数量
      - 沉降观测点的设置形式
    - 沉降观测周期：观测时间和次数，应根据工程的性质、施工进度、地基地质情况及基础荷载的变化情况而定
    - 沉降观测方法：首先后视水准基点，然后依次前视各观测点，最后再次后视水准基点
    - 精度要求
      - 多层建筑，水准路线闭合差不超过 $\pm 2.0\sqrt{n}\,\mathrm{mm}$
      - 高层建筑，水准路线闭合差不超过 $\pm 1.0\sqrt{n}\,\mathrm{mm}$

1．了解建筑物变形观测的含义和内容。
2．掌握在进行变形观测时，水准基点和沉降观测点的布设要求。
3．了解沉降观测的方法和精度。

一、建筑物变形观测

1．建筑物变形观测的概述

（1）建筑物变形观测：为保证建筑物在施工、使用和运行中的安全，以及为建筑物的

设计、施工、管理及科学研究提供可靠的资料，在建筑物施工和运行期间，需要对建筑物的稳定性进行观测，这种观测称为建筑物的变形观测。

（2）建筑物变形观测的内容。

建筑物变形观测的主要内容有建筑物沉降观测、建筑物倾斜观测和建筑物裂缝观测等。

2．建筑物沉降观测

建筑物沉降观测是用水准测量的方法，周期性的观测建筑物上的沉降观测点和水准基点之间的高差变化值。

（1）水准基点的布设。

水准基点是沉降观测的基准，因此水准基点的布设应满足以下要求。

① 要有足够的稳定性。水准基点必须设置在沉降影响范围以外，冰冻地区水准基点应埋设在冰冻线以下 0.5m。

② 要具备检核条件。为了保证水准基点高程的正确性，水准基点最少应布设三个，以便相互检核。

③ 要满足一定的观测精度。水准基点和沉降观测点之间的距离应适中，相距太远会影响观测精度，一般应在 100m 范围内。

（2）沉降观测点的布设。

进行沉降观测的建筑物，应埋设沉降观测点，沉降观测点的布设应满足以下要求。

① 沉降观测点的位置。沉降观测点应布设在能全面反映建（构）筑物沉降情况的部位，如建筑物的四角，沉降缝的两侧，荷载有变化的部位，大型设备基础，柱子基础和地质条件变化处。

② 沉降观测点的数量。一般沉降观测点是均匀布置的，它们之间的距离一般为 10～20m。

③ 沉降观测点的设置形式。如图 8-1 所示，沉降观测点一般布设在沉降建筑物的顶端或墙体上。

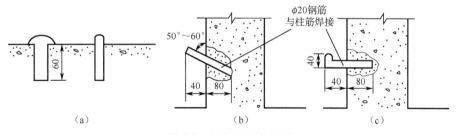

图 8-1　沉降观测点设置

（3）沉降观测周期。

观测时间和次数，应根据工程的性质、施工进度、地基地质情况及基础荷载的变化情况而定。

① 埋设的沉降观测点稳固后，在建（构）筑物主体施工前，进行第一次观测。

② 在建（构）筑物主体施工过程中，一般每盖 1～2 层观测一次。如中途停工时间较长，应在停工和复工时进行观测。

③ 当发生大量沉降或严重裂缝时，应立即或每天一次连续观测。

④ 当建（构）筑物封顶或竣工后，一般每月观测一次，如果沉降速度减缓，可改为2～3月观测一次，直至沉降稳定为止。

（4）沉降方法。

观测时先后视水准基点，接着依次前视各观测点，最后再次后视该水准基点，两次后视读数之差不应超过±1mm。另外，沉降观测的水准路线应为附合水准路线。

（5）精度要求。

沉降观测的精度应根据建（构）筑物的性质而定。

① 多层建筑的沉降观测，可采用DS_3水准仪，用普通水准测量的方法进行，其水准路线闭合差不超过$±2.0\sqrt{n}$（n 为测站数）mm。

② 高层建筑的沉降观测，则应采用DS_1精密水准仪，用二等水准测量（或更精密测量方法）的方法进行，其水准路线闭合差不超过$±1.0\sqrt{n}$（n 为测站数）mm。

 例题解析

1．建筑物变形观测的内容？

答：建筑物沉降观测、建筑物倾斜观测、建筑物裂缝观测。

解析：本题考核建筑物变形观测的内容，内容完整即可，注意错别字。

2．简述水准基点的布设要求。

答：（1）要有足够的稳定性。水准基点必须设置在沉降影响范围以外，冰冻地区水准基点应埋设在冰冻线以下 0.5m。

（2）要具备检核条件。为了保证水准基点高程的正确性，水准基点最少应布设三个，以便相互检核。

（3）要满足一定的观测精度。水准基点和沉降观测点之间的距离应适中，相距太远会影响观测精度，一般应在 100m 范围内。

解析：本题考核的是水准基点的布设要求，若只答有足够的稳定性、具备检核条件、满足一定的观测精度不够完整，若能把后面的说明内容也写出则就比较完整。

3．水准基点和观测点之间的距离应适中，相距太远会影响观测精度，一般应在（　　）m 范围内。

    A．150　　　　　　B．100　　　　　　C．200　　　　　　D．50

答：B。

解析：本题考核水准基点和沉降观测点之间的距离一般在 100m 范围内，注意区分沉降观测点间距离一般为 10～20m，不要混淆。

4．高层建筑物的沉降观测，用二等水准测量的方法进行，如果测站数为 n，其水准路线的闭合差不应超过（　　）mm。

    A．$±1.0\sqrt{n}$　　　　B．$±2.0\sqrt{n}$　　　　C．$±3.0\sqrt{n}$　　　　D．$±4.0\sqrt{n}$

答：A。

解析：本题考核高层建筑物沉降观测的精度要求为$±1.0\sqrt{n}$。多层建筑物沉降观测的精度要求为$±2.0\sqrt{n}$，要注意审题。

一、名词解释

1．建筑物变形观测。
2．建筑物沉降观测。
3．建筑物倾斜观测。
4．建筑物裂缝观测。

二、选择题

1．建筑物变形观测包括（　　　）。
　　A．角度观测、距离观测、高程观测
　　B．沉降观测、点位观测、位移观测
　　C．沉降观测、倾斜观测、裂缝观测
　　D．角度观测、裂缝观测、位移观测
2．建筑物沉降观测常用的方法是（　　　）。
　　A．距离观测　　　B．角度观测　　　C．水准测量　　　D．坐标测量
3．进行建筑物沉降观测时，水准基点最少布设（　　　）个。
　　A．1　　　　　　B．2　　　　　　C．3　　　　　　D．4
4．水准基点是沉降观测的基础，冰冻地区水准基点应埋设在冰冻线以下（　　　）m。
　　A．0.3m　　　　B．0.5m　　　　C．0.8m　　　　D．1m
5．进行多层建筑物的沉降观测，可用普通水准测量的方法进行，如果测站数为 n，其水准路线的闭合差不应超过（　　　）mm。
　　A．$\pm 1.0\sqrt{n}$　　　B．$\pm 2.0\sqrt{n}$　　　C．$\pm 3.0\sqrt{n}$　　　D．$\pm 4.0\sqrt{n}$
6．水准基点和观测点之间的距离应适中，相距太远会影响观测精度，一般应在（　　　）m 范围内。
　　A．150m　　　　B．100m　　　　C．50m　　　　D．200m

三、判断题

1．水准基点和观测点之间的距离应适中，相距太远会影响观测精度，一般应在 200m 范围内。　　　　　　　　　　　　　　　　　　　　　　　　　　　　（　　　）
2．一般沉降观测点是均匀布置的，它们之间的距离一般为 10～20m。　（　　　）
3．当建（构）筑物竣工后，应立即停止沉降观测。　　　　　　　　（　　　）
4．沉降观测是一项短期的工作，没有特殊的工作要求。　　　　　　（　　　）

四、简答题

简述水准基点的布设要求。

参考文献

1. 魏静，李明庚. 建筑工程测量. 北京：高等教育出版社，2002.

2. 贾俊霞，李珍祯. 学海领航. 天津：天津科学技术出版社，2017.

3. 河南省职业技术教育教学研究室. 建筑类专业（上册）土木工程识图 建筑工程测量. 北京：电子工业出版社，2021.

4. 许宝良. 建筑工程测量. 北京：高等教育出版社，2015.